新工科·普通高等教育机电类系列教材

先进制造加工技术

邹　平　张耀满　编著

机械工业出版社

本书围绕先进制造加工技术的主题，系统地介绍了当前制造领域中先进制造加工技术的基本内容、关键技术和发展现状，旨在使学生在掌握先进制造加工技术理念与方法的同时，了解国内外先进制造前沿技术，开阔视野。全书共8章，内容包括：切削加工刀具的发展及其刃磨、难加工材料切削加工技术、超声加工技术的发展及应用、激光增减材加工的发展及应用、金属材料的3D打印技术、机床技术的发展及应用、并联机构及机床的设计与应用、智能制造。书中所述内容体现了先进制造加工技术的发展趋势。

本书可作为机械工程及自动化、工业工程、车辆工程、机械电子工程等专业研究生的专业课程教材，也可作为本科高年级学生的选修课程教材，还可作为机械制造领域相关工程技术人员的参考书。

图书在版编目（CIP）数据

先进制造加工技术/邹平，张耀满编著. —北京：机械工业出版社，2023.10

新工科·普通高等教育机电类系列教材

ISBN 978-7-111-74069-8

Ⅰ.①先… Ⅱ.①邹… ②张… Ⅲ.①机械制造工艺-高等学校-教材②机械加工-工艺-高等学校-教材 Ⅳ.①TH16②TG506

中国国家版本馆 CIP 数据核字（2023）第 198616 号

机械工业出版社（北京市百万庄大街 22 号 邮政编码 100037）
策划编辑：王勇哲　　　　　　　责任编辑：王勇哲
责任校对：郑　婕　王　延　　　封面设计：王　旭
责任印制：刘　媛
唐山三艺印务有限公司印刷
2024 年 2 月第 1 版第 1 次印刷
184mm×260mm · 18 印张 · 443 千字
标准书号：ISBN 978-7-111-74069-8
定价：59.80 元

电话服务　　　　　　　　　　网络服务
客服电话：010-88361066　　　机　工　官　网：www.cmpbook.com
　　　　　010-88379833　　　机　工　官　博：weibo.com/cmp1952
　　　　　010-68326294　　　金　书　网：www.golden-book.com
封底无防伪标均为盗版　　　　机工教育服务网：www.cmpedu.com

前言

随着新材料、难加工材料在航空航天工业、汽车工业和精密仪器等领域的日益广泛应用，与之相应的机械制造技术也迎来了巨大的挑战，从而推动了 3D 打印、激光复合加工、超声辅助加工和智能制造等先进制造技术的快速发展。为便于学生了解上述快速发展的制造技术，掌握先进制造加工技术的理念与内涵，我们编写了本书。

本书是具有一定特色的研究生专业课程教材，系统地介绍了当前制造领域中先进制造加工技术的发展现状。第 1 章切削加工刀具的发展及其刃磨，主要介绍了切削加工刀具的发展、典型切削加工刀具的刃磨和刀具刃磨机的发展历程，以及数控工具磨床的发展现状；第 2 章难加工材料切削加工技术，详细介绍了难加工材料和几种应用于难加工材料加工的切削技术；第 3 章超声加工技术的发展及应用，主要介绍了超声加工的理论和超声振动在材料加工中的应用；第 4 章激光增减材加工的发展及应用，主要介绍了激光加工技术的基本概念和激光在增减材加工中的应用；第 5 章金属材料的 3D 打印技术，详细介绍了几种主要的 3D 打印技术及 3D 打印成形件的特点；第 6 章机床技术的发展及应用，主要介绍了高速切削加工技术、超精密切削技术及机床的数字化和智能化；第 7 章并联机构及机床的设计与应用，主要介绍了并联机床中并联机构的理论计算与应用；第 8 章智能制造，详细介绍了智能制造的基本概念、发展与应用。

本书致力于展示当前制造领域中先进制造加工技术的理论与应用，具有以下特色：

1）基础性与先进性相结合。本书从制造业中的刀具和材料讲起，逐渐拓展到当前热门的先进制造加工技术，并展望未来制造业的发展趋势。

2）理论性与实用性相结合。本书结合了编著者多年的科研积累，同时综合了国内外先进制造领域大量的优秀书籍和论文，介绍了各种先进制造加工技术的概念、理论和应用。

3）科研性与工程性相结合。本书既可以帮助科研人员总体把握当前制造技术的发展现状，又可以协助工程技术人员解决在制造实践中遇到的一些问题。

本书主要是在总结邹平教授课题组一些研究成果基础上，收集了大量国内外有关资料撰写而成的。本书由邹平、张耀满编著，邹平负责筹划和统稿。王文杰博士、徐辑林博士、魏事宇博士和段经伟博士为本书的初稿收集了相关资料，东北大学机械工程与自动化学院先进制造与自动化技术研究所的教师积极配合和全力支持本书的编著，在此一并表示衷心的感谢。

本书是东北大学高水平研究生教材建设计划立项项目，在编写过程中得到东北大学一流大学拔尖创新人才培养项目的资助，并得到机械工业出版社大力支持，在此谨向有关老师与同志表示诚挚的感谢。

由于先进制造技术内涵广阔且涉及学科交叉，并不断发展，限于编著者所掌握的资料与水平，书中难免存在不当与疏漏之处，敬请广大读者批评指正。

编著者

目录

第1章

切削加工刀具的发展及其刃磨

切削加工是指用切削工具（包括刀具、磨具和磨料）把坯料或工件上多余的材料切除成为切屑，使工件获得规定的几何形状、尺寸和表面质量的加工方法。在切削加工过程中，刀具对材料加工质量具有显著影响，因此，本章将对切削加工刀具的发展及其刃磨做简要介绍。

1.1　切削加工刀具的发展

刀具的发展在人类进步的历史上占有重要的地位。我国早在公元前 28～前 20 世纪，就已出现黄铜锥和纯铜的锥、钻、刀等铜质刀具。在战国后期（公元前 3 世纪），便掌握了渗碳技术，并开始制造铁质刀具。当时的钻和锯，与现代的扁钻和锯已有些相似。

刀具的快速发展是在 18 世纪后期，伴随蒸汽机等机器的发展而来的。1783 年，法国的勒内首先制出了铣刀。1792 年，英国的莫兹利制出丝锥。而有关麻花钻发明的最早的文献记载是在 1822 年，但直到 1864 年麻花钻才作为商品生产。那时的刀具是用整体高碳工具钢制造的，许用切削速度约为 5m/min。1868 年，英国的穆舍特制成含钨的合金工具钢。1898 年，美国的泰勒和怀特发明了高速工具钢。1923 年，德国的施勒特尔发明了硬质合金。随着刀具材料的发展，切削刀具也不断更新换代，以提高切削加工质量。

目前，切削加工刀具的发展主要体现在刀具材料更新、刀具涂层制备、刀具专用化设计三个方面。

1.1.1　刀具材料更新

刀具材料一般是指刀具切削部分的材料。它的性能是影响加工表面质量、切削效率、刀具寿命的重要因素。研究应用新刀具材料不但能有效地提高生产率、加工质量和经济效益，而且往往是解决难加工材料切削困难的关键。

目前使用的刀具材料分为四大类：工具钢（包括碳素工具钢、合金工具钢、高速工具钢）、硬质合金、陶瓷和超硬刀具材料。一般机加工使用最多的是高速工具钢与硬质合金。各类刀具材料的硬度与韧性如图 1-1 所示。一般硬度越高的材料可允许的切削速度越高，而韧性越高的材料可承受的切削力越大。

（1）工具钢　高速工具钢是工具钢的代表。高速工具钢全称为高速合金工具钢，俗称白钢、锋钢。就其性能用途，可将高速工具钢分为普通高速工具钢和高性能高速工具钢两大类。

普通高速工具钢是含有 W、Mo、Cr、V 合金元素的工具钢。由于其允许的切削速度可

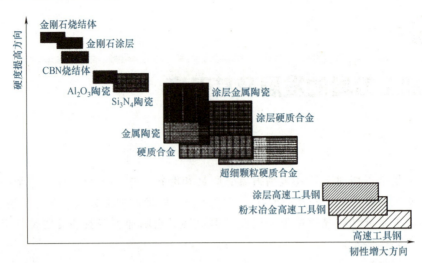

图 1-1　各类刀具材料的硬度与韧性

以相较于碳素工具钢、合金工具钢成倍地提高，故而得名。而高性能高速工具钢是指在普通高速工具钢中再加入一些其他合金元素，使其耐热性、耐磨性又进一步提高。这种高速工具钢的切削速度可达 50～100m/min，与普通高速工具钢相比，其具有更高的生产率和刀具寿命，能应用于加工不锈钢、耐热钢、高强度钢等难加工材料。常温硬度在 67～70HRC 的高性能高速工具钢又称为超硬高速工具钢。图 1-2 为冲击韧性与硬度示意图。

在现代切削加工中，高速工具钢的性能已不够先进，但因其稳定性好，能接受成形加工，故仍广泛应用于制造各种刀具。在刀具材料总消耗中，高速工具钢占比接近 50%。图 1-3 为我国贝利公司制造的含钴高速工具钢钻头及可切割材料。

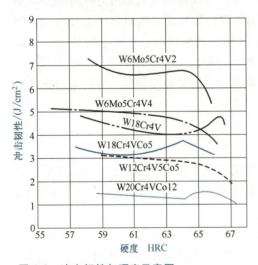

图 1-2　冲击韧性与硬度示意图

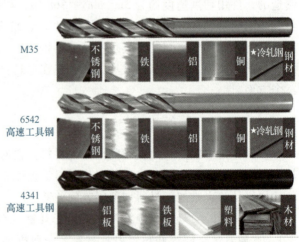

图 1-3　我国贝利公司制造的含钴高速工具钢钻头及可切割材料

（2）硬质合金　硬质合金是由 WC、TiC、TaC、NbC、VC 等难熔金属碳化物及作为黏结剂的铁族金属用粉末冶金方法制备而成的。经过几十年的不断发展，硬质合金的硬度已达89～93HRA。图 1-4 为不同硬质合金与高速工具钢硬度对比图。

硬质合金具有硬度高、耐磨、强度和韧性较好、耐热、耐腐蚀等一系列优良性能，特别是它的高硬度和耐磨性，即使在500℃条件下也能够基本保持不变，在1000℃时仍有很高的硬度。硬质合金广泛用作刀具材料，用于切削铸铁、有色金属、塑料、化学纤维、石墨、玻璃、石材和普通钢材，也可用于切削耐热钢、不锈钢、高锰钢和工具钢等难加工的材料。现在新型硬质合金刀具的切削速度为碳素工具钢切削速度的数百倍。硬质合金因为具有良好的综合性能，所以在刀具行业得到了广泛应用。图1-5为硬质合金钻头示意图。

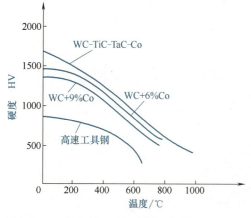

图1-4 不同硬质合金与高速工具钢
硬度对比图

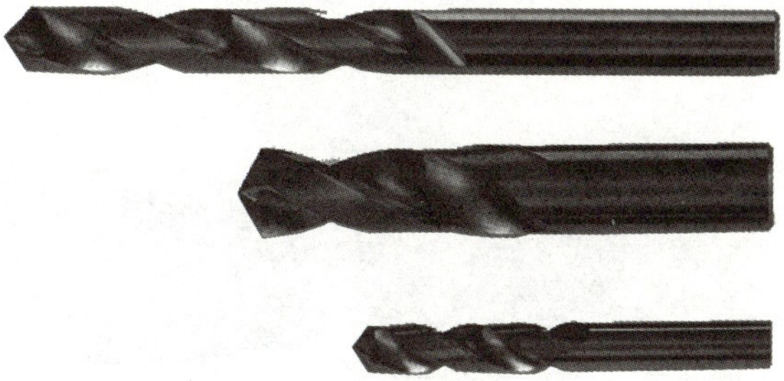

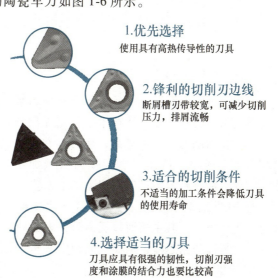

图1-5 硬质合金钻头示意图

（3）陶瓷 20世纪50年代使用的是纯氧化铝陶瓷，由于其抗弯强度低于45MPa，故使用范围很有限；20世纪60年代使用了热压工艺，可使抗弯强度提高到50~60MPa；20世纪70年代开始使用氧化铝添加碳化钛混合陶瓷；20世纪80年代开始使用氮化硅基陶瓷，其抗弯强度可达70~85MPa，至此陶瓷刀具的应用有了较大的发展。近几年来，陶瓷刀具在开发与性能改进方面取得了很大成就，其抗弯强度已可达90~100MPa。因此，新型陶瓷是很有前途的一种刀具材料。日本东芝公司制造的陶瓷车刀如图1-6所示。

与硬质合金相比，陶瓷刀具材料具有更高的硬度、热硬性和耐磨性。因此，加工钢材时，陶瓷刀具的寿命为硬质合金刀具寿命的10~20倍，其热硬性比硬质合金高2~6倍，且在化学稳定性和抗氧化性能等方面均优于硬质合金。考虑到陶瓷刀具的高温性能优于硬质合金，故其更适用于高速切削。陶瓷刀具材料的缺点是脆性大、横向断裂强度低、承受冲击载荷性能差，这也是近几十年来人们不断对其进行改进的重点。

（4）超硬刀具材料 超硬刀具材料是指金刚石和立方氮化硼（CBN）。它们的硬度比其他刀具材料高出好几倍。金刚石是

1.优先选择
使用具有高热传导性的刀具

2.锋利的切削刃边线
断屑槽刃带较宽，可减少切削压力，排屑流畅

3.适合的切削条件
不适当的加工条件会降低刀具的使用寿命

4.选择适当的刀具
刀具应具有很强的韧性，切削刃强度和涂膜的结合力也要比较高

图1-6 日本东芝公司制造的陶瓷车刀

自然界中最硬的物质，CBN 的硬度仅次于金刚石。近年来超硬刀具材料发展迅速。

其中，金刚石刀具不适用于加工黑色金属，因为金刚石（碳元素）和铁有很强的化学亲和力，在高温下铁原子容易与碳原子作用而使其转化为石墨结构，刀具极易损坏。但金刚石刀具在铝硅合金的精加工、超精加工，高硬度的非金属材料（如压缩木材、陶瓷、刚玉和玻璃等）的精加工，以及难加工的复合材料的加工等方面表现出色。目前，金刚石主要用于磨具及磨料，用作刀具时多用于高速下对有色金属及非金属材料进行精细车削及镗孔。加工铝合金及铜合金时，切削速度可达 800~3800m/min。图 1-7 所示为金刚石外圆车刀与应用领域。

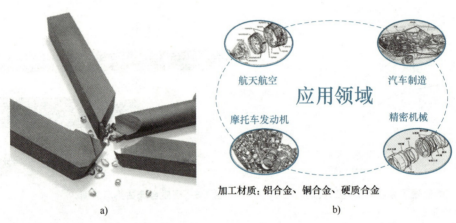

加工材质：铝合金、铜合金、硬质合金

a)   b)

图 1-7　金刚石外圆车刀与应用领域

立方氮化硼刀具可以采用与硬质合金刀具加工普通钢及铸铁相同的切削速度，来对淬硬钢、冷硬铸铁、高温合金等进行半精加工和精加工。加工精度可达 IT5（孔为 IT6），表面粗糙度 Ra 值可低至 1.25~0.2μm，可代替磨削加工。在精加工有色金属时，表面粗糙度 Ra 值可接近 0.05μm。立方氮化硼刀具还可用于加工某些热喷涂（焊）其他特殊材料。此外，立方氮化硼也可与硬质合金烧结成一体，这种立方氮化硼烧结体的抗弯强度可达 1.47GPa，能经多次重磨使用。图 1-8 为立方氮化硼车刀示意图。

1.1.2　刀具涂层制备

切削刀具表面涂层技术是近几十年应市场需求发展起来的材料表面改性技术。采用涂层技术可有效延长切削刀具使用寿命，使刀具获得优良的综合力学性能，从而大幅度提高机械加工效

特点：高硬度；
断屑顺畅、光泽度好；
断续、连续加工均可以

图 1-8　立方氮化硼车刀示意图

率。因此，涂层技术与材料、切削加工工艺一起并称为切削刀具制造领域的三大关键技术。

自 20 世纪 60 年代以来，经过半个多世纪的发展，刀具表面涂层技术已经成为提升刀具性能的主要方法。其主要通过提高刀具表面硬度、热稳定性，降低摩擦系数等方法来提高切削速度，提高进给速度，从而提高切削效率，并大幅延长刀具寿命。

1. 涂层工艺

刀具涂层的制备技术分为化学气相沉积（Chemical Vapor Deposition，CVD）和物理气相

沉积（Physical Vapor Deposition，PVD）两类。

（1）化学气相沉积 CVD技术被广泛应用于硬质合金可转位刀具的表面处理。CVD可实现单成分单层与多成分多层复合涂层的沉积，涂层与基体结合强度较高。薄膜厚度较厚，可达$7 \sim 9\mu m$，具有很好的耐磨性。但CVD工艺温度高，易造成刀具材料的抗弯强度下降；涂层内部呈拉应力状态，导致刀具使用时易产生微裂纹；同时，CVD工艺排放的废气、废液会造成较大环境污染。为解决CVD工艺温度高的问题，低温化学气相沉积（PCVD）、中温化学气相沉积（MT-CVD）技术相继开发并投入使用。目前，CVD（包括MT-CVD）技术主要用于硬质合金可转位刀具的表面涂层，涂层刀具适用于中型、重型切削的高速粗加工及半精加工。图1-9所示为典型的CVD工艺设备原理。

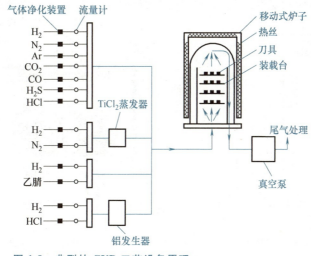

图1-9 典型的CVD工艺设备原理

（2）物理气相沉积 PVD技术主要应用于整体硬质合金刀具和高速工具钢刀具的表面处理，典型的PVD工艺设备原理如图1-10所示。与CVD工艺相比，PVD工艺温度低（最低可至80℃），在600℃以下时对刀具材料的抗弯强度基本无影响；薄膜内部应力状态为压应力，更适用于对硬质合金精密复杂刀具的涂层；PVD工艺对环境无不利影响。PVD技术已普遍应用于硬质合金钻头、铣刀、铰刀、丝锥、异形刀具和焊接刀具等的涂层处理。

PVD在工艺上主要有真空阴极弧物理蒸发和真空磁控离子溅射两种方式。

1）真空阴极弧物理蒸发。真空阴极弧物理蒸发过程包括将高电流、低电压的电弧激发于靶材之上，并产生

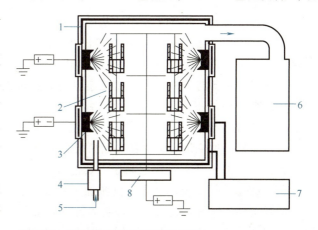

图1-10 典型的PVD工艺设备原理

1—真空加热冷却系统 2—阳极托盘及刀具 3—阴极靶材
4—气体流量表 5—惰性气体 6—真空泵 7—水系统
8—机械驱动系统

持续的金属离子。被离子化的金属离子以 60~100eV 平均能量蒸发出来形成高度激发的离子束，在含有惰性气体或反应气体的真空环境下沉积在被镀工件表面。真空阴极弧物理蒸发靶材的离化率在 90% 左右，所以与真空磁控离子溅射相比，其沉积薄膜具有更高的硬度和更好的结合力。但由于金属离化过程非常激烈，因此会产生较多的有害杂质颗粒，涂层表面较为粗糙。图 1-11 为真空阴极弧物理蒸发示意图。

2）真空磁控离子溅射。在真空磁控离子溅射过程中，氩离子被加速打在加有负电压的阴极（靶材）上。离子与阴极的碰撞使得靶材被溅射出带有平均能量为 4~6eV 的金属离子。这些金属离子沉积在放于靶前方的被镀工件上，形成涂层薄膜。由于金属离子能量较低，涂层的结合力与硬度也相应较真空阴极弧物理蒸发方式更差一些，但其表面质量优异，故被广泛应用于有表面功能性和装饰性的涂层领域中。图 1-12 为真空磁控离子溅射示意图。

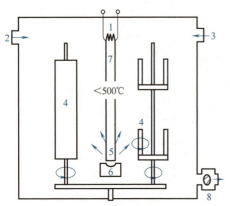

图 1-11　真空阴极弧物理蒸发示意图

1—电子束源　2—氩　3—反应气体　4—元件
5—涂层材料　6—坩埚（阳极）　7—低
压电弧放电　8—真空泵

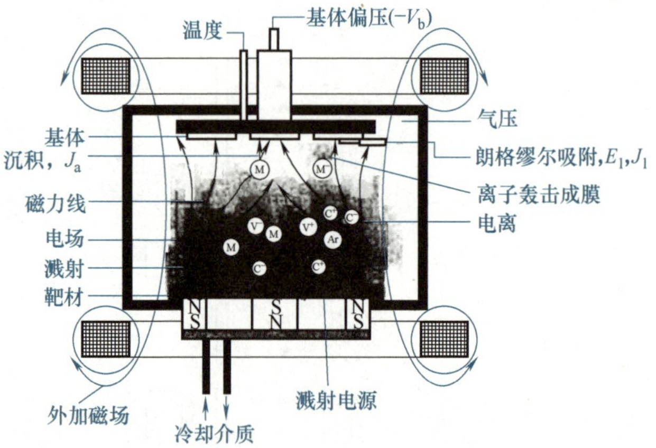

图 1-12　真空磁控离子溅射示意图

2. 几种常见的刀具涂层

（1）多元涂层　在 TiN 涂层的基础上镀入其他元素或者化合物是当下涂层发展的主流方向之一。1985 年 Knotek 等首次制备出 TiAlN 涂层，其明显的耐高温、抗氧化的特点得到了极大的关注。TiAlN 薄膜极高的硬度和耐高温性能随着先进处理技术的发展得到更加充分的应用。现在制备的 $TiAl-Al_2O_3$ 多元涂层的硬度可以达到 4000HRC，其性能也明显比二元涂层性能高。TiCN 既有 TiC 的韧性又有 TiN 的硬度，比一般的 TiN 刀具涂层耐用 3 倍左右。此后又制备出 TiZrCN、TiAlCN 等多元涂层。涂层多组分各自表现的性能及组合在一起所表现的性能明显超过单元涂层或者二元涂层。所以，刀具涂层的多元化是目前刀具发展的一个重要方向。图 1-13 为多元涂层高速工具钢刀具示意图。

（2）多层涂层　现代工业中机械加工行业迅猛发展，单元涂层已经远不能满足应用中严苛的环境要求，尤其是精密设备制造行业应用上。随着多层涂层制备与应用技术的发展，多层涂层开始代替简单的单元涂层。图 1-14 为多层涂层高速工具钢刀具示意图。现代涂层技术在充分利用单元涂层优异的结合性能的基础之上，充分发挥了多元涂层的不同特点。当下提升刀具切削性能的重要技术之一就是利用多元涂层卓越的硬度、韧性和高温抗氧化性。

目前最为典型的多层涂层是 TiN-AlN 涂层，这种涂层既有复合涂层的稳定结合，又有纳

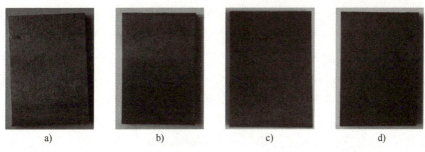

图 1-13　多元涂层高速工具钢刀具示意图

a）未涂层　b）TiCN 涂层　c）TiAlCrN 涂层　d）TiAlN 涂层

米材料的热稳定性。TiN 和 AlN 兼顾熔点高、硬度高、抗"月牙洼"磨损性能好的特点。更加重要的是，TiN 和 AlN 与硬质合金基体的结合性能远远高于其他涂层，所以多层涂层更习惯于采用 TiN 和 AlN 作为多层涂层的底层。

（3）梯度涂层　涂层与基体、涂层与涂层之间的结合强度是影响刀具性能的重要因素，它们相互之间的匹配与结合决定硬质合金刀具的质量。不同涂层材料之间会有不同的物理属性，导致工具在工作的过程中因

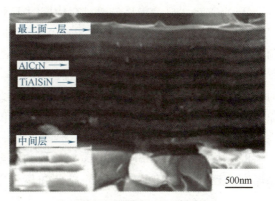

图 1-14　多层涂层高速工具钢刀具示意图

为温度急剧变化会产生热应力而形成裂纹。裂纹更容易在硬度较大的涂层材料中产生，甚至在基体中延伸扩张。如图 1-15 所示，刀具的梯度涂层技术能有效地消除涂层与界面、涂层与基体之间的应力集中，显著地增强它们之间的结合强度，延长硬质合金刀具的使用寿命。

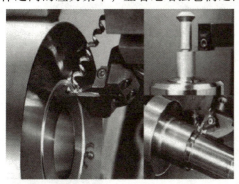

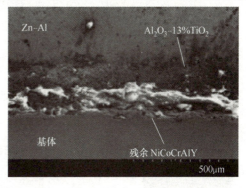

图 1-15　梯度涂层刀具示意图

早在 19 世纪 80 年代，山特维克公司已制备出硬质合金梯度涂层球齿和 GC215、GC425 等牌号的梯度涂层硬质合金刀片，肯纳金属公司也制备出 KC792 牌号的梯度涂层硬质合金刀具等。目前国内梯度涂层技术还处于起步阶段，株洲硬质合金集团有限公司、自贡硬质合金有限责任公司、中南大学及江西理工大学等企业及科研院所也相继开始研究出一些梯度涂层刀具，但是仍然没有办法实现工厂大批量生产。为满足越来越迫切的对梯度涂层硬质合金刀具的需求，以及追赶国际先进工艺技术，我国刀具行业逐渐开始重视梯度涂层工艺的研发。

（4）纳米超硬涂层　纳米结构涂层因具有高硬度和其他特性而成为刀具涂层发展方向。主要分为两类，一类是纳米多层涂层，如 TiN/AlN、TiN/TiAlN 等。日本住友公司开发的 AC105G、AC110G 等牌号的 ZX 涂层是一种 TiN 与 AlN 交替的纳米多层涂层，层数可达 2000 层，每层厚度约为 1nm。这种涂层与基体的结合强度高，涂层硬度接近 CBN，抗氧化性能好，抗剥离性强，而且可显著改善刀具表面质量，其寿命是 TiN、TiAlN 涂层的 2～3 倍。另一类是纳米复合涂层，纳米的硬质氮化物晶粒弥散地分布在晶态或者非晶态的第二相基体中，主要有氮化物/金属相纳米复合涂层（nc-MeN/nc-Me′，Me：Ti、Cr 等，Me′：Cu、Ni 等）和氮化物/非晶相纳米复合涂层（Me-Si-N，Me：过渡金属元素及其组合或与 Al 等元素的组合，如 Ti、TiAl 等）。

Me-Si-N 纳米复合涂层是通过在传统的 TiN 和 TiAlN 等单元涂层中加入一定含量的 Si 元素，发生热力学上的调幅分解，生成由 1～2 个非晶原子层（Si_3N_4）包覆纳米晶过渡金属氮化物（TiN、TiAlN 等）的骨架式纳米复合结构（图 1-16），由于纳米晶体的强化效应及非晶层限制晶粒的滑移和转动对纳米晶晶界的强化作用，涂层表现出传统硬质涂层难以达到的高硬度，而且涂层高温下的组织稳定性、热硬性和抗氧化性等性能也大幅提高，适应高速切削条件下对涂层性能的苛刻要求；在涂层中加入各种第四和第五元素，可以进一步改善涂层的硬度、韧性、摩擦系数和高温抗氧化性等。纳米复合涂层代表了国际新一代刀具涂层发展的方向。

PVD 技术制备 Me-Si-N 纳米复合涂层的难点在于对纳米相晶粒大小、形状和分布、非晶相厚度的控制。通过沉积涂层的成分和离子能量的控制（图 1-17），科研人员已实现了

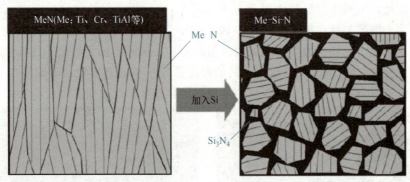

图 1-16　MeN 涂层（Me：Ti、Cr、TiAl 等）中加入 Si 元素转变为 Me-Si-N 纳米复合涂层结构示意图

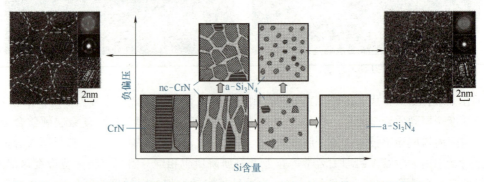

图 1-17　Cr-Si-N 涂层显微结构与 Si 含量和负偏压（沉积离子能量）关系示意图及对应涂层 TEM 显微照片

Cr-Si-N 纳米复合涂层的可控生长；采用空心阴极和磁控溅射复合离子镀技术，科研人员已实现了 TiAlSiN、TiCrSiN 多元纳米复合涂层刀具的制备，高速铣削淬硬钢取得较好效果。表 1-1 列出了几种纳米复合涂层与传统 TiN 和 TiAlN 涂层的性能对比。

表 1-1　几种涂层的性能对比及刀具磨损率比较

涂层	显微硬度 /GPa	摩擦系数	最高使用温度 /℃	铣削淬硬钢涂层刀片磨损率比较 （切削速度为 190m/min）
TiN	24~28	0.4~0.5	500	
TiAlN	28~35	0.3~0.6	700~900	
TiSiN	43	0.25	1000	
TiAlSiN	40~50	0.45	1100~1200	
CrAlSiN	40	0.35	1100	

（5）金刚石涂层　刀具金刚石涂层技术是近几年刀具涂层研究的一个巨大突破。金刚石涂层技术的原理是通过低压 CVD 在硬质合金基体上形成一层金刚石薄膜。国外研究者使用化学气相沉积技术制备出 TiN-金刚石和 TiC-金刚石等刀具涂层，图 1-18a 所示为金刚石涂层刀具的表面形貌。19 世纪 60 年代，我国也研发制备出聚晶金刚石刀具，1982 年化学气相沉积金刚石技术的出现让刀具行业开始向金刚石刀具涂层这一方向发展。金刚石涂层刀具适用于切削加工高硅铝合金、金属基复合材料、工程陶瓷、纤维增强复合塑料等难加工材料，其可以在刀具基体上直接沉积制造复杂形状金刚石涂层的刀具，图 1-18b 所示为金刚石涂层刀具的截面形貌。

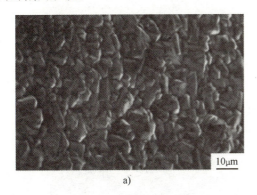
a)

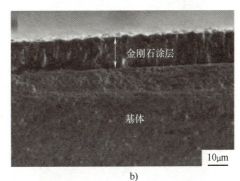
b)

图 1-18　金刚石涂层刀具的表面形貌与截面形貌
a）表面形貌　b）截面形貌

金刚石是一种应用前景广阔的 CVD 涂层材料。自 1990 年以来，它不断用于切削加工领域。当前，金刚石涂层刀具变得越来越重要，因为它们能够处理碳纤维增强塑料（Carbon Fiber Reinforced Plastics，CFRP）、石墨、有色金属和陶瓷。尤其是在飞机行业印制电路板和 CFRP 组件的钻孔领域，金刚石涂层刀具前景广阔，如图 1-19 所示。

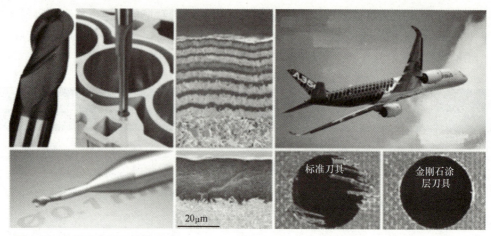

图 1-19　金刚石涂层刀具的应用

1.1.3　刀具专用化设计

数控刀具在金属切削加工中占有非常重要的地位，经过多年的发展，数控刀具的设计、制造和应用技术有了很大的变化。近些年来，随着中、小批量生产对生产的高效率、自动化及加工中心的飞跃发展与普及提出了越来越高的要求，数控刀具技术的发展也得以促进。

过去，刀具主要强调的是刀具制造企业本身，很少考虑加工行业的特点，所以刀具企业开发的刀具都是通用刀具，无论什么行业均使用这一类型的刀具，最终导致刀具企业与用户脱节，不能适应市场。随着汽车制造业、航空航天制造业及能源行业的快速发展，高速、高效已经成为加工制造业的主流。所以，近年来，国内外刀具企业开始根据不同行业的特点、不同行业对刀具的需求进行专用加工刀具系列的开发与研制。图 1-20 所示为伊斯卡公司、KOLOY 公司及特固克公司针对汽车零部件需求设计的专用刀具。

图 1-20　伊斯卡公司、KOLOY 公司及特固克公司针对汽车零部件需求设计的专用刀具

a）伊斯卡汽车变速器专用刀具　b）KOLOY 汽车缸盖专用刀具

c）KOLOY 汽车缸体专用刀具　d）KOLOY 汽车曲轴专用刀具

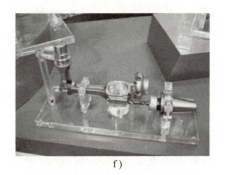

e)   f)

图 1-20 伊斯卡公司、KOLOY 公司及特固克公司针对汽车零部件需求设计的专用刀具（续）

e）KOLOY 汽车轮毂专用刀具　f）特固克汽车连杆专用刀具

除了汽车领域，航空航天领域专用刀具设计也是目前研究的热点，伊斯卡公司、美国 SGS 公司及 Sandvik 公司均在航空航天专用刀具设计领域取得了较好的成果，如图 1-21 所示。其中，航空航天复合材料专用刀具系列是近年开发出的新产品，该类刀具可解决复合材料小公差孔径的加工和复合材料的切边加工问题等。

为用户提供专业的整体配套是一个刀具企业整体技术实力的象征，国内刀具企业为用户提供专业的整体配套刀具的意识和理念与国外知名刀具企业仍有一定的差距，同时在产品研发的投入和人才的培养方面还有待改进。

a)   b)

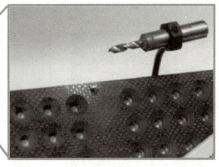

c)

图 1-21 伊斯卡公司、美国 SGS 公司以及 Sandvik 公司
针对航空航天领域需求设计的专用刀具

a）伊斯卡航空航天难加工材料专用刀具　b）美国 SGS 航空航天复合材料专用刀具

c）Sandvik 航空航天复合材料专用刀具

随着市场竞争的加剧,人工成本大幅增长,靠买设备、扩大规模、低附加值、廉价出售、薄利润的经营模式已经逐步被淘汰,这在国外中小型刀具企业表现得尤为显著,它们更多地注重在某个领域做到世界领先、无人能替代的境界。Mapal 刀具公司开发的精密镗铰刀如图 1-22 所示,该公司为了在汽车曲轴孔、活塞孔的加工方面占据领先位置,几乎倾尽全部人力、物力开发精密镗铰刀,而最终该刀具加工的孔的精度和表面质量都在同领域中独占鳌头。图 1-23 所示为日本 OSG 公司开发的汽车用深孔钻削刀具,该类刀具主要解决深孔枪钻在钻削时散热的不足,采用整体麻花钻代替深孔枪钻。

资源节约型刀具也是国内外刀具产品研发的热点之一,刀具价格低廉、使用寿命长、精度高、加工效率高一直是用户对刀具制造企业提出的难题。为了满足用户的需求,国内外刀具制造企业开发出了换块式的可调换的小刀头系列产品,该产品具有节约材料、精度高、价格便宜、装夹便捷等特点,因此很受用户欢迎。图 1-24 所示为伊斯卡铣削类小刀头刀具系列。

可换式小刀头在几年前国外刀具企业就已经相继推出新产品,尽管刀具的切削部分和切削原理都是大同小异,但是小刀头与刀杆的连接和紧固部分各个厂商都有其各自的特色。这类刀具由于其固有特性,深受用户的喜爱。

图 1-22　Mapal 刀具公司开发的精密镗铰刀

图 1-23　日本 OSG 公司开发的汽车用深孔钻削刀具

图 1-24　伊斯卡铣削类小刀头刀具系列

1.2 典型切削加工刀具的刃磨

在切削过程中，刀具一般处于剧烈的摩擦和切削热的作用之中，这容易使得刀具的切削刃口变钝而失去切削能力，必须通过刃磨来恢复切削刃口的锋利和正确的刀具几何角度，防止因刀具变钝而对切削加工质量造成影响。

刀具的刃磨方法有机械刃磨和手工刃磨两种。机械刃磨效率高、操作方便，几何角度准确，质量好。但在中、小型企业中目前仍普遍采用手工刃磨的方法。故下面将以麻花钻为例，对刀具的刃磨技术做简要介绍。

对于普通麻花钻来说，不同的钻尖类型通常对应不同的刃磨方法，因此，钻尖结构的几何数学模型研究与钻尖刃磨方法的研究总是相辅相成，缺一不可。

1. 平面刃磨法

平面刃磨法是将钻头的两个后刀面用砂轮直接修磨成平面，最后在顶尖处形成与麻花钻轴线垂直的横刃。虽然操作起来简单，效率高，但是在刃磨过程中，钻尖后刀面与砂轮接触时间长，接触面大，有时候烧伤在所难免，并且后刀面呈平面不利于钻削，故而刃磨时需要及时冷却。该方法适用于直径较小的钻头的刃磨。

这种刃磨法按照后刀面的数量通常包括单平面法和双平面法，如图 1-25 和图 1-26 所示。两种方法的区别在于，双平面法是在钻头单平面修磨完成后转动一定角度继续刃磨出另一个平面，这样同一后刀面就会出现两个平面，不仅能够避免钻头后刀面擦伤工件表面，而且可以减少钻头磨损。

图 1-25 单平面刃磨法

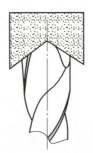

图 1-26 双平面刃磨法

2. 锥面刃磨法

锥面刃磨法是现在生产中应用最多的修磨方法，因刃磨方便且效果好，当前手工与机械刃磨大多倾向于采用锥面钻头，其刃磨法的原理如图 1-27 所示。调整图中 θ 角的数值大小可以获得不同几何形状的钻尖。

锥面麻花钻的优势在于强度高，刚性好，后角分布和主切削刃形状合理，钻削热易于散发；缺点在于过长的直线横刃定心性不够，造成钻削稳定性差，效率较其他两种刃磨方法要低一些。图 1-28 所示为德国 Kaindl 公司生产的锥面钻头刃磨机，该刃磨机结构紧凑，可实现直径为 2~20mm 的锥面麻花钻刃磨。

3. 螺旋面刃磨法

螺旋面钻尖是一种新型钻尖，最早由美国辛辛那提公司于 1958 年发明，它主要是为

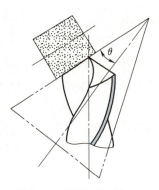

图 1-27　锥面刃磨法

图 1-28　德国 Kaindl 公司生产的锥面钻头刃磨机

了改进普通麻花钻直线横刃长、负前角大的结构问题。它的后刀面从主切削刃开始以三维螺旋形的方式向周围扩展而成，在钻芯处横刃的形状不再是一条直线，而是一种特殊的空间曲线，这种曲线从顶面看为"S"形，从侧面看为向外凸的圆弧，如图 1-29 所示。

　　这种横刃的钻头在钻削过程中可直接钻入工件并具有自定心作用，能够降低钻削力，故而可以加工一些难加工材料。图 1-30 为普通麻花钻钻头尖（左）与螺旋面钻头尖（右）对比示意图。

　　螺旋面刃磨法根据运动形式的不同又可以分为渐开螺旋面刃磨法和复杂螺旋面刃磨法。图 1-31 所示为渐开螺旋面钻头刃磨原理，通过改变 θ 角可控制麻花钻的半顶角大小。刃磨过程需要三个运动——钻头本身的回转运动 ω、钻头沿砂轮中心线方向的移动 v_1 和沿自身中心线方向的移动 v_2（或砂轮沿端面方向的垂直移动 v_2）。

图 1-29　螺旋面钻尖

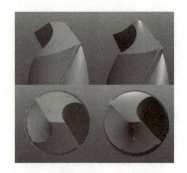

图 1-30　普通麻花钻钻头尖（左）与螺旋面钻头尖（右）对比示意图

　　图 1-32 所示为复杂螺旋面钻头刃磨原理。它与渐开螺旋面法大致相同，只是在修磨时钻头多了一个绕垂直于钻头中心线的某直线的一定角度的摆动，所以复杂螺旋面法需要四个运动。正是由于这一摆动可以减小钻头中心线与砂轮中心线之间的夹角 θ，有利于改善横刃的几何参数和钻尖强度。

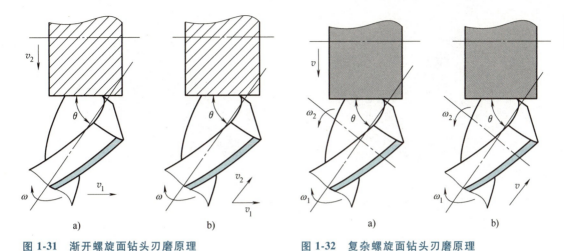

图 1-31 渐开螺旋面钻头刃磨原理　　　　图 1-32 复杂螺旋面钻头刃磨原理

1.3　刀具刃磨机的发展历程

　　金属切削刀具是切削加工必不可少的重要工具之一，在机械制造、汽车、模具、医疗器械、国防工业和航空航天等行业中占有十分重要的地位。刀具质量好坏直接影响加工对象的表面质量、精度及加工效率。采用先进的刀具刃磨机床和有效、经济的工艺方法，刃磨出高效率、高精度、高可靠性的刀具，是切削加工技术水平提高的一个重要保证。

　　刀具成本在综合加工成本中占有重要的位置，如何利用刀具刃磨机床修磨好用钝的刀具，延长刀具的寿命，提高刀具的利用率，降低刀具的成本，是企业降低生产成本的有效途径之一。

　　高质量、高寿命刀具的生产需求，高效的、高精度的刀具修磨要求，促使刀具刃磨机床的功能结构由简单到复杂、自动化程度由低到高不断发展。德国德克精密机械制造公司（Michael Deckel）是一家有 50 多年历史的专业工具磨床制造企业，其发展史可以说是世界工具磨床发展史的一个缩影。从其产品开发的过程可以看出，刀具刃磨机床的发展经历了三个阶段——磨刀机、手动工具磨床和数控工具磨床。

1. 磨刀机

　　磨刀机是最早开发、结构最简单且最小型的手动刀具刃磨机床。其典型机型主要由机体、驱动电机、砂轮、轴向可微调主轴、砂轮整形器、悬装式分度头和照明等组成。由于磨刀机的刃磨对象比较小，所以一般可以选配放大镜或显微镜等简单的刀具刃磨过程观察装置。图 1-33 所示为 Michael Deckel 公司早在 1950 年研发的第一台磨刀机 S0 与 1960 年改进的经典机型 SOE。

　　图 1-34 所示为国内先锋精密机械有限公司生产的 U2 型万能磨刀机。该磨刀机可用于磨削各类形似半圆角或反锥角的高速工具钢和硬质合金雕刻刀具及单边或多边刀具。磨削分度头可在 24 种位置下操作，以便于磨削任何角度和形状，只需替换分度头上的附件而不需要任何复杂的步骤就可进行立铣刀、雕刻刀、钻头、车刀和球头立铣刀的磨削。

　　磨刀机制造精度不高，而且在刀具刃磨过程中全部靠手动操作。一般没有精密的定位装夹机构和检测装置。因此，刀具刃磨精度和效率都比较低，应用范围小，只适用于刃磨带锥角的简单的雕刻刀、钻尖等，而无法修磨精度要求比较高和形状复杂的刀具。

a)   b)

图 1-33　Michael Deckel 公司研发的磨刀机 S0 与 S0E

a）S0 磨刀机　b）S0E 磨刀机

2. 手动工具磨床

手动工具磨床的制造精度比磨刀机高，功能结构也比磨刀机复杂。一般均具有 5 个自由度以上，移动均通过手摇滑台机构实现，旋转运动均通过带刻度的回转台实现。手动工具磨床大多数采用模块化设计，针对不同刃磨对象，选择相应的装夹刃磨附件，依靠相应的机械结构来实现刃磨功能。

图 1-35 为 Michael Deckel 公司研发的手动 S11 精密万能工具磨床及附件。S11 在世界工具磨床史上具有重要的里程碑意义，是万能工具磨床的决定版。迄今已有 2000 台以上的 S11 服务于包括中国在内的世界各地。在进入 21 世纪数控化时代的今天，S11 作为数控工具磨床的必要补充，依然是畅销机型。

图 1-34　国内先锋精密机械有限公司生产的 U2 型万能磨刀机

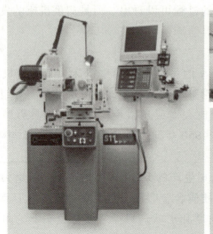

图 1-35　Michael Deckel 公司研发的手动 S11 精密万能工具磨床及附件

图 1-36 所示为国内北平机床有限公司生产的 PP-600F 万能工具磨床。600F 万能工具磨床可用于刃磨各种中小型工具，如铰刀、丝锥、麻花钻头、扩孔钻头、各种铣刀、铣刀头和

插齿刀。以相应的附件配合，可以磨削外圆、内圆和平面，还可以磨制样板、模具。若采用金刚石砂轮，则可以刃磨各种硬质合金刀具。

该类型工具磨床刃磨也靠手动进给，一般可选配显微放大和检测装置，用于在线观察刀具刃磨过程、检测刀具刃磨质量及刀具相关参数，如直径、角度和圆弧等。这些装置多为光学投影仪、显微镜和视频监控检测装置。图1-37所示为S11精密万能工具磨床可选配的三种显微放大检测装置。手动工具磨床的精度和效率仍然不高，特别是在修磨较复杂的刀具时，精度和效率处于磨刀机与数控工具磨床之间，其对操作机床的技术人员有较高的刃磨技术要求。

3. 数控工具磨床

数控工具磨床是精度效率高、制造修磨范围广的刀具刃磨机床。数控工具磨床与手动工具磨床最大的区别在于抛弃了手动工具磨床上的手摇滑台及特制的复杂工艺装备附件，机械结构大为简化。手动工具磨床上的特殊机构和通过人为操纵所实现的刀具刃磨形式，在数控工具磨床上则可通过数控系统控制的联动轴之间的柔性协调运动来轻松地实现。

在国外，数控工具磨床已经经历了几代的产品发展过程。初期是对普通工具磨床进行数控改造，用CNC（Computer Numerical Control，计算机数控）软件来简化结构，提高精度。第二代产品是数控万能刀具"磨削中心"，其适用于刀具的连续加工，使刀具制造工艺高度集成，工件一次装夹，通过几组独立砂轮的转塔磨头来完成多道工序复合加工，加工过程中自动更换砂轮，因而刀具制造精度高，适用于复杂形状型面刀具的精密磨削。图1-38所示为美国Giddings & Lewis公司生产的钻头磨床。

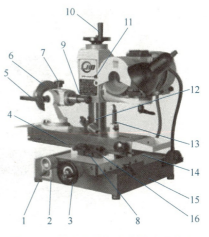

图1-36　国内北平机床有限公司生产的 PP-600F 万能工具磨床

1—电源开关　2—纵向移动手轮　3—横向移动手轮　4—工作台纵向行程调整左限位块　5—主轴垂直面内角度调整锁紧手柄　6—分度板　7—主轴回转锁紧手柄　8—撞块　9—工作心轴　10—磨头升降调整手轮　11—砂轮罩固定螺母　12—车刀夹持器　13—弹性支架　14—工作台回转手柄　15—工作台纵向行程调整右限位块　16—工作台横向移动锁紧手柄

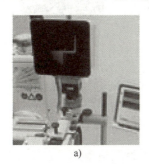

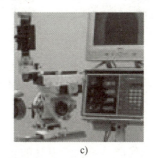

a)　　　　　　　　　b)　　　　　　　　　c)

图1-37　S11 精密万能工具磨床可选配的三种显微放大检测装置

a）光学投影仪　b）显微镜　c）视频监控检测装置

美国 Giddings & Lewis 公司生产的钻头磨床几乎可以实现任意几何形状钻头（图1-39）的刃磨，并且具有操作简单、生产效率高、机床调整简单及砂轮轮廓修整方便等优点，故曾

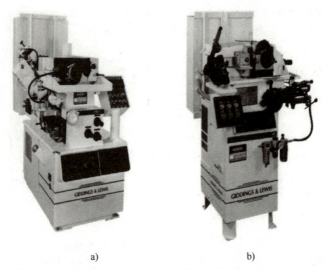

a)   b)

图 1-38   美国 Giddings & Lewis 公司生产的钻头磨床

a）100C 型自动高产量钻头磨床   b）HC 型半自动钻头磨床

在我国广泛推广。例如，我国多家公司购买了 HC 型、100C 型、1000CC 型与 HR 型等十几台钻头磨床，在生产中发挥了很好的作用；此外，美国波音公司驻西安飞机公司的专家，还曾向西安飞机公司推荐购买 G&L 钻头磨床用以刃磨加工波音飞机部件的钻头。

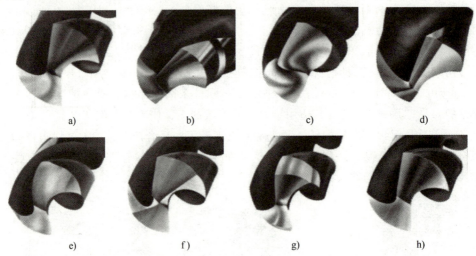

a)   b)   c)   d)

e)   f)   g)   h)

图 1-39   美国 Giddings & Lewis 公司 100C 型钻头磨床修磨出的钻头

a）螺旋横刃 b）阶梯钻头 c）宽钻心螺旋横刃 d）四锥面钻头 e）Racon 钻头 f）分裂横刃

g）Bickford 钻头 h）普通钻头

第三代产品是生产刀具的自动化工厂、自动化生产线和柔性制造单元，它代表刀具刃磨机床的最专业、最前沿的制造生产技术。它由一组只需完成单一加工工序的 2~4 轴简易型 CNC 工具磨床组成，机床间由传输线与机械手连接，用于磨削刀具的外圆、沟槽、刃背和端面，适用于刀具的大批量生产。图 1-40 所示为 Michael Deckel 公司研发的 S20E-turbo 磨削中心。该机床自带砂轮库，并且砂轮库由独立的伺服轴控制，可完全实现砂轮的自动更换，

图1-40　Michael Deckel 公司研发的 S20E-turbo 磨削中心

且可实现高效率的自动化生产；采用生产、修磨一体化设计磨削软件，实现对程序的编辑、修改、编译和检查等；还集成了砂轮的自动测量、修整和刀具测量系统的全自动校准等辅助功能，适用于各种标准刀具、复杂刀具（非标准）的生产和修磨。S20E-turbo 磨削中心，还可以集成全自动拾取式上料系统，容纳多达 16 支自由尺寸的各种刀具。

1.4　数控工具磨床的发展现状

工具磨床自 1889 年美国辛辛那提公司开始制造以来，发展一直比较缓慢。直至 20 世纪七八十年代，为了适应刀具、磨具及切削加工的要求，刀具刃磨开始受到极大重视。随着现代工业的高速发展，对机械零部件的结构性能、表面质量、曲面造型等方面提出了越来越苛刻的要求，这类需求的发展也产生了复杂刃型刀具的市场热点，同时也影响着工具磨床的近代发展。为了满足刀具品种和数量的拓展需求，工具磨床从最初以手工刃磨为主的普通工具磨床逐渐向五轴联动复合磨削的加工设备转变。

1. 国外数控工具磨床

纵观五轴数控磨削技术的近代发展，在新材料、新工艺、电气等技术发展的背景下，高速和高精密依然是目前五轴数控工具磨床发展的主要趋势。在这一趋势的影响下，诸多能适应高精密、高速的传动方式不断进入磨床工程领域，如直接驱动的进给技术（直线电动机、转台力矩直驱电动机）、磨削主轴与伺服系统的融合设计（磨削高速电主轴）、刀柄定位技术的新兴发展（如德国的 HSK 刀柄、日本的 BIG-PLUS 刀柄、美国的 KM 刀柄）等。在传统的欧洲制造强国和美、日、澳中，磨削精度达到 $1\mu m$ 级别的五轴数控工具磨床已经成为市场的主流产品。

从机械结构方面来看，五轴联动数控工具磨床主要有三种结构——德国 SAACKE 公司机床结构（图1-41）、德国 WALTER 公司机床结构（图1-42）和澳大利亚 ANCA 公司机床结构（图1-43）。对刀具制造企业来讲，这三种类型结构紧凑、操作方便、工作行程短、可视效果好，故多年来只要是采用这种结构的五轴联动数控工具磨床，都因能满足各种刀具的制造需求而备受市场欢迎。

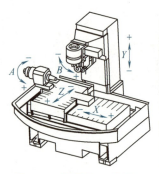

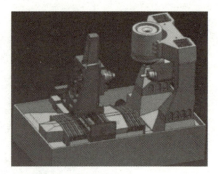

图 1-41 德国 SAACKE
公司的机床结构

图 1-42 德国 WALTER
公司的机床结构

图 1-43 澳大利亚 ANCA
公司的机床结构

随着机器人技术的广泛应用，高度自动化成为五轴数控工具磨床的研究方向之一。德国 SAACKE 公司就曾表示，根据其客户调查，越来越多的工厂对产品批量化的生产能力降低了兴趣，而是把更多的注意力集中到磨削加工的自动化与柔性化程度上。该公司同时也表示近年市场的主要焦点之一在于是否有完整的砂轮与工件的自动更换系统，以及是否能真正做到单台甚至多台磨床磨削加工的无人化管理。目前，刀具刃磨越来越广泛地采用无人化机械手自动上下料、自动更换砂轮库（同时更换冷却喷头）、自动托架、自动刀具库等自动化设备，如图 1-44 所示，在控制人力成本的同时大大提高了五轴数控工具磨床的加工效率，对于制造非标准的复杂型面的刀具优势更为明显。

a)

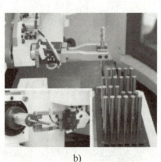

b)

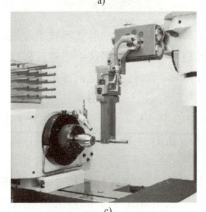

c)

d)

图 1-44 工具磨床自动化设备

a）德国 SAACKE 公司砂轮库 b）德国 SAACKE 公司刀具库

c）德国 SAACKE 公司自动上下料机构 d）澳大利亚 ANCA 公司刀具库

随着工业 4.0 时代的兴起，智能化、信息化、网络化成为五轴数控工具磨床的研究前沿之一。在传感器方面，激光扫描、声呐定位、CCD 工业相机、砂轮探针测头等光、电、声感应设备已经成熟地应用于五轴刃磨机床中。在功能方面，先进的五轴磨床可以实现实时的工况状态监控、碰撞干涉限位、砂轮实时磨锐、动平衡在线调整等丰富功能，同时还具有与移动终端互联的信息共享功能，提高了刀具磨削的智能化水平。由于国外制造业的技术基础雄厚，以美国、德国、日本、澳大利亚等为代表的机械工业发达国家在五轴数控工具磨床上一直拥有领先的发展优势。

德国 Deckel 公司的 S22P 型五轴联动数控工具磨削中心如图 1-45 所示，在工作台布局设计上首次提出了"立式磨削"的概念，将外圆工件竖向固定，很巧妙地规避了因横向布置时重力及磨削力等原因引起的径向误差。在磨床的大型部件上，广泛使用高阻尼性能的一体化人造大理石，具有优异的抗振和抗热膨胀表现；且得益于虚拟样机技术的发展，各关键支承部件均经过基于有限元技术的优化，动、静刚度良好。在磨削系统方面，产品拥有可自动更换砂轮的八轴位砂轮库，砂轮采用 HSK50F 刀柄夹紧，连接部刚度强；磨削电主轴表现强劲，可在全天 24h 持续输出 15kW 的磨削功率，这也得益于高效率的主轴水冷式散热系统，使主轴的使用寿命显著延长。在速度与精度方面，整机的直线进给速度可达到 20m/min，进给分辨率达到 0.1μm 级别。

澳大利亚 ANCA 公司的 MX7 型五轴数控工具磨床如图 1-46 所示，在工作台布局设计上采用传统的外圆工件轴向卧式布局，直线轴采用十字滑台式布局，结构紧凑。在磨床大型部件上，立柱方面采用对称式的封闭龙口架结构，为各极限工况下的强稳定性提供保障，且受加工热效应影响小；床身方面采用其自行研发的高树脂混凝土，与普通铸铁材料相比，阻尼系数提高了 8 倍，抗振性十分理想。在磨削系统方面，产品自带的砂轮自动卸装系统可以实现 4s 内自动拆卸更换两组砂轮（8 个），同时自带的机械手能在 10s 内完成工件上下料的操作，砂轮接杆上采用日本昭和的 BIG-PLUS 刀柄夹紧系统，保持高速旋转下的刚度；采用外置循环油冷却系统的磨削电主轴可实现 38kW 的恒功率输出，并且配备实时的动平衡监控与调整系统，方便对工况的全程把握。在速度与精度方面，砂轮线速度最高达到 180m/s，各直线轴进给分辨率达到 0.1μm 级别，旋转轴进给分辨率达到 0.0001°。

图 1-45 德国 Deckel 公司的 S22P 型
五轴联动数控工具磨削中心

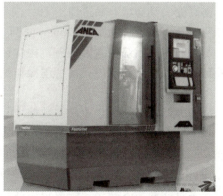

图 1-46 澳大利亚 ANCA 公司的 MX7
型五轴数控工具磨床

2. 国内数控工具磨床

国内刀具刃磨磨床的发展在 20 世纪 80 年代才初具雏形，我国在这一领域存在发展晚、起点低的缺陷，与传统的欧、美、日、澳等制造强国相比，至今仍存在较大的差距。其中，五轴工具磨床较小的行业体量及过于专业的门槛，导致其发展尤其滞后。此外，数控工具磨床的市场需求远不及普通加工中心，国内厂商和国家支持力度与之相比均不大。另一方面，五轴联动的数控系统一直以来是欧美发达国家限制对中国出口的产品，近几年国内也有厂家在积极研制数控工具磨床，但一般技术含量较低的机械部分自行制造，而技术含量较高的数控系统则是依靠引进，这种国家间的战略技术垄断也造成了国内五轴数控工具磨床发展阻力较大的现状。

尽管国内少有大型国有企业研制五轴联动数控工具磨床，但仍有一部分高校研究单位及企业对国内工具磨床的发展做出了不可磨灭的贡献。比较典型的有台州北平机床有限公司，该公司从手动磨刀机开始研制，逐渐发展到半自动、全自动和五轴联动数控工具磨床，图 1-47 所示为该公司研制的半自动磨刀机与五轴联动数控工具磨床。

a)   b)

图 1-47　台州北平机床有限公司研制的半自动磨刀机与五轴联动数控工具磨床
a）半自动磨刀机　b）五轴联动数控工具磨床

其中，台州北平机床有限公司生产的五轴联动数控工具磨床（BPX5）是一种八轴五联动精密高效工具磨床，其适用于 IT、汽车、航空、医疗、木工刀、多晶体 CBN 等金属切削刀具行业，可生产直径为 3～25mm 的圆形或非圆形切削刀具。该机床可配置北平专利的自动上下料和防撞系统，精密装夹机构和创新的刀具精密支承系统。此外，该机床还具备广泛的可延展性和创新的智能刀具磨削操作编程界面，并选用大理石床身能够抗振并降低温度变化产生的影响。

国内大型机床制造企业研制数控工具磨床的并不多，但工具制造企业为了满足自身的需求，仍开发出一些磨刀专机，如成量丝锥磨槽专机（图 1-48）。其为成都茵普公司生产的MK9624 型丝锥直槽专用数控磨床，该机床配有 5 个数控轴，选用乐创 LT09M 数控系统，性能稳定、人机对话功能强大、操作简单易学；机床配有高转速高功率电主轴、全自动上下料机构、全自动高压大功率切削液恒温冷却系统；机床整体设计刚性好，布局合理、紧凑，外形美观，加工效率高。特别适用于工具厂商批量生产直槽丝锥。

大连科德数控有限公司也研制了一款大型数控工具磨床，如图 1-49 所示，其为高精度五轴联动数控工具磨床，型号为 KToolG3515。该产品采用模块化设计概念，具有更大的加工空间、更强的磨削刚度、更高的速度和精度。同时，该工具磨床配备了刀具磨削工艺专家软件系统 G-TOOL，使其可以采用有限元法辅助刀具产品研发，如图 1-50 所示。

图 1-48 成量丝锥磨槽专机

图 1-49 大连科德数控有限公司制造的大型数控工具磨床

图 1-50 KToolG3515 数控工具磨床采用有限元法辅助刀具产品研发示意图

考虑到磨削仿真软件一直是国内刀具磨床领域的短板，该 G-TOOL 软件系统的配备在一定程度上缩小了国内外数控工具磨床间的差距，具有重要意义。

除此之外，中国台湾鼎维公司也对数控工具磨床进行了研究，开发了 TG-5 CNC 数控工具磨床，如图 1-51 所示。该机床具有床台结构刚性佳、振动低，高刚性线性滑轨耐磨耗，全伺服机构控制定位准，以及高精密滚珠螺杆精度高等优点。

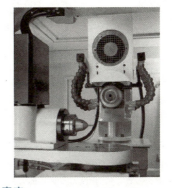

图 1-51 中国台湾鼎维公司制造的数控工具磨床

同时，TG-5 CNC 数控工具磨床还配备了 SMART 刀具专家系统。该系统的操作界面应用了手动研磨的概念，使操作界面更加人性化且富有逻辑性。同时，可以根据自身需求改变刀具研磨顺序和方式，从而实现任意形状的刀具研磨。图 1-52 为 TG-5 CNC 数控工具磨床刀具外形研磨流程示意图。图 1-53 所示为其研磨出的不同形状的钻头。

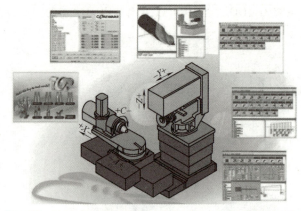

图 1-52　TG-5 CNC 数控工具磨床刀具外形研磨流程示意图

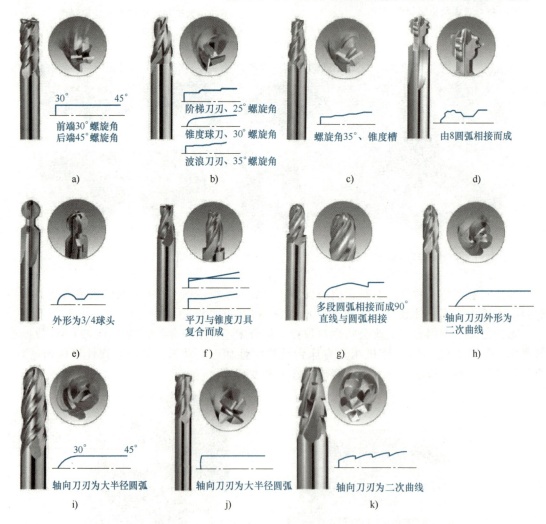

图 1-53　TG-5 CNC 数控工具磨床研磨出的不同形状的钻头

a) 双螺旋角面铣刀　b) 具有三个不同外形的刀刃　c) 具有波浪外形的刀刃　d) 刀刃外形为圆弧相接的3/4 球头

e) 直槽 3/4 球头刀具　f) 角度刀刃夹角的刀具　g) 鲸鱼外形刀刃的刀具　h) 子弹外形的刀具（1）

i) 子弹外形的刀具（2）　j) 圆弧端面的面铣刀　k) 具有圣诞树外形的刀具

前述的工具磨床多为国内不同企业研发并已经商业化的刃磨机床，实际上，国内高校与科研单位也对工具磨床进行了研究，并取得了较好的效果。如陕西理工大学的张义龙等对麻花钻的刃磨进行了研究，并进行了数字样机设计（图1-54）。该刃磨机床可以通过控制各步进电动机的参数来实现麻花钻的刃磨。

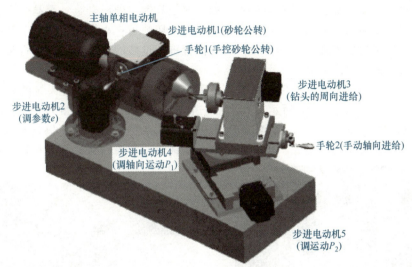

图 1-54　陕西理工大学设计的麻花钻刃磨机床

北京航空航天大学陈鼎昌教授等与上海飞机制造有限公司合作，研制了 CNC-6DGA 型数控钻尖刃磨机（图1-55）。该刃磨机是为实现钻尖的自动化刃磨，提高钻尖的刃磨精度及钻尖的工作效率而设计制造的，主要针对中小直径钻头的刃磨。其具有性能稳定、维修方便、价格便宜等优点，是一款性价比很高的高效、多功能数控钻尖刃磨机。

a)

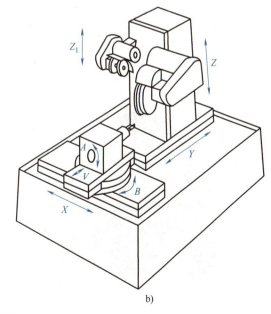

b)

图 1-55　CNC-6DGA 型数控钻尖刃磨机及其结构示意图

图 1-55b 为 CNC-6DGA 型数控钻尖刃磨机的结构示意图，该刃磨机具有直线坐标 X、Y、

Z、V 和转动坐标 A、B。其中 X 为工作台的纵向移动坐标，Y 为工作台的横向移动坐标，Z 为砂轮垂直方向上下移动坐标，A 为工作主轴的转动坐标，B 为工作台的转动坐标，刃磨机的 6 个坐标运动分别由 6 个步进电动机驱动。此外，立柱上有两个磨头，每个磨头上装有两片砂轮。其中两片大砂轮（$\phi250\text{mm}$）是白刚玉砂轮，两片小砂轮（$\phi150\text{mm}$、$\phi120\text{mm}$）是金刚石砂轮，可以刃磨各种材料的钻头，如高速工具钢、硬质合金、聚晶金刚石等。大砂轮主要用于刃磨主切削刃后刀面，包括群钻的圆弧主切削刃；小砂轮主要用于修磨横刃。这样在磨完一个钻头的后刀面后，不必对钻头的位置进行过多的调整就可以进行钻头横刃的修磨，提高了刃磨的效率。

湖南大学卢玉成等与武汉机床厂联合开发了基于华中数控 818 数控系统的五轴联动工具磨床 MK6035-5CNC，如图 1-56 所示。其选用三个直线轴 X、Y、Z 和旋转轴 A、B 的结构形式。由于 B 轴在 A 轴的正上方，砂轮端面相较旋转中心变化很小，所以该机床结构紧凑，加工范围更广。该机床柔性很大，可以用于加工立铣刀、球头铣刀、钻头和阶梯钻头等。

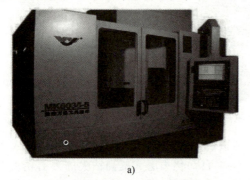

a)   b)

图 1-56 工具磨床 MK6035-5CNC 及轴布局图

a）工具磨床 MK6035-5CNC b）工具磨床轴布局图

哈尔滨工业大学夏高亮等研制的圆弧刃刃磨机如图 1-57a 所示。该刃磨机借鉴了英国 Coborn 公司的 PG3B 刃磨机床（图 1-57b）的结构，采用了 T 形布局，将机床分为两个分支，即刀架系统分支和主轴系统分支。该圆弧刃刃磨机所加工的圆弧刃刃口钝圆半径值能达到 50nm 的精度，但加工的圆弧刃刀尖圆弧圆度的误差值只能达到 $0.5\mu\text{m}$。

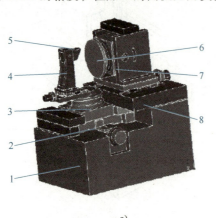
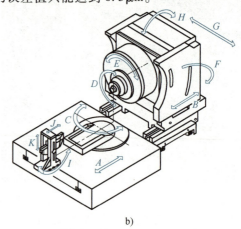

a)   b)

图 1-57 哈尔滨工业大学的圆弧刃刃磨机及英国 Coborn 公司的 PG3B 刃磨机床

a）哈尔滨工业大学的圆弧刃刃磨机 b）英国 Coborn 公司的 PG3B 刃磨机床

1—床身 2—X 向导轨 3—摆轴 4—刀架 5—被加工工件 6—刃磨盘 7—刃磨主轴 8—Z 向导轨

此外，东北大学邹平教授的课题组也对螺旋面钻尖麻花钻的刃磨进行了研究，研制了手动刃磨机床（图1-58）、二并联多功能刀具刃磨机床（图1-59）及三并联万向多功能刀具刃磨机床（图1-62）。

图1-58所示为东北大学研制的SD系列螺旋面钻尖刃磨机床，它是一种新型的螺旋面后刀面钻尖磨床，这种刃磨机床结构精简、易于操作，可随时调整各个刃磨参数来控制刃磨过程，以达到修磨出理想螺旋面钻尖的目的。其中，SD-1型手动复杂螺旋面钻尖刃磨机床可修磨4~18mm的钻头，SD-2型手动复杂螺旋面钻尖刃磨机床可修磨4~20 mm的钻头，SD-3

a)   b)   c)

图1-58 东北大学研制的SD系列螺旋面钻尖刃磨机床

a) SD-1   b) SD-2   c) SD-3

型手动复杂螺旋面钻尖刃磨机床可修磨20~70mm的钻头。

图1-59所示为东北大学自行研制开发的二并联多功能刀具刃磨机床。该并联机床可以用于钻头的修磨。以螺旋面钻尖修磨为例，普通数控刀具磨床刃磨螺旋面钻尖的原理如图1-60所示。图中钻头轴线与砂轮轴线之间的夹角 θ 为定值，刃磨所需的三个成形运动是钻头沿砂轮轴线方向的平移运动 v_1、钻头绕自身轴线的旋转运动 ω 及平移运动 v_2。

二并联多功能刀具刃磨机床刃磨螺旋面钻尖的原理如图1-61所示。与一个并联杆单元一端相连的驱动滑块1在点 O 保持不动，与另一个并联杆单元一端相连的驱动滑块2从点 X_0 平移到点 X_1，则运动平台上的钻尖将从点 P_0 到点 P_1 实现一个圆弧运动，这个圆弧运动相当于图1-60所示的 v_1 与 v_2 的合成运动，加上运动平台上主轴带动钻头的自转，从而实现刃磨螺旋面钻尖所需的成形运动，即该机床二轴联动就可实现普通钻尖刃磨机三轴联动刃磨螺旋面钻尖的效果。

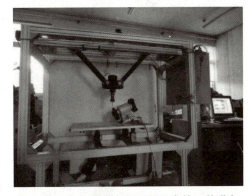

图1-59 东北大学自行研制开发的二并联多功能刀具刃磨机床

图1-62所示为东北大学自行研制开发的三并联万向多功能刀具刃磨机床。该机床由两级串联平台控制其在空间的移动，万向联轴器使其能在各个工作空间内灵活转动，获得较大的姿态角，是一种串并联混合机构。工作中，横、纵向电动机共同作用驱动滚珠丝杠带动并联工作台沿 X、Y 方向移动；并联杆电动机通过控制两并联杆的伸缩运动驱动并联工作台的两

个并联杆,实现三并联工作台绕轴心的摆动从而获得不同的位姿,满足不同的加工要求;主轴电动机驱动主轴沿主轴方向做进给运动;横、纵向电动机的同时驱动,主轴上的钻头就能在水平面内做平移运动,绕轴心的转动及绕轴线的自转。这三个运动就是三并联机床的主要运动,通过三个运动的联动就可以实现复杂螺旋面钻尖的刃磨。图 1-63 所示为在这两台并联机床上刃磨出的部分螺旋面钻尖。

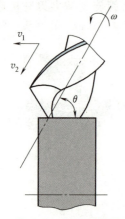

图 1-60　普通数控刀具磨床刃磨螺旋面钻尖的原理

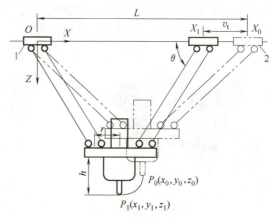

图 1-61　二并联多功能刀具刃磨机床刃磨螺旋面钻尖的原理

1、2—驱动滑块

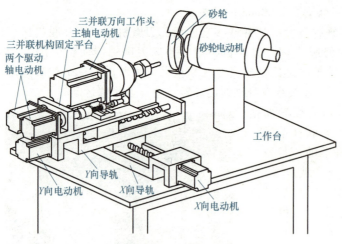

图 1-62　东北大学自行研制开发的三并联万向多功能刀具刃磨机床

图 1-63　在并联机床上刃磨出的部分螺旋面钻尖

第2章

难加工材料切削加工技术

近年来，机械产品多功能、高功能化的发展势头十分强劲，要求零件必须实现小型化、微细化。为了满足这些要求，所用材料必须具有高硬度、高韧性和高耐磨性的特点，而具有这些特性的材料，其加工难度也特别大，可称为难加工材料。难加工材料是随着时代的发展及专业领域的不同而出现的，其特有的加工技术也随着时代及各专业领域的研究开发而不断向前发展。

本章主要讲述在现代工业中，被广泛使用的一些难加工材料的特点、分类及应用等。同时，重点介绍几种难加工材料切削加工技术的相关知识。

2.1 难加工材料切削加工技术的概述

2.1.1 难加工材料的概念

在阐述难加工材料的概念之前，首先要明确什么是材料的切削加工性这一问题。

材料的切削加工性即材料切削的难易程度，难加工材料顾名思义就是材料较难加工的材料，即切削加工性较差。切削加工性通常从刀具寿命、已加工表面完整性和切屑的控制（卷屑和断屑）三方面来衡量。在实际加工中，只要其中一个不好，就认为切削加工性差。上述三个指标中，只有刀具寿命能够明确加以定量说明。所以，通常所谓切削加工性差，就是指刀具寿命短（或刀具寿命所许用的切削速度低）。

具体来说，难加工材料即切削加工性等级代号在 5 级以上的材料。从材料的物理、力学性能看，硬度高于 250HBW，抗拉强度大于 0.98GPa，断后伸长率大于 30%，冲击强度大于 $9.8 \times 10^5 J/m^2$，导热系数小于 41.9W/（m·℃）的均属难加工材料之列。

2.1.2 难加工材料的分类

难加工材料种类繁多、性能各异，下面主要介绍钛合金、高温合金、不锈钢、高强度钢与超高强度钢、复合材料及硬脆性材料等。

1. 钛合金

钛是同素异构体，熔点为 1720℃，温度低于 882℃时呈密排六方晶格结构，称为 α 钛；温度在 882℃以上时呈体心立方晶格结构，称为 β 钛。利用钛的上述两种结构特点，添加适当的合金元素，使其相变温度及相分含量改变而得到不同类型的钛合金。室温下，钛合金有三种基体组织，因此分为 α 相钛合金（用 TA 表示）、β 相钛合金（用 TB 表示）、α+β 相钛合金（用 TC 表示）三类。其中最常用的是 α 相钛合金和 α+β 相钛合金，α 相钛合金的切削加工性最好，α+β 相钛合金次之，β 相钛合金最差。

钛合金具有以下特性：

1）比强度高。钛合金的密度为 $4.5 \times 10^3 kg/cm^3$ 左右，仅为钢的 60%，纯钛的强度接近于普通钢的强度，一些高强度钛合金则超过了许多合金结构钢的强度。因此钛合金的比强度（强度与密度之比）远大于其他金属结构材料，可制造出单位强度高、刚性好、重量轻的零部件。

2）热强度高。钛合金的热稳定性好、高温强度高。在 300~500℃ 温度范围内，其强度约比铝合金高 10 倍。α 相钛合金和 α+β 相钛合金在 150~500℃ 温度范围内仍有很高的比强度。

3）耐蚀性好。钛合金在潮湿的大气和海水介质中工作，其耐蚀性优于不锈钢；对点蚀、酸蚀、应力腐蚀的抵抗性能特别强；对碱、氯化物、氯的有机物、硝酸、硫酸等有优良的抗腐蚀性能。

4）低温性能好。钛合金在低温和超低温下能保持良好的力学性能。

5）化学活性大。钛的化学活性大，与大气中的 O_2、N_2、H_2、CO、CO_2、水蒸气、氨气等均能产生剧烈的化学反应。与碳反应会在钛合金中形成硬质 TiC 层，与氮作用会形成 TiN 硬质表层，氢含量上升时会形成脆化层。钛的化学亲和性大，容易与摩擦表面产生黏附现象。

6）导热性差。钛的导热系数低，约为镍的 1/4，铁的 1/5，铝的 1/14；而各种钛合金的导热系数更低，一般约为钛的 50%。

7）弹性模量小。钛的弹性模量为 107.8GPa，约为钢的 1/20。

2. 高温合金

高温合金又称为耐热合金或热强合金，它是多组元的复杂合金，以铁、镍、钴、钛等为基体，不仅能在 600~1000℃ 的高温氧化环境及燃气腐蚀条件下工作，而且可以在一定应力作用下长期工作，具有优良的热强性能、热稳定性能和热疲劳性能。

高温合金的分类方式有如下几种：①按合金基体元素种类来分，可分为铁基、镍基和钴基合金三类，目前使用的铁基合金镍含量高达 25%~60%，这类铁基合金有时又称为铁镍基合金；②根据合金强化类型不同，高温合金可分为固溶强化型合金和时效沉淀强化型合金，不同强化型的合金有不同的热处理制度；③根据合金材料成形方式的不同，高温合金可分为变形合金、铸造合金和粉末冶金合金三类；④此外，按使用特性，高温合金又可分为高强度合金、高屈服强度合金、抗松弛合金、低膨胀合金和抗热腐蚀合金等。

高温环境下材料的各种退化速度都被加速，在使用过程中易发生组织不稳定，在温度和应力作用下产生变形和裂纹长大，以及材料表面的氧化腐蚀。

高温合金具有以下特性：

1）耐高温、耐腐蚀。高温合金所具有的耐高温、耐腐蚀等性能主要取决于它的化学组成和组织结构。以 GH4169 镍基变形高温合金为例，GH4169 合金中铌含量高，基体为 Ni-Cr 固溶体，镍的质量分数在 50% 以上，可以承受 1000℃ 左右的高温。GH4169 合金的化学元素与基体结构显示了其强大的力学性能，屈服强度与抗拉强度都比 45 钢高数倍，塑性也比 45 钢好。

2）加工难度高。高温合金由于其复杂、恶劣的工作环境，其加工表面完整性对于其性能的发挥具有非常重要的作用。但是高温合金是典型的难加工材料，硬度高，加工硬化程度严重，并且其具有高抗剪切性能和低导热系数，切削区域的切削力和切削温度高，在加工过程中经常出现加工表面质量低、刀具破损非常严重等问题。在一般切削条件下，高温合金表层会产生硬化层、残余应力、白层、黑层、晶粒变形层等问题。

3. 不锈钢

不锈钢是指在大气中或在某些腐蚀性介质中具有一定耐腐蚀能力的钢种。不锈钢种类很多，按其成分可分为铬不锈钢、铬镍不锈钢和铬锰氮不锈钢等。按其组织状态可分为以下几类：

（1）铁素体不锈钢　铬含量为15%~30%，其耐蚀性、韧性和焊接性随铬含量的增加而提高，耐氯化物应力腐蚀性能优于其他种类不锈钢，常用牌号有10Cr17、06Cr11Ti、019Cr18MoTi等。铁素体不锈钢因为铬含量高，耐腐蚀性能与抗氧化性能均比较好，但力学性能与工艺性能较差。

（2）奥氏体不锈钢　铬含量大于18%，还含有8%左右的镍及少量钼、钛、氮等元素。综合性能好，可耐多种介质腐蚀。奥氏体不锈钢的常用牌号有12Cr18Ni9、06Cr19Ni10等。

（3）奥氏体-铁素体双相不锈钢　兼有奥氏体和铁素体不锈钢的优点，并具有超塑性。奥氏体和铁素体组织各约占一半的不锈钢。在碳含量较低的情况下，铬含量为18%~28%，镍含量为3%~10%。有些钢还含有钼、铜、硅、铌、钛、氮等合金元素。该类钢兼有奥氏体和铁素体不锈钢的特点，与铁素体不锈钢相比，塑性、韧性更高，无室温脆性，耐晶间腐蚀性能和焊接性能均显著提高，同时还保持有铁素体不锈钢的475℃脆性及高导热系数，具有超塑性等特点；与奥氏体不锈钢相比，强度高且耐晶间腐蚀和耐氯化物应力腐蚀有明显提高。

（4）沉淀硬化不锈钢　沉淀硬化不锈钢的基体为奥氏体或马氏体组织，常用牌号有05Cr17Ni4Cu4Nb、07Cr17Ni7Al、07Cr15Ni7Mo2Al等。其能通过沉淀硬化（又称为时效硬化）处理使其硬（强）化。

（5）马氏体不锈钢　强度高，但塑性和焊接性较差，马氏体不锈钢的常用牌号有12Cr13、30Cr13等，因碳含量较高，故具有较高的强度、硬度和耐磨性，但耐蚀性稍差。

4. 高强度钢与超高强度钢

高强度钢与超高强度钢为具有一定合金含量的结构钢。它们的原始强度、硬度并不太高，但经过调质处理（一般为淬火和中温回火），可获得较高或很高的强度。通常把调质后抗拉强度大于1.2GPa、屈服强度大于1GPa的钢称为高强度钢；把调质后抗拉强度大于1.5GPa、屈服强度大于1.3GPa的钢称为超高强度钢。它们的硬度在35~50HRC之间。加工这两种钢时，粗加工一般在调质前进行，而精加工、半精加工及部分粗加工则在调质后进行。

高强度钢一般为低合金钢，合金元素的总含量不超过60%，有Cr钢、Cr-Ni钢、Cr-Si钢、Cr-Mn钢、Cr-Mn-Si钢、Cr-Ni-Mo钢、Cr-Mo钢和Si-Mn钢等。

超高强度钢视其合金含量的不同，可分为低合金超高强度钢、中合金超高强度钢和高合金超高强度钢。

5. 复合材料

复合材料是由两种或两种以上的物理和化学性质不同的物质人工制成的多相组合固体材

料，是由增强相和基体相复合而成的，并形成界面相。增强相主要是承载相，基体相主要是连接相，界面相的主要作用是传递载荷，三者的不同组分和不同复合工艺使复合材料具有不同的性能。

复合材料的种类很多，按其结构和功能，可把复合材料分为结构复合材料和功能复合材料。前者的研究和应用较多，发展很快。主要有两种：一种是以聚合物为基体，其中以树脂（环氧树脂、酚醛树脂）为基体的居多；另一种是以金属、合金（铝及铝合金、高温合金、钛合金及镍基合金）或陶瓷为基体。后者近些年发展也较快。按其增强相的性质和形态，可把复合材料分为层叠结构复合材料、连续纤维增强复合材料、颗粒增强复合材料和短纤维增强复合材料等，如图 2-1 所示。

纤维增强复合材料是靠增强纤维增强的。增强纤维的种类有碳纤维、玻璃纤维、芳纶纤维、硼纤维、陶瓷纤维、难溶金属丝和单晶晶须等。玻璃纤维可用熔体抽丝法制取，碳纤维和石墨纤维可用热分解法制取，硼纤维可用气相沉积法制取，金属丝可用拔丝法制取。在聚合物基纤维增强复合材料（Fiber Reinforced Plastics，FRP）中，玻璃纤维增强复合材料（Glass Fiber Reinforced Plastics，GFRP）的某些性能与钢相似，能代替钢使用。碳纤维增强复合材料（Carbon Fiber Reinforced Plastics，CFRP）是 20 世纪 60 年代迅速发展起来的无机材料。

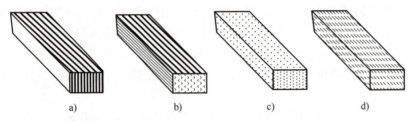

图 2-1 复合材料结构示意图

a) 层叠结构复合材料 b) 连续纤维增强复合材料 c) 颗粒增强复合材料 d) 短纤维增强复合材料

金属基颗粒增强复合材料是以金属或合金为基体，以金属、非金属或陶瓷颗粒为增强相的非均质混合物。其显著特点是具有连续的金属基体，因而具有高比强度、高比模量、高耐磨、高耐蚀性及耐高温等优良性能，在航空航天和汽车制造等领域中具有广阔的应用前景。金属基颗粒增强复合材料按金属基体的不同，可分为黑色金属基颗粒增强复合材料和有色金属基颗粒增强复合材料两大类。

6. 硬脆性材料

硬脆性材料具有高强度、高硬度、高脆性、耐磨损和腐蚀、隔热、低密度、低线膨胀系数及化学稳定性好等特点，这是一般金属材料无法比拟的。硬脆性材料由于这些独特性能而广泛应用于光学、计算机、汽车、航空航天、化工、纺织、冶金、矿山、机械、能源和军事等领域。硬脆性材料根据来源，可分为自然硬脆性材料和人工硬脆性材料；根据是否为金属，可分为金属硬脆性材料和非金属硬脆性材料；根据能否导电，可分为导电硬脆性材料和非导电硬脆性材料；根据材料微观结构，可分为晶体硬脆性材料和非晶体硬脆性材料。陶瓷和石材是其代表性材料。陶瓷是以黏土、长石和石英等天然原料，经粉碎—成形—烧结而成的烧结体，其主要成分是硅酸盐。石材包括天然大理石、花岗石及人工合成的大理石、水磨石等。随着科学技术的不断发展，硬脆性材料如各种光学玻璃、单晶硅、微晶玻璃及陶瓷等在航空航天及军用设备中应用得越来越广泛，而且对零件表面质量要求极高。然而，硬脆性材料具有低塑性、易脆性破坏、易产生微裂纹及易引起工件表面层组织破坏等缺点，使得硬脆性材料的加工十分困难。

2.1.3 难加工材料的应用

随着航空航天工业、核工业、兵器工业、化学工业、电子工业及现代机械工业的发展，对产品零部件材料的性能提出了各种各样的新型要求和特殊要求。有的要求在高温、高压力状态下工作，有的要求耐腐蚀、耐磨损，有的要求能绝缘，有的则要求有高电导率。因此，难加工材料在这些工业中具有广泛的应用，比如：

1）钛合金具有密度小，强度高，能耐各种酸、碱、海水、大气等介质的腐蚀等一系列优良的力学、物理性能，因此在航空、航天、核能、船舶、化工、冶金、医疗器械等领域中得到了越来越广泛的应用。

2）高温合金是航空、航天、造船工业的重要结构材料。例如发动机的关键部位叶片，其工作温度高，且需要承受很大的气动力和离心力，叶身还要承受强拉应力，同时还要承受高温氧化、燃气的热腐蚀及热冲击等。

3）不锈钢广泛应用于航空、航天、化工、石油、建筑及食品等部门。如应用于汽轮机叶片及高应力部件、汽车排气处理装置、锅炉燃烧室、喷嘴和汽轮机部件等。

4）高强度钢用于机器中的关键承载零件，如高负荷砂轮轴、高压鼓风机叶片、重要齿轮与螺栓、发动机曲轴、连杆和花键轴等，火炮的炮管和某些炮弹的弹体也采用高强度钢制造。超高强度钢用于飞机大梁、飞机发动机曲轴和起落架等，某些火箭的壳体、火炮炮管和破甲弹弹体等也采用超高强度钢制造。

5）复合材料不仅应用在导弹、火箭、人造卫星等尖端工业中，而且在航空、汽车、造船、建筑、机械、医疗和体育等各个领域都得到应用。GFRP 由于重量轻，比强度和比刚度高，现在已成为一种重要的工程结构材料。CFRP 可用作宇宙飞行器的外层材料，用来制造人造卫星和火箭的机架、壳体及天线构架，还可用于制造齿轮、轴承等承载耐磨零件。

6）陶瓷具有高强度、高硬度、高耐磨性、耐高温、耐腐蚀、低密度、低线膨胀系数和低导热系数等优越性能，因而已逐渐应用于化工、冶金、机械、电子、能源及尖端科学技术领域。如陶瓷已能用来制造轴承、密封环、活塞、凸轮、缸套、缸盖、燃气轮机燃烧器、涡轮叶片和减速齿轮等。天然大理石、花岗岩具有美丽的花纹和图案，故被广泛用于高级建筑装饰。因其具有良好的电热绝缘性能和很微小的热膨胀系数，近年来在机械制造上也有应用，如仪器的平台、底座、盖板及超精密机床的床身、导轨等。

2.1.4 难加工材料的加工特点

难加工材料切削加工性差的原因一般有以下几个方面：①高硬度；②高强度；③高塑性和高韧性；④低塑性和低脆性；⑤低导热性；⑥有大量微观硬质点或硬夹杂物；⑦化学性质活泼。

这些性质一般都能使切削过程中切削力加大，切削温度升高，刀具磨损严重，刀具寿命缩短，加工表面质量恶化，切屑难以控制，最终导致加工效率和加工质量降低，加工成本升高。

（1）切削力大　凡是硬度或强度高、塑性和韧性大、加工硬化严重、亲和力大的材料，其切削功率消耗大，切削力大。这就要求加工设备功率大，刀具有较高的强度和硬度。

（2）切削温度高　由于难加工材料往往加工硬化严重、强度高、塑性和韧性大、亲和力大而导热系数小，切削过程中会产生较多的热量，但散热性能差，因此切削温度较高。如钛合金的导热系数只有45钢的1/6左右，且刀-屑接触长度短，切削热集中在切削刃附近，因此切削温度很高。

（3）刀具磨损严重，刀具寿命短　凡是硬度高或有磨粒性质的硬质点多或加工硬化严重的材料，刀具的磨料磨损都很严重。另外，导热系数小或刀具材料易亲和、黏结也会造成切削温度高，从而使得黏结磨损和扩散磨损严重。因此难加工材料切削过程中刀具的使用寿命较短。

（4）加工表面粗糙，不易达到精度要求　加工表面硬化严重、亲和力大、塑性和韧性大的材料，其加工表面粗糙度值大，表面质量和精度均不易达到要求。

此外，还存在着加工硬化严重、切屑难以处理等问题。

2.1.5　改善难加工材料的切削加工性

针对难加工材料的切削加工特点，改善难加工材料的切削加工性一般有以下三个措施。

1. 改善材料本身的切削加工性

在采用热处理方法和改变化学成分来改善切削加工性时，必须保证零件的使用要求。

1）采用适当的热处理方法。同样成分不同金相组织的材料，其切削加工性也不同。通过适当的热处理，得到合乎要求的金相组织和力学性能，也可改善切削加工性。如低碳钢的塑性很大，切削加工性较差，有时表面硬化严重，经过正火可使其组织均匀，从而改善切削加工性。必要时，中碳钢零件也可在退火后进行加工。

2）改善材料的化学成分。在保证材料力学、物理性能的前提下，在钢中适当添加一些元素，如S、Pb、Ca等，使其成为容易被切削加工的钢。

2. 合理选用刀具材料

目前国内外经常用的刀具材料有高速工具钢、硬质合金、陶瓷和超硬刀具材料四大类。

（1）高速工具钢　高性能高速工具钢（HSS-E）是在通用型高速工具钢中加入了Co、Al等合金元素，从而可提高它的耐热性和耐磨性，并可用来加工不锈钢、耐热钢、高温合金、高强度钢等难加工材料。粉末高速工具钢可以用于重载、高速切削加工。我国研制的FT15、FR71、GF1、PT1、PVN等，其力学性能和切削性能俱佳，在加工高强度钢、高温合金、钛合金和其他难加工材料中，发挥了优越性。涂层高速工具钢表面有硬层，耐磨性好，与被加工材料之间的摩擦系数小，但不会降低基体高速工具钢的韧性；因为有热屏蔽作用，基体切削部分的平均切削温度有所下降；已加工表面粗糙度值减小；刀具寿命显著提高，一般主要用于加工高强度钢等难加工材料。

（2）硬质合金　硬质合金不仅具有较高的耐磨性，而且相对于超硬刀具材料韧性较好，所以得到广泛的应用。添加碳化钽（TaC）和碳化铌（NbC）的硬质合金的耐磨性大为提高，抗塑性变形的能力也有所增强。钛基硬质合金的硬度高，摩擦系数较小，切削时抗黏结磨损的能力强，具有更好的耐磨性。细晶粒和超细晶粒硬质合金可以提高切削速度和加工效率，适当地增加钴含量还可以提高抗弯强度，这种刀具多用于高速干式钻削。添加稀土元素的硬质合金最适用于粗加工。钢结硬质合金是制造拉刀和重载切削面铣刀较为理想的材料。涂层硬质合金韧性好、耐磨性高、切削速度高、已加工表面质量好、刀具寿命高。用 P 类可以加工不锈钢；用 M 类可以加工耐热材料、高锰钢等；用 K 类可以加工淬硬钢、有色金属等难加工材料。

（3）陶瓷　氧化铝-碳化钛-金属系陶瓷又称为金属陶瓷（Cermet），主要用于精加工不锈钢、高温合金、铝及铝合金、硬度大于 45HRC 的难加工材料。氧化铝-碳化硅系陶瓷的韧性高，可以有效地用于断续切削及粗车、铣削、刨削和钻削等工序，适用于加工镍基合金、高硬度铸铁、淬硬钢等难加工材料。氮化硅基陶瓷的主要产品是赛龙（Sialon），可用来加工淬硬钢（60~68HRC）、高锰钢等难加工材料。

（4）超硬刀具材料　超硬刀具材料是指立方氮化硼和金刚石。现在生产上大多采用聚晶人造金刚石和聚晶立方氮化硼，以及它们的复合材料。由于其优良的切削加工性，主要用于先进加工工艺中，如干切削、硬切削、精切代磨和高效切削等。可加工的难加工材料主要有低碳钢、淬硬钢、铸铁、耐热合金、铁基烧结材料、铝及铝合金、硬质合金和非金属材料等。

此外，对传统刀具材料进行热处理，也能用来切削难加工材料。例如对工具钢进行深冷处理，以提高工具材料的强度、硬度、冲击韧性、断裂韧性、抗弯强度和耐磨性等，从而延长使用寿命。经硼化处理的合金结构钢刀具，其材料硬度有所提高，具有很高的耐磨性、耐热性和疲劳强度，并有良好的抗黏结和抗擦伤能力。用经硼化处理的 40CrA 合金钢制作的铰刀，可用来加工 K3 高温合金的零件。

3. 采用非常规的切削加工方法

近年来开发了多种新型切削方法，在一定条件下可以用于难加工材料的加工，并可取得较好的效果。例如，加热切削、低温切削、振动切削、真空中切削、在惰性气体保护下切削、绝缘切削、带磁切削和高速切削等切削技术。

此外，合理地选择加工刀具结构、几何参数、切削用量及切削液等也可以改善难加工材料的切削加工性。

2.2　加热切削技术

2.2.1　加热切削技术的概念

加热切削技术是把工件的整体或者局部通过各种方式加热到一定温度后，再进行切削加工的一种新型加工技术，其目的是通过加热来软化工件材料，使工件材料的硬度、强度等性能有所下降，易于产生塑性变形、减小切削力、延长刀具使用寿命、提高生产率、抑制积屑瘤的产生、改变切屑形态、减小振动和减小表面粗糙度值。

随着现代工业技术的迅速发展，引入了很多高强度、高硬度和耐高撞击的新材料。这些材料在加工时，切削力大、切削温度高、刀具磨损严重、加工表面质量差，有些几乎到了无法加工的程度，加热切削已成为能够对其进行高效率加工的有效方法之一。随着刀具材料切削性能的改进，加热切削技术得到了更迅速的应用。

2.2.2 几种加热切削技术

从现在的国内外研究来看，加热切削技术主要有电导加热切削技术、激光加热切削技术和等离子弧加热切削技术等。

1. 电导加热切削技术

电导加热切削加工主要是利用低电压、大电流对切削区域进行局部加热，通过提高切削温度影响加工效果。无论是对难加工材料还是对普通材料，电导加热辅助切削加工都是一种可用来提高加工表面质量的有效方法。电导加热切削原理示意图如图 2-2 所示。

电导加热切削加工的特点：加热直接发生在切削变形区，热效率高，能耗小，升温迅速，对工件材料热作用小；同时结构紧凑，利于现有设备的改装，并且温控简单。但也有一些关键的技术，如灭弧保护、断屑、进一步提高已加工表面质量、刀具磨损和延长刀具寿命等问题有待于进一步研究。

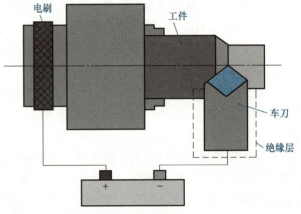

图 2-2 电导加热切削原理示意图

电导加热切削技术主要应用在一些具有一定导电能力的金属材料的切削加工中，如高温合金、淬硬钢、不锈钢等材料。

2. 激光加热切削技术

激光加热切削技术是一种复合加工技术，通过高能激光束加热使刀具前方的工件材料在被切除前达到最佳软化切削温度，从而使切削时材料的塑性变形更容易，切削力、切削比能、表面粗糙度值及刀具磨损减小，加工效率提高。加热切削原理不仅在于材料在高温下硬度和强度降低，而且局部瞬时高温可在材料内部引起塑性变形区应力场的改变，材料在高温下与激光或介质发生复杂的物理化学反应，均使材料切削性能发生改变。激光或等离子弧加热切削原理示意图如图 2-3 所示。

激光加热切削加工的特点：热源集中和升温迅速；激光束可以照射到工件的任何部位，并形成聚焦点，利于控制被切削材料的加热位置；热量是由表及里逐渐渗透的，使得刀具与工件交界面的热量较低，对加热切削颇为有利。

但激光加热切削加工存在以下主要问题：

1) 大功率激光器价格昂贵，转换效率低。

2) 金属材料对激光的吸收能力极差，吸收率一般只有 15%～20%（钛合金除外）。

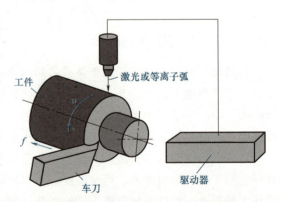

图 2-3 激光或等离子弧加热切削原理示意图

若要提高材料的吸收能力，则需对它们进行磷化处理。据报道，处理后其吸收能力可提高到80%～90%，但经济可行性差。目前，激光器研制技术发展迅速，为激光加热切削装置的经济性和小型化提供了条件。

近几年来，激光加热切削技术在工程陶瓷、高温合金、钛及钛合金、金属基复合材料、硬脆金属及半导体硅等材料的加工上应用较为广泛。

图2-4和图2-5所示分别为激光加热铣削和车削氮化硅陶瓷，实验表明，激光加热辅助切削氮化硅陶瓷可以在保证加工效率的同时得到良好的加工质量，并且不产生亚表面裂纹。图2-6所示为激光加热车削钛合金，实验表明，在激光加热车削钛合金过程中，主切削力明显减小，表面质量得到提高。

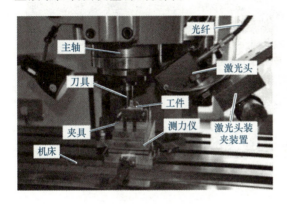

图2-4　激光加热铣削氮化硅陶瓷
（来源：哈尔滨工业大学）

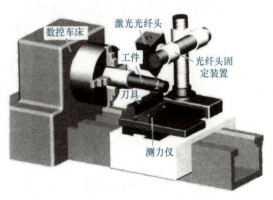

图2-5　激光加热车削氮化硅陶瓷
（来源：哈尔滨工业大学）

图2-6　激光加热车削钛合金（来源：哈尔滨工业大学）

3. 等离子弧加热切削技术

等离子弧具有功率密度大、温度高、升温快、加热瞬时完成、加热区域小的特点，而且通过改变电流、喷嘴直径和气体流量等参数可方便地进行调节，是一种较理想的加热切削热源。

沿切削加工的切削运动方向，将喷出热能高度集中的等离子弧喷嘴置于刀具前方的适当位置，与刀具做同步运动，在适当的加热电量（工作电压和工作电流）和切削用量（切削速度、进给量、背吃刀量）的配合下，使即将被切除的金属层预先受到高温等离子加热，使之局部地改变切削层金属的物理、力学性能，使切削层金属软化，甚至使其局部发生金相变化，减轻或消除加工硬化的产生，从而使被切削金属层易于切削。其原理示意图如图 2-3 所示。

等离子弧加热切削加工的优点：允许切削速度高、效果好，用陶瓷刀具更能提高切削效果。而其缺点：必须对弧光加以防护，设备复杂、费用较高。

等离子弧加热切削技术对于高硬度、高强度、高韧性和难切削加工金属材料的加工效果较好，在工程陶瓷的加工方面应用较广。图 2-7 所示为等离子弧加热切削 Inconel 718 合金，克服了 Inconel 718 合金难加工的特点。

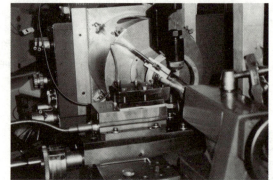

图 2-7　等离子弧加热切削 Inconel 718 合金
（来源：普渡大学）

2.3　振动切削技术

2.3.1　振动切削技术的概念

振动切削是一种特种切削加工方法，其是指在切削过程中给刀具（工件）加上某种有规律的、可控制的振动，从而改变加工（切削）原理的切削方法，是一种脉冲切削方法。在切削过程中，刀具周期性地接触和离开工件，切削速度的大小和方向在不断地变化，由于切削速度的变化和加速度的出现，使得振动切削具有很多优点，特别是在难加工材料和普通材料的难加工工序（如小直径精密深孔、精密攻螺纹）中，都得到了很好的效果。

迄今，虽然对振动辅助切削中某些现象的解释、某些参数的选择有所不同，但对它的工艺效果是公认的。因此，振动切削已作为精密机械加工和难加工材料加工中的一种新技术渗透到各个领域中，形成了各种复合加工方法，传统切削加工技术因而有了新的发展。

2.3.2　振动切削加工的分类

1. 按振动源分类

按振动源可分为强迫振动切削和自激振动切削。

（1）强迫振动切削　强迫振动切削是利用专门的振动装置，使刀具（工件）产生某种有规律的、可控制的振动进行切削的方法。

（2）自激振动切削　自激振动切削是利用切削过程中产生的振动进行切削的方法。

2. 按振动频率分类

按振动频率可分为高频振动切削和低频振动切削。

（1）高频振动切削　振动频率大于 16kHz 的振动切削称为高频振动切削。它一般由超声振动发生器、换能器、变幅杆等装置来实现。由于频率为 10kHz 的振动会产生可听见的噪声，因此一般不采用。通常高频振动切削称为超声振动切削。

（2）低频振动切削 振动频率小于200Hz的振动切削称为低频振动切削。低频振动切削的振动主要依靠机械装置来实现。

3. 按振动方向分类

按振动方向可分为主运动方向、进给方向和切削深度方向的振动切削，如图2-8所示。

（1）主运动方向振动切削 主运动方向振动切削可明显改善切削性能，切削时所消耗的功率可降低15%～30%。

（2）进给方向振动切削 进给方向振动切削可保证有效且可靠地断屑及合理的表面粗糙度，刀具寿命也有所延长，但幅度不大。

（3）切削深度方向振动切削 切削深度方向振动切削将会使表面粗糙度变差，促使切削刃较快磨损。这种振动切削只有在超声振动切削时才有效。

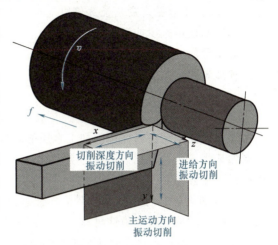

图2-8 不同振动方向的振动切削

2.3.3 振动切削加工的特点

振动切削加工具有以下特点：

1）有效降低切削力和功率消耗。振动切削是在极短时间内完成的微量切削过程，它的切削时间短，瞬时切入切出，运动速度和方向不断变化，有助于金属趋向脆性状态，塑性变形减小，摩擦系数降低，从而减小切削力。

2）切削温度明显降低，切削液作用得到充分发挥。振动切削中，刀具在振动源的驱动下周期性地接触、离开工件。刀具与工件的总接触时间缩短，切削温度大大低于普通切削。刀-屑分离时，切削液产生空化作用（外力打破液体结构形成洞的过程），切削液充分进入切削区。振动切削时，刀具对工件的冲击作用及应力波的出现，有利于切削区裂纹（根据物理学的毛细现象原理，微裂纹可以作为毛细管把切削液引入切削区）的萌生和扩展。刀-屑接触时，由于压力差的出现，切削液的渗透作用加强，充分发挥切削液的润滑和冷却作用。

3）切屑处理容易。随着切削加工技术不断向高效、高精、自动化等方向发展，以及环保意识的加强，切屑处理问题也越来越受到关注。采用振动切削，切屑非常易于处理，切屑形状和大小可控，具有不缠绕工件、温度低、排屑顺、清理容易等优点。如微小深孔的加工，由于切削空间小，刀具的刚性差、强度低，因而切屑排出困难，用普通钻削方法几乎无法加工，而采用轴向振动钻削工艺后，就可避免切屑堵塞现象，可实现可靠断屑、排屑。

4）提高加工精度和表面质量。振动切削可减小或消除切削振动，使加工精度和表面质量明显提高。振动切削的实际切削时间短，远小于刀具和工件振动的过渡时间，可有效消除振动。振动加工表面不产生积屑瘤和鳞刺，加工表面光滑、均匀，加工表面硬化程度高于普通切削，表面残余应力明显低于普通切削，且为残余压应力，因而切削后加工表面的耐磨性与耐蚀性均可达到普通磨削的水平。振动切削可以实现脆性材料的以车代磨，显著提高脆性材料精密加工的效率。

5）减少刀具磨损，延长刀具寿命。振动切削由于切削阻力小，切削温度低，其综合作用的结果使刀具磨损减少、寿命延长。当振动方向、振动参数和切削用量选择合适时，一般可使刀具寿命延长几倍到几十倍，对于难加工材料、难加工工序，效果更好。实验表明，在一定的切削条件下硬质合金刀具振动切削淬硬钢时，刀具寿命明显延长；钻削时可使钻头寿命延长 17 倍，中心钻寿命延长 3 倍以上。

振动切削还可减少或消除切削加工中的自激振动，而在精密加工中，在保证加工精度和加工表面质量的前提下，振动切削的效率比一般切削方法提高 2~3 倍，甚至更多，振动切削是一种高效的加工方法。

2.3.4 振动切削技术的应用

振动切削技术是在研究切削加工本质的基础上发展起来的一种精密加工方法，弥补了普通切削的某些不足，有相当重要的实用价值，在一些应用领域显著表现了其独特的优越性，主要有以下几方面：

（1）难加工材料的加工 如高温合金、钛合金、高强度钢等高强度材料的加工；石英玻璃、陶瓷、磁性材料等脆性材料的加工；金属基、树脂基、陶瓷基等复合材料的加工。

图 2-9 所示为超声振动辅助车削高温合金，实验表明，超声振动车削得到的切屑表面更加平整、均匀，超声加工过程平稳，排屑相对顺畅，摩擦系数较小，工件加工表面质量较好。

图 2-10 所示为超声振动切削高强度铝合金，实验结果表明，振动切削的加工效果明显优于普通切削，振动切削存在一个最佳切削速度，其切削力明显小于普通切削，其加工过程也更加平稳。

图 2-9 超声振动辅助车削高温合金
（来源：东北大学）

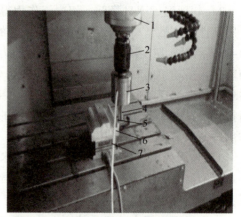

图 2-10 超声振动切削高强度铝合金
（来源：四川大学）
1—机床主轴 2—夹持头 3—超声加工系统夹具
4—变幅杆 5—PCD 刀具 6—加工工件
7—kistler 测力仪传感器

（2）难加工结构的加工 如薄壁筒、细长杆等弱刚度零件的加工；微腔体、微肋、微梁等微小零件的加工；微孔、斜孔、深孔、窄深槽等易断刀结构的加工，以及零件理想棱边的加工等。

（3）零件表面完整化的加工　零件加工表面完整性指的是零件经过机械加工后表面层的物理、力学性能和金相组织等均能满足使用要求，并确保具有一定的使用寿命。振动切削在零件表面完整化的加工中可以取得比传统切削更良好的工艺效果，如振动去毛刺、锐边和倒角等理想棱边的加工。

（4）排屑断屑比较困难的切削加工　如钻孔、铰孔、攻螺纹、锯削和拉削等切削加工时，切屑往往处于半封闭或封闭状态，常因排屑、断屑困难而降低切削用量，这时如果采用振动切削则可以比较顺利地解决排屑、断屑问题，从而保证加工质量和提高生产率。

2.4　低温切削技术

2.4.1　低温切削技术的概念

低温切削是指在低温环境下进行的切削过程，它利用低温下材料的物理、化学性质，实现特定的加工目的。在切削过程中冷却刀具、工件，从而降低切削区温度，改变工件材料的物理、力学性能，以保证切削过程的顺利进行，这种切削方法可有效减小刀具磨损，延长刀具使用寿命，提高加工精度、表面质量和生产率。特别适合加工一些难加工材料，如钛合金、低合金钢、低碳钢和一些塑性与韧性特别大的材料等。图 2-11 为采用 CO_2 进行降温的低温切削示意图。

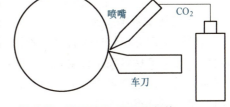

图 2-11　采用 CO_2 进行降温的
低温切削示意图

2.4.2　低温切削加工的分类

1. 氮气流切削法

氮气流切削法指通过专用氮气发生装置将空气中的氧气、二氧化碳和水排出，提取氮气，并将这些常温氮气喷入切削区的切削技术。

2. 超低温冷却切削法（切削液冷却法）

在一定压力作用下，将液氮或是液体二氧化碳送入切削点，使工件、刀具或切削区处于低温冷却状态进行的切削加工称为超低温冷却切削法。它可分为两种形式应用：①直接应用，即把液氮像切削液一样直接喷射到切削区；②间接应用，在切削加工中用液氮冷却刀具或工件。

3. 低温冷风切削法

低温冷风切削是在加工过程中采用温度较低的冷风冲刷加工区，并混入微量的植物性润滑剂（10~20mL/h），从而降低刀具和工件温度的一种切削技术。

4. 低温微量润滑切削法

低温微量润滑切削技术是低温冷风切削技术与微量润滑切削技术的集成，它既融合了低温冷风切削技术与微量润滑切削技术的优势，同时又弥补了两种切削技术单独应用时的缺陷，在难加工材料的切削加工上体现出了显著的优越性。

2.4.3　低温切削加工的特点

低温切削加工具有以下特点：

1）可减小切削力。由于低温切削降低了切削区的温度，被切削材料的塑性和韧性降低、脆性增加，切削时变形减小，因而切削力有所降低，与传统车削相比，其背向力和进给力分别减小 20% 和 30%，而磨削力可减小 60%。

但切削某些特殊材料或冷却温度过低时，会使被切削材料的硬度明显增加，可能使切削力有所增加，因此在特殊条件下，切削力的变化趋势要由低温切削的工艺条件来决定。

2）大大降低切削温度。低温切削钢材时，切削温度可降低 300~400℃；切削钛合金时，切削温度降低 200~300℃。

3）刀具使用寿命大幅度延长。由于切削温度大大降低，刀具材料的硬度降低较小，刀具磨损减小，刀具使用寿命相应延长。例如，低温切削耐热钢时，刀具使用寿命延长 2 倍以上；低温切削不锈钢时，刀具使用寿命延长 2~3 倍。

4）表面加工质量提高。传统切削时，用金刚石车刀切削 45 钢、T8A、GCr15、Cr2 等材料不到 1min，刃口已明显磨损，加工表面粗糙度值明显增大；而在低温切削时，切削时间可达 10~20min，用肉眼难以看出刀具有磨损，加工表面粗糙度值无明显变化。有资料介绍，工件温度为 -20℃ 时，积屑瘤基本被抑制，低于 -20℃ 不仅积屑瘤消失，在加工表面上可观察到切削刃原形的切削刻印，大大减小了表面粗糙度值。

2.4.4 低温切削技术的应用

1. 低温切削难加工材料

实验证明，低温切削钛合金、不锈钢、高强度钢和耐磨铸铁等难加工材料均得到了良好的效果。难加工材料采用低温切削工艺的经济性和必要性取决于工件本身的价值和常温传统切削加工成本，还要考虑难加工材料是否有其他易行有效的切削加工方法，总之要综合考虑采用低温切削是否经济可行。

图 2-12 所示为采用液氮低温切削钛合金，液氮温度在 -100℃ 以下（最低温为 -196℃），刀具磨损明显减少，工件表面粗糙度值降低。

图 2-13 所示为采用液氮低温切削高强度钢，实验表明，刀具寿命延长 30%~35%，表面粗糙度值减小 20% 左右。

图 2-14 所示为采用冷风低温切削高温合金，冷风温度在 -40℃ 左右，不仅工件表面粗糙度值降低，而且金相组织晶粒更加细腻。

图 2-12 液氮低温切削钛合金
（来源：南京航空航天大学）

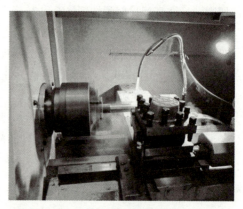

图 2-13 液氮低温切削高强度钢
（来源：太原科技大学）

2. 低温切削黑色金属材料

一般认为，金刚石刀具不能用来切削黑色金属材料，原因就在于高温下金刚石会碳化并与铁发生化学反应，从而加速刀具磨损。若采用低温切削，则可有效控制切削温度，不使金刚石碳化，金刚石刀具就可发挥其切削性能。哈尔滨工业大学等高校对钛合金、纯镍和钢等材料进行了低温超精密切削实验，均取得较好效果，而且低温切削也为金刚石刀具的应用开辟了新领域。

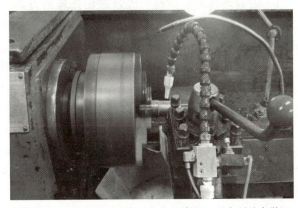

图 2-14　冷风低温切削高温合金（来源：西安石油大学）

2.5　带磁切削技术

2.5.1　带磁切削技术的概念

带磁切削也称为磁化切削，是使刀具或工件或两者同时在磁化条件下进行切削加工的方法。既可将磁化线圈绕于工件或刀具上，在切削过程中给线圈通电使其磁化，也可直接使用经过磁化处理的刀具进行切削。实践证明，用磁化处理的刀具进行切削，方法简单、使用方便、不需要昂贵的设备投资和机床改造，使用原有的机床及夹具就可使刀具的寿命得到显著的延长。因此，带磁切削也是难加工材料切削加工中延长刀具使用寿命和提高生产率、保证加工质量的有效方法之一。

2.5.2　带磁切削加工的分类

带磁切削按磁化的对象可分为工件磁化、刀具磁化、工件与刀具同时磁化三种；按磁化时的电源可分为直流磁化、交流磁化和脉冲磁化三种。

（1）工件磁化法　实现工件磁化的方法有两种：一种是在机床上安装电磁铁，工件装夹后，通电即可产生磁场使工件磁化后再进行切削；另一种是把工件置于绝缘线圈中，通电后进行切削。此方法只适用于钢铁类工件，耗电较多。

（2）刀具磁化法　实现刀具磁化的方法有三种：第一种是将绝缘线圈缠绕在刀具安装部位（刀架、主轴或刀杆的相应部位），通电后切削；第二种是在刀具材料中加入磁性材料，刀具出厂即带磁性；第三种是用磁化装置对刀具进行磁化处理后再进行切削。

（3）工件与刀具同时磁化法　结合以上两种方法使得工件和刀具同时磁化，此方法较为复杂，应用不多。

生产实践证明，在上述三种磁化方法中，采用磁化装置使刀具磁化的方法，使用方便、应用较广，值得深入研究。

2.5.3　带磁切削加工的特点

综合国内外学者的研究，带磁切削具有以下特点：

43

1）刀具寿命明显提高。经过磁化处理的刀具（主要是高速工具钢刀具），只要磁化强度合适，刀-屑、刀-工件间摩擦系数明显降低，切削温度也可降低，刀具磨损明显减少，在低中速范围内，刀具寿命可延长 1~2 倍。

2）磁化极性影响刀具磨损。N 极磁化（直流脉冲磁化）刀具的寿命高于 S 极磁化刀具，原因在于经 N 极磁化减小了刀具的热电磨损，磁化后刀具的切削性能一般不会明显下降，甚至有所提高，退磁后的刀具耐磨性仍然优于未磁化刀具。

3）强化刀具材料。磁化强度无论大于或小于高速工具钢磁饱和强度极限，均能强化高速工具钢刀具材料，延长刀具寿命。原因在于：当磁化强度小于高速工具钢磁饱和强度极限时，剩余磁场的作用使得黏结磨损减小；而当大于磁饱和强度极限时，强磁场使得刀具材料磁致伸缩，得到亚结构强化。

4）磁性刃磨的综合效果提高。磁性刃磨使得刀具磁化，刃磨和退磁适当结合，效果更佳，可改善高速工具钢刃磨表面的硬度、表面粗糙度及金相显微组织，使得刀具具有较好的切削性能，以交流磁化刃磨效果最佳。

2.5.4　带磁切削加工的原理探讨

近年来，我国也有一些高校和科研单位对带磁切削进行了一些研究，研究结果表明磁化刀具的寿命在不同程度上有所延长，但对产生这种现象的原因却有多种解释。归纳起来有以下几点：

1）刀具所带的剩余磁场能减小切削过程中的黏结磨损，并对切削过程有利。

2）重磨后高速工具钢刀具表面出现大量的残余奥氏体，其在磁场的作用下转变成马氏体，从而使刀具更加耐磨。

3）磁化后刀具材料碳化物含量增高，分布更加均匀，使其硬度有所增加。

4）磁化处理后，工件和切屑在刀具所带剩余磁场中高速旋转，做切割磁感线运动，产生感生电动势，这一感生电动势可弥补切削过程中产生的热电势，从而减小刀具的热电磨损。

5）磁场力在一定程度上能减小切削力和切削振动。

6）磁场对工件材料产生影响，更有利于切削加工。

7）磁化处理可以消除刀具材料的残余应力。

2.6　难加工材料的其他切削技术

在难加工材料切削中，除了以上所述的切削技术之外，还有以下几种行之有效的切削技术。

1. 真空中切削

在真空中切削出现了一些不同于在空气中切削的现象。日本东洋大学对真空中切削进行了研究：加工铜、铝时，真空度对变形系数、切削力及已加工表面粗糙度无影响；但加工中碳钢和钛合金时，真空度越大，其变形系数、切削力及表面粗糙度值均增大，这是因为在真空中，刀-屑界面不能产生有利于减小摩擦的氧化物。如此看来，在真空中切削钢并无好处，但在真空中切削钛合金能避免钛与空气中元素化合而产生对切削不利的硬脆材料，因此肯定是有益的。图 2-15 所示为真空中切削实验装置。

2. 在惰性气体保护下切削

在惰性气体保护下进行切削，是针对切削钛合金这类材料所采取的一种措施。如在钛合金的切削区喷射氩气，使切削区材料与空气隔离，因而被加工材料不与空气中元素化合而生成不利于加工的化合物，从而改善了钛合金的切削加工性。这种方法对化学性质活泼金属的加工有一定效果。以此类推，若采用某些特殊成分的切削液，则也会有效果。

图 2-15　真空中切削实验装置

3. 绝缘切削

在切削过程中，如果将工件、刀具连成回路，则可看出有热电势，回路中会有热电流，使刀具磨损加剧；如果将工件、刀具与机床绝缘，切断电流，则刀具寿命有所提高。西北工业大学采用这种方法钻削高温合金 K14，取得了较好的效果。

4. 碳饱和切削

针对金刚石刀具切削，J. M. Casstevens 等人提出利用金刚石刀具切削钢材料时，为了降低刀具磨损，在充满碳的气体环境中实施切削加工，金刚石刀具切削难加工材料时的气体环境包括很多种，如碳氧化物、二氧化碳、甲烷、乙炔、一氧化碳等。J. M. Casstevens 等人的研究主要是在甲烷和二氧化碳的气体环境下进行的。切削实验结果证明，在这种碳饱和的环境中实施切削，刀具使用寿命确实可以延长。

图 2-16 所示为碳饱和切削。利用碳饱和环境来加工难加工材料时，需要在切削过程中对气体压力和注入时间进行控制。另外，如果切削加工工艺参数变化，如切削速度、刀具前角、切削深度或者刀尖圆弧半径等改变，则要调整切削环境中的气体压力和注入时间，这些都是很难控制的。所以在碳饱和环境中对难加工材料进行切削时，不太容易满足工业生产中高效率、低成本的加工要求。

除了以上切削技术外，还有一些能应用于难加工材料的切削技术，如高速切削。有关高速切削的内容将在后面的章节进行详细介绍。

图 2-16　碳饱和切削

第3章

超声加工技术的发展及应用

3.1 超声及超声加工技术

超声又称为超声波（Ultrasonic），是一种频率高于 20000Hz 的声波。科学家们将声波每秒钟振动的次数称为声音的频率，单位是赫兹（Hz）。人类耳朵能听到的声波频率范围为 20~20000Hz。因此，人们把频率高于 20000Hz 的声波称为"超声波"。超声波的方向性好，穿透能力强，易于获得较集中的声能。超声波功能强大、应用广泛，在医学、军事、工业、农业中均有应用。

3.1.1 超声加工的起源及发展

超声加工（Ultrasonic Machining，USM）是新兴的特种加工技术，具有较大的工艺优势，已经成为机械加工行业一个重要的发展方向。关于超声加工技术的研究起源于 20 世纪 20 年代；20 世纪 50 年代初期，美国研制出第一台超声加工机床；20 世纪 50 年代中期，日本和苏联将超声技术应用于切削加工和电加工领域；20 世纪 70 年代中期，日本对振动切削与超声磨削方面的研究已相当深入且已应用于生产。半个多世纪以来，经过各国学者的不懈努力，超声加工技术已经应用于很多领域，超声技术已成为国际上公认的高科技，与其相关的技术产品涉及工业、农业、医学和航空航天等。

随着科技的进步，人们对所加工产品的要求越来越高，原有的单一超声加工方式不能满足人们的需要，于是诞生了将超声加工与其他加工方式联合对工件进行加工的超声复合加工。超声复合加工是将超声加工与其他加工方法相结合的新工艺，各种不同的加工方法相辅相成，将各自的优点集结于一种加工方法，共同完成对材料的加工，以达到改善加工效果或提高加工效率的目的。

随着难加工材料精度要求的提高，特别是航空航天零件，一维超声加工已经明显不能满足生产的需要，二维超声振动加工应运而生。目前，超声波椭圆振动切削已受到国际学术界和企业界的重视，美国、英国、德国和新加坡等国的大学，以及国内的北京航空航天大学、上海交通大学和东北大学已开始这方面的研究工作。

3.1.2 超声加工的特点

超声加工具有以下特点：

1）适用于加工各种硬脆材料，尤其是玻璃、陶瓷、石英等不导电的非金属材料。也可以加工淬火钢、硬质合金等硬质或耐热导电的金属材料。被加工材料的脆性越大越容易加工，被加工材料的硬度、强度、韧性越大则越难加工。

2）适用于加工形状复杂的型腔及型面。由于工件材料的去除主要靠磨料的冲击作用，磨料的硬度应该比被加工材料的硬度高，而工具的硬度可以低于工件材料，并且不需要工具与工件做复杂的相对运动，所以超声加工可以加工出各种复杂的型腔和型面。

3）加工精度高，可以用来加工要求较高的零件。超声加工的精度较高，加工的表面粗糙度值较低，所以可以用来加工深小孔、薄壁件等形状复杂、高精度、低表面粗糙度值的零件。

4）切削力小、切削功耗低。由于超声加工主要靠瞬时的局部冲击作用，而且超声加工对工件的撞击也是间歇性的，故工件表面的切削力很小，切削应力、切削热也很小，工具磨损较小、效率较高。

5）超声加工设备和刀具结构简单。超声加工过程中，工具与工件不需要做复杂的相对运动即可加工各种复杂的型面与型腔，故超声加工的效率极高，不受材料导电性的限制，加工表面质量较好，因此被大力推广使用。另外，超声振动的作用很强大，能够辅助去除材料，也可以在一定的振动频率下促进材料的结合。目前，国内外超声加工常用于超声材料去除加工、超声光整加工、超声塑性加工、超声复合加工及超声焊接、超声清洗、超声电镀等。超声加工设备结构相对比较简单，维修、操作相对较为方便。

6）超声加工可以与其他的加工方法相结合实现优势互补，避免单一加工方式的弊端，如超声电火花加工、超声激光加工、超声电解加工等。

3.2　超声加工理论

超声加工是利用超声波的规律性振动对工件进行加工的特种加工方法。本节主要从超声加工原理、超声发生器、超声换能器和超声变幅杆四个方面对超声加工理论做简单介绍。

3.2.1　超声加工原理

超声加工是利用工具的超声振动，利用磨料的冲击、抛磨、液压冲击及由此产生的气蚀作用来去除材料，或在工具或工件上沿一定方向施加超声振动，或利用超声振动与其他加工方法相互结合的加工方法。

超声加工的基本装置主要由超声发生器、换能振动系统、磨料供给系统和机床工作台组成。加工时，由超声发生器产生的高频电振动信号，经换能器转换为机械振动，此机械振动的振幅较小，为 0.005~0.01mm，不能直接用于超声加工，需通过变幅杆（又称为聚能器）将其放大到 0.01~0.1mm，再传给工具。超声加工一般有游离磨料超声加工和固结磨料超声加工两种形式。游离磨料超声加工时，工具做高频振动，带动工具和工件间的磨料悬浮液冲击工件表面，加工原理如图 3-1 所示；固结磨料超声加工时，烧结到工具表面的碳化硅或金刚石等磨料颗粒与工具端面的振幅和频率相同，加工原理如图 3-2 所示。

超声加工时，在工具头与工件之间加入液体与磨料混合的悬浮液，并在工具头振动方向上加一个不大的压力使其轻压在工件上，超声发生器产生的超声频电振荡通过换能器转变为超声频的机械振动，变幅杆将振幅放大，然后传给工具，并驱动工具端面做超声振动，迫使悬浮液中的悬浮磨料在工具头的超声振动下以较大速度不断撞击、抛磨被加工表面，把加工区域的材料粉碎成很细的微粒,从材料上打击下来。虽然每次打击下来的材料较少,但是材料每秒钟被打击次数超过 16000 次,所以仍存在一定的加工速度。超声加工是利用工件受到微观局部的撞击,从而实现工件的变形或材料的去除,所以越硬脆的材料遭受撞击所产生的破坏也越大,更适合超声加工。

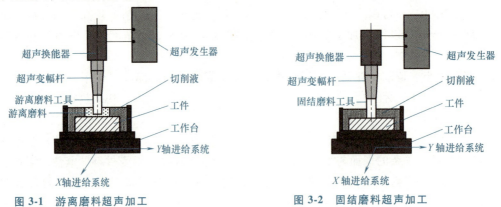

图 3-1 游离磨料超声加工   图 3-2 固结磨料超声加工

3.2.2 超声发生器

超声发生器也称为超声电源或超声频率发生器,其作用是将交流电转变为一定功率的超声频电振荡信号,以提供工具往复运动和切削工件所需的能量,目前行业内所用换能器的功率一般为 20~4000W。超声换能器由振荡级、电压放大级、功率放大级和电源等部分组成。超声发生器是超声设备的重要组成部分,担负着向换能器提供超声频电能的任务。在超声加工系统中,为了提高加工效率,不仅要求发生器提供的电能有足够的功率,而且要求其频率与换能器振动系统的谐振频率一致。但是在实际工作过程中,由于换能器振动系统受温度、刚度、加工面积、工具磨损等因素的影响,其振动系统参数会发生变化,如果发生器的频率不随换能器变化会导致换能器振幅下降,影响效率。因此,超声发生器能否实时跟踪换能器的谐振频率至关重要。通常要求发生器的频率能够随超声振动系统的变化做出实时调整,即要求发生器有频率自动跟踪功能。

3.2.3 超声换能器

在超声加工领域,换能器是指电能和声能相互转换的器件,它可以把电能转换成声能。超声加工中,换能器的作用是将超声频电振荡转换成超声频机械振动,是超声设备的关键部件之一。换能器的种类很多,按照能量转换的原理和利用的换能材料可分为压电换能器、磁致伸缩换能器、静电换能器(电容型换能器)、机械型换能器等;按照换能器的振动模式可分为纵向振动换能器、剪切振动换能器、扭转振动换能器、弯曲振动换能器、纵-扭复合及纵-弯复合振动模式换能器等。在众多的超声换能器中,压电换能器和磁致伸缩换能器用得最多。

3.2.4 超声变幅杆

超声变幅杆也称为超声变速杆、超声放大杆或超声聚能器。变幅杆起着放大振幅和聚能的作用。由于超声换能器端面的振幅大小为 4~10μm,一般不能直接用于加工(超声加工对振幅的要求一般为 10~100μm),需要把换能器的振幅放大以满足超声加工的需要。变幅杆作为机械阻抗的变换器，还有在换能器和声负载之间进行阻抗匹配，使超声能量由超声换能器更有效地向负载传输的作用。变幅杆用于加工，这就必须通过螺纹将其连接在换能器的下端。为了获得较大的振幅，应使变幅杆的固有振动频率与发生器、换能器的振动频率相等，处于共振状态。为此，在设计、制造变幅杆时，应使其长度等于超声波的半波长或其整倍数。变幅杆所使用的材料应具有好的声学性能、高疲劳强度、耐腐蚀、易于机械加工和低声损耗，常用的材料有蒙乃尔铜-镍合金、钛合金、不锈钢、冷轧钢和热处理钢等。变幅杆材料决定了其谐振长度的大小，材料不同、相同频率下变幅杆的谐振长度也不相同。

3.3　超声材料去除

超声材料去除就是利用超声波或者超声波辅助其他加工方法达到去除材料的目的。本节主要从超声车削加工、超声磨削加工、超声钻削加工、超声切割加工、超声铣削加工、超声冲击磨蚀加工和柔性铰链振动切削加工等方面对超声材料去除做简单介绍。

3.3.1　超声车削加工

超声车削加工是通过给刀具或工件沿一定方向施加一定频率和振幅的振动，以消除普通车削加工时工件的振动，来达到改善切削效果的一种切削方法。在一个振动周期中，刀具的有效切削时间很短，大于 80% 的时间刀具与工件、切屑完全分离。刀具与工件、切屑断续接触，这就使得刀具所受到的摩擦变小，所产生的热量大大减少，切削力显著下降，避免了普通车削时的"让刀"现象，并且不产生积屑瘤。超声车削系统如图 3-3 所示。

利用超声车削，在普通机床上就可以进行精密加工。圆度、圆柱度、平面度、平行度、直线度等几何公差主要取决于机床主轴及导轨精度，最高可达到接近零误差，使以车代磨、以钻代铰、以铣代磨成为可能。与高速硬切削相比，超声车削不需要高的机床刚性，并且不破坏工件表面金相组织。在曲线轮廓零件的精加工中，超声车削可以借助数控车床、加工中心等进行仿形加工，以节约高昂的数控磨床购置费用。

与普通车削相比，超声车削具有以下优点：①切削力大幅度减小；②加工精度明显提高；③刀具寿命大幅度延长；④可抑制毛刺；⑤加工系统的稳定性显著提高；⑥可抑制自激振动；⑦可抑制刀具表面附着物；⑧可加工形状复杂的难加工零件；⑨可对难加工材料进行超精密镜面切削。

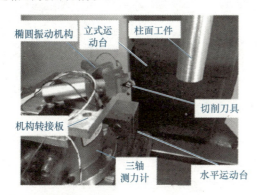

图 3-3　超声车削系统

图 3-4　一维超声振动辅助车削机构

东北大学的邹平团队针对一维超声振动辅助车削机构（图3-4）和二维椭圆超声振动辅助车削工作头（图3-5）进行了相关研究，其研究结果表明，与普通车削相比，超声振动辅助车削后的工件表面条纹相对复杂，切痕大小均匀，切痕间距较小，整体分布匀称细腻，外表呈凹凸的网格状，表面划痕、沟槽、积屑瘤、积屑碎片嵌入已加工表面和工件表面"犁沟"现象得到明显改善，得到了比普通车削更好的表面形貌。

图 3-5　二维椭圆超声振动辅助车削工作头

图 3-6 所示为二维椭圆超声振动辅助车削与普通车削效果的对比，由图可以看出，超声振动辅助车削工件表面的纹理为规则矩形，而普通车削的表面纹理为不规则长条形。经放大后测量可以发现，超声振动辅助车削可以大大降低工件的表面粗糙度值。

3.3.2　超声磨削加工

超声磨削加工是在磨削过程中给刀具施加超声振动，利用砂轮或工件的强迫振动进行磨削的一种工艺方法，核心是使砂轮在旋转磨削的同时做高频振动。超声磨削加工系统如图 3-7 所示。

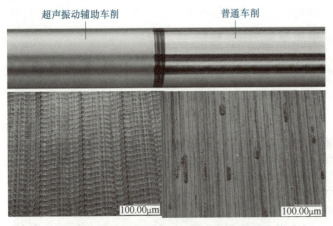

图 3-6　二维椭圆超声振动辅助车削与普通车削效果的对比

图 3-7　超声磨削加工系统

超声磨削按砂轮的振动方式可分为纵向振动磨削和扭转振动磨削。前者是直接利用换能器和变幅杆在超声发生器的作用下，产生纵向振动进行磨削，一般用于平面磨削；后者是利用磁致伸缩换能器在超声发生器的作用下直接产生扭转振动，经扭转变幅杆放大后进行磨削，一般多用于内、外圆磨削。

按超声波施加的对象可以分为施加在砂轮上和施加在工件上的超声磨削。由于将超声振动施加于砂轮上比施加于工件上容易实现，同时可以避免因工件尺寸、形状不同对超声振动系统的影响，一般将超声振动施加于砂轮上，使砂轮沿工件轴向做高频振动。

用普通磨削加工不锈钢、钛合金、高温合金等难磨材料时，常会出现砂轮堵塞和工件表面的磨削烧伤，严重影响加工质量，甚至无法加工。而超声振动磨削时，砂轮的磨粒由于振动，不像普通磨削单纯沿切削面切线方向前进，砂轮磨粒在做切线运动时，还受到每秒钟1万次左右的振动，此高频振动产生的"空化"作用促使切削液进入切削区，甚至磨削表面的微裂纹中，改善了磨削区的工作状况。同时各磨粒切削长度变短，磨屑变细、变短，加之磨屑不容易堵塞砂轮，磨粒能保持锋利状态，一般能比普通磨削降低磨削力 30%~60%，降低磨削温度，提高加工效率 1~4 倍。此外，超声振动磨削还具有结构紧凑、成本低、推广应用容易等优点。

磨削参数对磨削力和磨削表面粗糙度有以下影响：

1）进给速度的影响。在无超声振动的情况下，法向磨削力和表面粗糙度值随进给速度的增大而变大。而在超声振动条件下，进给速度对磨削力及表面粗糙度的影响较小。

2）磨削深度的影响。在无超声振动条件下，磨削深度大于 $8\mu m$ 时，磨削状态变差，磨削不能继续。而在超声振动条件下，法向磨削力随磨削深度的增加而减小。

3）砂轮速度的影响。无论有无超声振动，磨削力及表面粗糙度值都随砂轮速度的增加呈下降趋势。

4）连续磨削时间对磨削力的影响。在无超声振动条件下，随着磨削时间的延长，法向切削力逐渐增大；而在超声振动条件下，随着磨削时间的延长，法向切削力的变化不是很大。这表明超声磨削可使砂轮在较长时间内保持锋利，避免堵塞。

3.3.3 超声钻削加工

超声钻削技术属于振动钻削技术的一种，即在钻头上施加频率大于 15kHz 的高频振动，该振动与旋转运动和进给运动复合成切削运动。钻头的周期性振动改善了切削刃的加工状况，降低了钻削切削力和切削温度，减小了刀具磨损，改变了切屑形状，从而改善了钻孔精度和表面粗糙度，有助于解决难加工材料的钻孔难题。超声钻削系统如图 3-8 所示。

超声振动产生的脉冲力矩可大大降低刀具和切屑间的摩擦系数，进而有效减小钻削扭矩；由于超声振动，刀具与切屑间的摩擦力有效降低，加之特殊的断屑原理，所以具有较好的断屑和排屑性能。由于该系统具有较小的钻头变形、较低的切削温度及较低的切削硬度，已加工表面得到了有效保护，孔的加工质量得到有效提高。

超声钻削按振动性质可分为自激振动钻削和强迫振动钻削。自激振动钻削是利用自身运行产生的振动进行加工，而强迫振动钻削是一种有规律的可控的加工方法，目前采用的超声辅助振动钻削技术多为强迫振动钻削。

超声钻削按产生的振动方向可以分为轴向振动钻削、扭转振动钻削和复合振动钻削。轴向振动钻削是指振动方向与

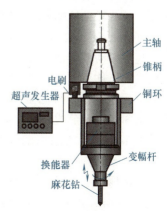

主轴
锥柄
电刷
超声发生器
铜环
换能器
变幅杆
麻花钻

图 3-8 超声钻削系统

钻头轴线方向一致，扭转振动钻削是指振动方向与钻头旋转方向一致，复合振动钻削是轴向振动钻削与扭转振动钻削的结合。三种超声钻削方式如图3-9所示。

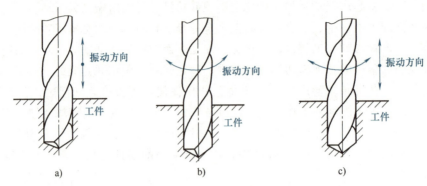

图3-9 三种超声钻削方式

a）轴向振动钻削 b）扭转振动钻削 c）复合振动钻削

与普通钻削相比，超声钻削具有以下特点：

1）降低了钻削扭矩。普通钻削时，切削刃始终与切屑接触并将切屑从工件上挤切下来，而超声振动辅助钻削时，作用在工件上的是脉冲力矩。在超声振动的作用下，刀具与切屑之间的摩擦系数大大降低，因而钻削扭矩也大大减小。

2）排屑容易。一方面，由于刀具与切屑之间的摩擦力大大降低，有利于切屑的排出；另一方面，能充分发挥切削液在加工过程中的清洗和空化作用。

3）降低了切削温度。超声振动钻孔时，作用在切削刃附近的是脉冲式的瞬时温度，在一个振动周期内，钻削产生的热量被切削液迅速地传导出去，切削区温度大大降低。

4）提高了加工精度。超声振动钻头的"刚性化效果"使得钻头不易变形，不易钻偏，加工精度也大大提高，可实现精密加工。

5）降低了表面粗糙度值。由于钻头变形小，消除了积屑瘤，降低了切屑温度和切屑硬度，切屑可以及时排出，不会损伤已加工表面，因此表面粗糙度值大大降低。

6）延长了钻头寿命。超声振动钻削时，由于切削力小，切削温度低，不产生积屑瘤和崩刃现象，使得钻头寿命大大延长。

东北大学的邹平、陈硕、田英健等人进行了轴向超声振动辅助钻削原理的实验研究，实验装置如图3-10所示。其实验结果表明，与普通钻销相比，轴向超声振动辅助钻削可明显提高孔加工质量，在相同实验条件下，孔的平均表面粗糙度 Ra 值由普通钻削的 $1.60\mu m$ 降低至 $1.22\mu m$；轴向超声振动辅助钻削还可明显改善孔表面微观形貌。

图3-11所示为超声振动辅助钻削与普通钻削效果的对比，由图可以看出，超声振动辅助钻削工件表面纹理均匀、细腻，而普通钻削工件表面大面积出现不规则"疤痕"，甚至还出现了较为明显的"凹坑"。经放大后测量可以清晰看出，超声振动辅

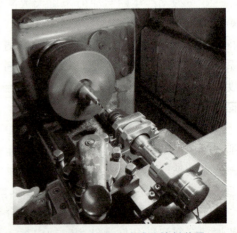

图3-10 轴向超声振动辅助钻削装置

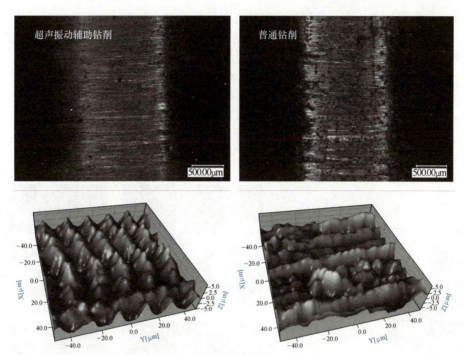

图 3-11　超声振动辅助钻削和普通钻削效果的对比

助钻削工件的表面粗糙度值相对较低。

3.3.4　超声切割加工

超声切割是通过超声发生器在切割刀具上施加一定的超声频率振动来进行切割的新技术。该技术不仅可以应用于金属材料，而且可以用于有机玻璃、陶瓷、蜂窝材料等新型材料的切割，其在新材料切割方面已获得较好的切割效果。超声切割系统主要包括超声发生器、换能器、切割刀具及各种连接件等，其系统原理如图 3-12 所示。

超声切割的本质为振动切割，其具有以下特点：

1）工件刚性化。在切割中，材料动态位移较小，相当于提高了系统的刚性。

2）降低了摩擦系数。在切割系统中引入的超声振动能有效减小切割过程的切削力，因此超声振动辅助切割可以有效降低摩擦系数。

3）缩短了净切削时间。超声振动加工是间歇性的加工过程，因此刀具和工件的实际接触时间仅占约 1/3。

4）应用范围广。该加工方法不仅可以切割常规材料，而且可以切割难加工的材料，如硬脆性材料、软弹性材料等。在切割难加工材料时，同样可以获得很好的切割效果。

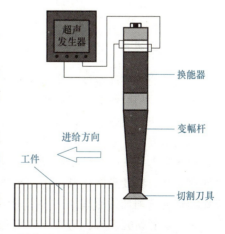

图 3-12　超声切割系统原理

在超声切割的过程中，刀具和材料之间是间歇性接触的，因此该过程的振动切割力是脉冲形式的。这种切割方式有一系列优良的特性，包括瞬时、高速的冲击，使得刀具在刀尖处产生巨大的瞬时冲量，能有效地切割材料。因此，超声切割不仅可降低切割力，而且可减小切割过程中材料的变形，稳定切割过程，优化切割效果。

东北大学的邹平团队针对超声振动辅助切割 Nomex 蜂窝材料进行了相关研究，图 3-13 所示为该团队设计的超声振动辅助切割装置。该切割装置是在数控铣钻床的基础上安装了一维超声振动装置和切割力测量装置。Nomex 蜂窝材料的超声振动辅助切割实验表明，与普通切割相比，超声振动辅助切割可以有效减少切割毛刺的产生，改善切割过程造成的撕裂缺陷。图 3-14 所示为两种切割方式的效果对比。

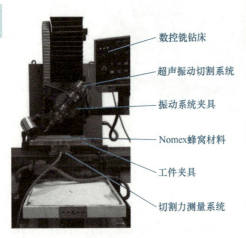

图 3-13　超声切割装置

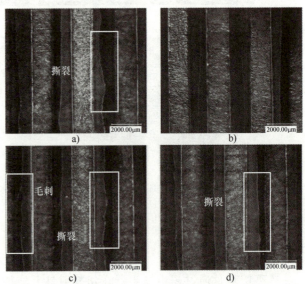

图 3-14　两种切割方式的效果对比

a）$v=600\mathrm{mm/min}$ 时的普通切割　b）$v=600\mathrm{mm/min}$ 时的超声振动切割　c）$v=2400\mathrm{mm/min}$ 时的普通切割　d）$v=2400\mathrm{mm/min}$ 时的超声振动切割

3.3.5　超声铣削加工

高速铣削具有高精度、高效率等优点，但在加工过程中，如果加工参数选择不当，则存在切削颤振。切削颤振不仅严重影响零件的加工质量，还可能会破坏机床设备及刀具。超声铣削加工是在铣削过程中给被加工工件或刀具附加上一种可控且有规律的振动作用而产生的一种新铣削方法。超声振动的脉冲作用，减小了加工区域的摩擦系数，改善了材料的去除方式，使铣削力和铣削区域温度大幅度降低，刀具寿命明显延长；超声振动辅助铣削还有加工表面质量好、精度高等优点，因此超声振动辅助铣削加工硬脆材料是一个新的研究方向。超声振动辅助铣削加工原理如图 3-15 所示。

大量学者研究发现，与普通铣削相比，超声振动辅助铣削的切削力明显降低，其刀具温度也明显降低，刀具使用寿命明显延长，被加工工件的表面粗糙度得到改善。因其具有加工质量好、表面精度高、加工过程平稳等优点，所以被广泛应用于加工各种难加工材料。

山东大学的马超等人针对超声振动辅助铣削加工参数和振动参数对切削力和表面粗糙度

的影响做了相关实验，实验装置如图 3-16 所示。其实验结果表明，与未施加超声振动相比，施加超声振动后的切削力明显降低；各参数对切削力的影响程度由大到小依次为振幅、主轴转速、每齿进给量；在特定的参数下，表面粗糙度也有所改善；表面形貌在同一振幅、不同进给量下存在明显差异。

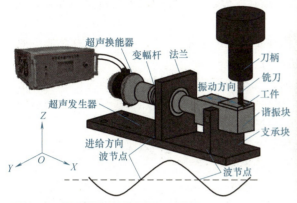

图 3-15　超声振动辅助铣削加工原理

图 3-16　超声振动辅助铣削加工实验装置

3.3.6　超声冲击磨蚀加工

超声冲击磨蚀是利用振动频率超过一定值的工具头，通过悬浮磨料对工件进行成形加工的一种方法，其加工原理如图 3-17 所示。由高频超声发生器产生频率大于 16kHz 的高频电流并作用于超声换能器，通过变幅杆使得工具端面的纵向振幅放大到 0.01~0.1mm。当工具以高频振动作用于悬浮液磨料时，磨料便以极高的速度强力冲击加工表面，因冲击速度非常大使材料表面产生裂纹或被击碎，从而实现冲击磨蚀。

超声冲击磨蚀加工的主要特点：超声冲击磨蚀适用于加工各种脆硬材料，特别是某些不导电的非金属材料，如玻璃、陶瓷、石英、玉器、半导体、金刚石和宝石等。通常材料越硬脆，越好加工，也可以加工淬火钢和硬质合金等材料，但是效率相对较低。超声冲击磨蚀加工机床结构和工具均较为简单，操作维修方便，加工过程发热少，再加上磨浆液体的及时冷却，整个加工过程相当于冷加工，仅产生固态的磨料碎屑和泥浆屑，没有粉尘和有害气体产生。

磨料冲击超声加工的效率一般用单位时间内去除工件材料的质量或体积来衡量。在实际

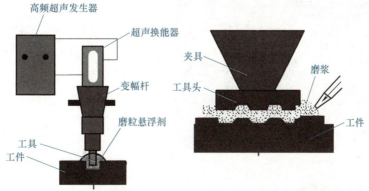

图 3-17　超声冲击磨蚀加工原理

加工中，用单位时间内工具头的进给量来表示相对加工速度。

影响磨料冲击超声加工效率的因素较多，主要包括以下几种：

1）传递到工具头的超声频率和振幅对加工效率的影响。当振动频率为定值时增加振幅或当振幅为定值时增加振动频率，都可以提高加工速度。但是过大的振幅或过高的振动频率都会使工件或变幅杆承受很大的内应力，如果超过其疲劳强度，则会大大缩短使用寿命，甚至遭到破坏。

2）工作压力对加工效率的影响。工具作用在工件上的进给压力，即工作压力对加工效率有很大影响，在实际加工中存在着一个最佳压力。

3）工件材料的性质及磨料悬浮工作液对加工效率的影响。被加工材料越脆，承受冲击载荷的能力越低，也就越容易被去除；相反，韧性好的材料则不易被加工。悬浮液中磨料的硬度、工作液的黏度、磨料和液体的比例等都会对加工效率产生一定的影响。

4）工件材料对加工效率的影响。被加工工件的材料不可太硬，否则会使磨料很快变钝。

3.3.7　柔性铰链振动切削加工

传统机械系统或机构都是由刚性构件以运动副连接而成的，这在高速、精密、微型等高性能的要求下就会暴露出一些弊端，如由惯性引起的振动，以及由运动副带来的间隙、摩擦、磨损和润滑等，这些问题使得机器的精度降低、寿命缩短，因而其工作性能不能满足现代科技发展对机械装备的要求。柔性机构的出现则从机构设计这一根本角度为解决这些问题提供了新的、更彻底的方法。柔性铰链机构主要靠柔性构件（杆件）的变形来实现机构的

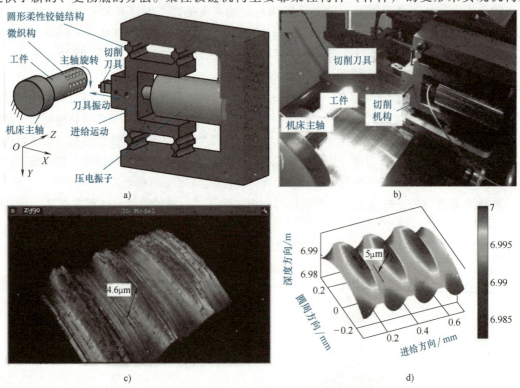

图 3-18　柔性铰链振动切削

a）装置示意图　b）装置实验图　c）实验效果图　d）仿真效果图

运动，它同样也能实现运动、力、能量的传递和转换。图 3-18a、b 分别为东北大学邹平团队设计的一种柔性铰链振动辅助切削装置的示意图和实验图。图 3-18c、d 分别为采用该装置在发动机活塞上加工微织构的实验效果图和仿真效果图，这种微织构可持续改善活塞、缸体之间的摩擦和润滑性能，并降低能耗。

该柔性铰链切削装置由压电振子、切削机构、信号发生器和放大器组成。压电振子集成在切削机构内部腔体，信号发生器将电信号传递给压电振子，从而在切削机构的输出末端产生同频率的机械振动。

3.4 超声焊接

超声焊接是指利用超声发生器产生超声波频率振动电流，由超声换能器通过逆压电效应将振动电流转换为弹性机械振动能，并通过声学系统将该能量输入至焊件。焊接区域在静压力和弹性振动能量的共同作用下，经过摩擦、升温、变形，消除了焊件表面污物及氧化膜，并且使纯净金属界面之间的原子无限靠近，产生结合与扩散，从而实现可靠连接。超声金属焊接结构示意图如图 3-19 所示。

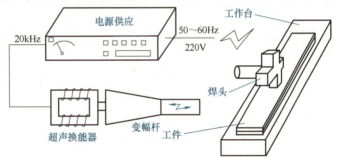

图 3-19　超声金属焊接结构示意图

超声焊接分为增材焊接和非增材焊接，增材焊接需要焊料，非增材焊接则不需要焊料。

（1）超声非增材焊接　主要是塑料焊接，塑料的熔点低，导热性差，声传播阻抗小，有很好的超声焊接性。塑料超声焊接是借助超声波激发塑料件接触面之间及塑料分子间的高频机械振动及摩擦所产生的热量使两塑料件结合面迅速熔化，并在压力作用下使结合面快速熔合在一起的连接方法。

由于超声焊接塑料时不需要使用焊料，不产生有害气体，而且焊接速度快、质量好，容易实现自动控制，因此具有很好的工业应用前景。目前已在许多工业领域获得应用，如航空航天、仪器仪表、食品包装、电子工业、汽车工业等。尤其是对于一些大尺寸的或形状复杂的塑料制件，如高档汽车仪表面板等注射成型件，可将其分解为多个易于制造的小段分别成型，然后通过超声方法，以几乎不留痕迹的焊接将它们连接起来，既解决了大型注射模具及成型机的制造难度问题，又降低了生产成本。

（2）超声增材焊接　主要包括金属工件之间的焊接、无机非金属工件之间的焊接和金属与无机非金属工件之间的焊接。金属材料的超声焊接使用超声波频率大于 16kHz 的机械振动能量，在静压力作用下将物理弹性振动能量转换为焊件之间的摩擦功和形变能。摩擦与形变使焊接区温度升高，在金属的界面连接处发生塑性变形，随后产生分子层面的结合，从而形成稳定的焊接接头。

超声焊接属于固态连接范畴，需要将工件待焊接部位在超声振动的作用下达到一定的塑性变形，如果没有中间金属层，则很难成功实现陶瓷等工件的焊接。因此，对于陶瓷等工件之间及陶瓷工件与金属工件之间的焊接，需要先在陶瓷工件表面镀上一层金属膜或添加活性金属或低熔点金属作为中间层，然后采用超声焊接方法成功实现陶瓷工件的焊接。德国凯泽斯劳滕工业大学的学者和日本富山大学的学者利用超声焊接成功实现了玻璃与金属、玻璃与玻璃的有效连接。Matsuoka 等人对玻璃与铝之间的焊接做了相关研究，其研究结果表明，采用超声焊接不需要焊接剂也可以实现玻璃与铝之间的焊接。

图 3-20　超声金属点焊机

大连理工大学的潘敏做了超声焊接的相关实验（实验装置如图 3-20 所示），并通过不断改变焊接压强、焊接能量、焊接时间、焊接振幅和材料属性获得了具有良好焊点的试件。

3.5　超声光整加工

超声光整加工是利用工具端面做超声频振动，通过磨料悬浮液来对材料进行加工的一种成形方法。

3.5.1　超声珩磨

超声珩磨是一种全新的珩磨技术，即在珩磨头的磨石座上施加超声振动，磨石上的磨粒能对缸套内表面进行超声磨削，不仅加工效率高，而且不需要二次装夹珩磨便能形成平台网纹结构，其工作原理如图 3-21 所示。超声发生器把振幅为 20kHz 的信号传到压电换能器，压电换能器产生的高频振动经由变幅杆、振动圆盘、挠性杆传到磨石座工具振动系统，最终使磨石条产生超声频振动。当其达到一定振幅，并在机床不停机的情况下，可以实现自动加压，完成珩磨加工。

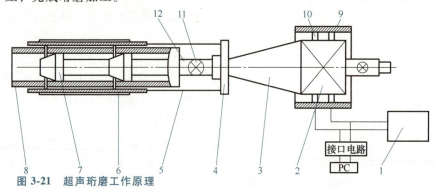

图 3-21　超声珩磨工作原理

1—超声发生器　2—压电换能器（压电振子）　3—变幅杆　4—振动圆盘　5—挠性杆（磨石座工具振动系统）
6—磨石　7—磨石胀开机构　8—珩磨头　9—换能器外罩体　10—集流环和碳刷　11—浮动机构　12—珩磨杆

超声珩磨具有以下特点：

1）加工精度高。被加工工件表面质量高，表面粗糙度 Ra 值可达 $0.05\mu m$ 以下。

2）珩磨温度低。由于超声振动珩磨的高频振荡以动态冲击力作用于切屑，使珩磨力仅为普通珩磨的 1/10~1/3，珩磨温度也大幅度下降，故工件热变形很小，特别适用于薄壁管件的珩磨加工。

3）珩磨效率高。超声珩磨与普通珩磨相比，其效率提高 1~3 倍。

4）超声振动珩磨磨石具有强自砺性和弱气孔堵塞性，适用于珩磨铜、铝、钛合金等高韧性材料。

5）使冷却循环畅通，清理容易，噪声低。

6）超声珩磨使用超硬磨料，如金刚石、立方氮化硼等，可实现平顶网纹珩磨。

3.5.2　超声珩齿

超声珩齿是将超声振动切削技术应用于珩齿加工的一种方法。加工时，珩齿刀具主动回转，工件齿轮被动回转，超声振动通过工件齿轮引入珩齿系统，达到机械振动珩削的目的。在珩齿过程中，其高频振动能有效减小珩削力，切削液的超声空化作用可以对被珩齿轮进行动态清洗，有效减小被珩齿轮堵塞，提高加工效率，可充分发挥硬珩齿工艺特点，其工作原理如图 3-22 所示。在超声珩齿过程中，珩齿刀是主动轮，被珩齿轮是从动轮，并且被珩齿轮还在超声振动系统作用下沿轴向做有一定振幅的超声频振动。

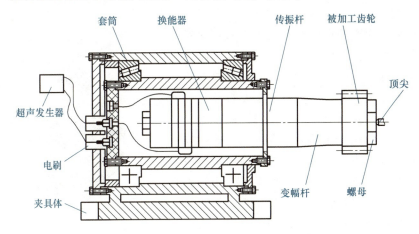

图 3-22　超声珩齿工作原理

超声珩齿加工的特点：加工范围广；工件加工精度高，表面粗糙度值低；易于加工各种复杂形状的型孔、型腔和成形表面。

在超声珩齿时，必须保证珩齿刀与被珩齿轮是无侧隙啮合。所谓无侧隙，就是左、右侧齿廓面同时参与啮合，其在齿轮传动过程中是不允许的，但是在齿轮加工过程中被广泛采用，因为其传动误差较小、加工效率高。啮合珩齿时，珩齿刀具与被珩齿轮以一定的转速旋转，齿面上啮合点间会发生相对滑移，而被珩齿轮的超声频振动会使其发生齿向的相对滑移，上述两种滑移就是超声珩齿的珩齿过程。

3.6　超声复合加工

将超声加工与其他加工工艺组合起来的加工模式，称为超声复合加工。超声复合加工强化了原加工过程，使加工的速度明显提高，加工质量也得到不同程度的改善，实现了低耗、高效的目标。

3.6.1 超声激光复合加工

当超声加工与激光加工相结合时，就是超声辅助激光复合加工。近几年，超声辅助激光复合加工在打孔、金属成形方面的研究较多。

1. 超声激光打孔

哈比波·阿拉维等在超声辅助激光打孔方面进行了深入的研究，提出了一种新型超声振动辅助连续激光打孔设备，可用此设备对奥氏体不锈钢材料进行打孔。首先对超声振动辅助激光打孔奥氏体不锈钢材料的去除原理及超声振动幅度对几何特征的影响进行了初步分析，然后系统地研究了超声振动对激光表面熔化（激光功率为 900W，辐照时间为 0.30～0.45s）过程中显微组织发展的影响，最后研究了激光照射时间（0.05s、0.1s、0.2s、0.25s、0.35s、0.75s 和 1.25s）对孔洞几何特征（孔深、孔径、长宽比、锥度）和质量参数（热影响区、材料堆积、重铸层的厚度及材料飞溅等）的影响。此外，进行了孔洞体积的预测，提出了多步有限元分析方法，对温度场和孔洞的形貌进行了预测，并进行了实验研究，两者的结果基本一致。

邱启丞等利用超声辅助激光打孔设备做打孔实验，实验结果表明，传统激光打孔设备在加入超声振动之后，确实能提高打孔的加工效率和加工质量。朴钟京等利用超声辅助飞秒脉冲激光打孔装置对铜材料进行打孔，实验结果表明，与无超声振动的加工方法相比，加超声振动后，孔的加工效果较好，而且孔的深径比也增大不少。吴波提出了超声辅助水密封激光微加工新工艺，在此新工艺中，水中的超声波对孔可以起到清洗、冷却和喷丸的作用，同时加速熔渣及时排除，减少加工缺陷，为以后的研究指出了新方向。刘斌设计了超声辅助飞秒

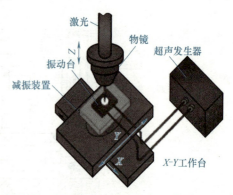

图 3-23　超声辅助飞秒激光打孔装置

激光打孔装置（图 3-23），并对石英光纤材料进行了打孔实验，讨论了超声振动对工件表面加工质量及孔深的影响，同时研究了超声辅助飞秒激光打孔的原理。最后证明，超声振动在提高加工质量和效率方面具有明显的优势。

此外，超声辅助激光加工在金属成形方面也得到了一定研究与发展。将超声振动推广到激光金属成形中，通常对成形零件可起到细化晶粒、改善组织、消除应力、提高成形件的力学性能等作用，被广泛应用于涉及金属凝固的场合。

2. 超声激光熔覆

超声激光熔覆是一种新兴的复合表面改性技术，旨在激光熔覆过程中辅以超声振动，在超声和激光的共同作用下提高熔覆层的各项性能，其原理示意图如图 3-24 所示。利用高能密度激光束的辐照作用产生瞬时高温，将预置或通过同步送粉方式铺设在基材表面的、具有特殊性能的粉末迅速熔化，使之快速凝固与基体形成良好的冶金结合。在凝固的过程中，超声振动使凝固的金属粉末结构细密、表面光滑，从而使熔覆层具有该粉末的特殊性能，以此

技术来达到基体表面所要求的抗腐蚀、抗疲劳、高硬度、耐磨、耐高温等使用性能。

上海交通大学的陈畅源等人将超声振动与激光熔覆相结合，通过对熔覆材料结晶过程的影响原理进行研究，证明超声振动的空化效应能使熔池温度变化范围更加均匀，能有效降低涂层裂纹率，细化组织晶粒，得到高性能涂层。河南理工大学的郭子龙做了超声振动辅助激光熔覆及锻打技术的相关研究，其研究结果表明，超声振动辅助激光熔覆塑性成形时，应力叠加效应和软化效应使得 TC4 内部塑性变形时的应力减小；超声振幅的增大不仅使得 TC4 塑性变形的应力减小，而且有利于 TC4 组织的晶粒细化，形成性能优于魏氏组织的网篮或双态组织。超声振动工艺简单，应用范围广，在材料激光熔凝过程中引

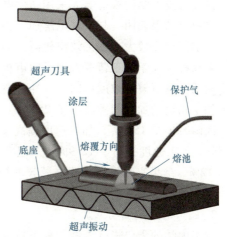

图 3-24 超声振动辅助激光熔覆原理示意图

入超声振动，较易在安全节能的条件下得到组织细化、元素分布均匀的涂层，因此超声振动辅助激光熔覆制备高性能涂层研究将在未来激光制造领域具有广阔的发展空间。

3.6.2 超声电解复合加工

超声电解复合加工是将超声频振动和电解作用有机复合在一起的加工技术，克服了单一超声加工工具磨损大、加工效率低，单一电解加工杂散、腐蚀严重和加工质量不高等缺点。超声振动辅助电解加工实验装置如图 3-25 所示。在电解加工的同时引入超声振动，超声旋转振动系统的高频纵向振动和主轴旋转运动，一方面敲击工件阳极加工表面，破坏工件阳极表面所生成的钝化膜，整个过程中钝化—活化—钝化不断进行，使电解得以继续；另一方面加剧了加工间隙内物质的运动，改善了流场，使溶解产物和热量及时被高速流动的电解液带走，可以充分发挥复合加工的优势。

超声电解复合加工的特点：相对于普通电解加工，超声电解复合加工的等效加工间隙减小，加工的稳定性得到改善，有利于实现稳定的小间隙加工，加工精度和加工效率均得到提高。

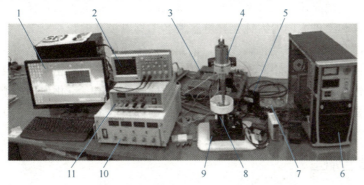

图 3-25 超声振动辅助电解加工实验装置
1—控制计算机 2—数字示波器 3—数据采集器 4—超声振动装置 5—激光传感器 6—超声发生器 7—单片机 8—螺旋钮 9—固定平台 10—脉冲电源 11—同步斩波器

1. 超声电解孔加工

青岛科技大学的魏曾等人采用超声电解复合加工方法做了 304 不锈钢的打孔实验研究，其实验研究结果表明，与常规电解加工相比，超声扰动电解加工的小孔孔径较小、侧面间隙较小、加工速度较大、加工效率较高。

青岛科技大学的王蕾等人做了超声扰动在微孔电解加工中作用原理的相关研究，其研究结果表明，当电解液浓度相同，脉冲占空比为 1：3 时，超声扰动微细电解加工与常规微细电解加工相比，加工间隙减小了 25.7%，加工速度提高了 16%；当脉冲占空比为 1：5 时，加工间隙减小了 15.8%，加工速度提高了 8%；当脉冲占空比为 1：8 时，加工间隙减小了 27.8%，加工速度提高了 12.9%。三组实验加工间隙平均降幅为 23.1%，加工速度的平均增幅为 12%。结果表明，在脉冲电源频率提高的条件下，施加超声扰动也有利于提高微孔的加工精度和加工效率。

2. 超声电解金属粉末加工

中南大学的朱协彬等人做了利用超声电解法制备铜粉的相关研究，其研究结果表明，采用超声电解复合加工方法制备的铜粉仍具有普通电解所制备铜粉的一些特征，而且制备出的铜粉颗粒较小，可达到纳米级。除了粉末颗粒大小得到控制以外，在电解过程中引入超声波会使液体介质发生超声空化现象，随着超声波频率的增大，超声空化作用增大，促进制备的粉末颗粒及时分散，避免粘连结团。

中南大学的贺甜等人做了超声电解复合加工方法制备铜粉的相关研究，其研究结果表明，采用超声乳化电解法制备的金属铜粉颗粒较小、粒径均匀。

南昌大学的胡伟等人探究了在 333K、pH 值为 3.5 ~ 4.5、频率为 40kHz 的超声波条件下，通过改变电流密度和电解液浓度得到超声电解法制备超细钴金属粉体粒度的变化规律。其研究结果表明，利用超声空化作用大大简化了传统电解法制备钴金属粉体的工艺过程，降低了杂质的引入，减少了污染。并且过滤后的溶液为浓度较低的 $CoCl_2$ 溶液，可以再循环使用，提高了资源利用效率。

3. 超声电解抛光

超声振动与电解加工复合而成的超声电解抛光，既不同于超声振动抛磨，也不同于电解加工，是集超声振动抛磨和电解加工两者优点的新工艺。

超声电解抛光的原理：抛光用的工具是导电锉。抛光时，工件接电源的正极，工具接电源的负极。同时，在工具和工件之间通入钝化性电解液。工具以极高的频率对工件表面进行抛磨，不断地将工件表面凸起部位的钝化膜去掉，被去掉钝化膜的表面便被迅速溶解，溶解下来的产物不断被电解液带走，溶解不断地进行，直到将工件表面整平为止。工具在高频振动下，不仅能迅速去除钝化膜，而且能使加工区产生强烈的空化作用，空化作用可增强加工区的活化作用，使电化学反应增强，从而提高工件表面凸起部位的金属溶解速度，达到快速抛光的目的。

3.6.3 超声电火花复合加工

超声电火花复合加工是在电火花加工的基础上与超声加工相结合，附加超声后使加工端面的放电频率有一定提高，同时超声的空化作用和泵吸作用促进加工间隙中流场的运动和加工屑的排出，可改善加工环境。把两种单一加工方式结合可以充分发挥两种加工方式的优点，与任意单一加工方式相比，超声电火花复合加工无论对工件的加工质量，还是对加工效率，都有极大改进。

超声电火花复合加工是在两极间加入含有磨粒的工作介质，且电极上附加超声振动，利用超声的特性来优化工况，改变放电状态，提高效率，改善表面质量的，其遵循电火花放电的原理。超声电火花复合加工原理如图 3-26 所示，在超声振动的作用下，工件或电极运动过程中，底面间隙逐渐增大，加工液在重力和液体黏附力的共同作用下往底面间隙聚集，并且在侧面上部间隙形成漩涡，部分空气被卷入漩涡中形成气泡，并随着工件的持续下移而被运送至放电间隙。由于超声振动造成

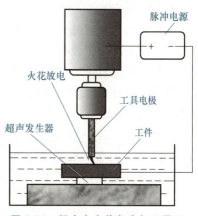

图 3-26　超声电火花复合加工原理

放电间隙中工作液高速剧烈扰动，促进了加工屑的排出，提高了悬浮在工作液中的导电粉末的稳定性，使粉末的悬浮能够更加均匀，进而改善了表面质量。

1. 超声辅助电火花切割

广东工业大学的郭钟宁开发了一种超声电火花线切割复合加工装置（图 3-27），分别对 16mm 厚的 Al_2O_3-TiC 复合工程陶瓷材料和金属基复合材料进行了超声辅助电火花复合加工实验。其实验结果表明，在超声作用下工程陶瓷材料的切割效率提高了 50% 以上，其表面粗糙度值有所降低，尤其是在小能量加工情况下这一趋势更为明显；金属基复合材料的切割效率也有所提高，而且即使在更大的电流下加工也不发生断丝现象，表面质量也得到了一定的改善。

2. 超声辅助电火花打孔

四川大学的唐祥龙等人采用自制的超声振动辅助电火花打孔装置（图 3-28）做了铜块和铝块的微小孔加工实验研究。其研究结果表明，相对于传统的电火花微小孔加工，超声振动辅助电火花微小孔加工方法可以提高微小孔加工的深径比和加工速度，减少毛刺的产生，为大深径比微小孔的高效加工提供了一种新的加工途径。

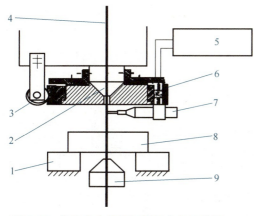

图 3-27　超声电火花线切割复合加工装置

1—工作台　2—上导向器　3—蜗杆　4—电极丝
5—超声发生器　6—蜗轮　7—超声换能器　8—工件
9—下导向器

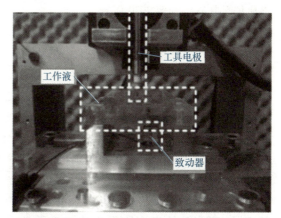

图 3-28　超声振动辅助电火花打孔装置

63

3. 超声辅助电火花抛光

超声电火花复合抛光是我国在世界上首次提出并实现的，它利用当超声换能器带动工具缩短时，在工具与超硬材料之间采用高频电火花腐蚀加工，同时使材料表面产生薄的碳化层，当超声换能器带动工具伸长时，工具在磨料作用下将超硬材料工件表面的碳化层磨去，这样便达到高效率抛磨材料的目的，同时能得到很低的工件表面粗糙度值，其加工原理如图 3-29 所示。

工件与抛光工具相对，并分别接脉冲电源的正极和负极，也就是采用正极性加工。当抛光工具端部和工件表面的距离处在放电区内时，间隙击穿并产生火花放电。当距离大于放电区间时，间隙开路，放电停止；而当距离小于放电区间而处于短路区时，抛光工具直接或间接与工件短路，这时火花放电就受到超声振动的调制。在产生火花放电时，工件发生电腐蚀而被蚀除，表面被抛光。同时超声振动还具有排屑和加速切削液循环的作用。

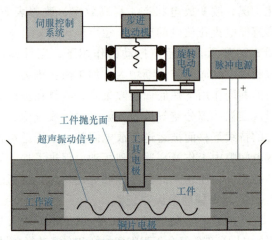

图 3-29　超声电火花复合抛光原理

曹凤国等人采用超声电火花抛光技术对导电陶瓷材料做了抛光实验，其实验结果表明，与单一抛光技术相比，超声电火花抛光不仅可以提高抛光效率，而且可以节约磨料。

4. 超声辅助电火花表面强化

超声振动辅助电火花放电表面强化是电火花放电表面强化技术的进一步发展，其原理为工件和工具电极分别与脉冲电源的两极连接，工件或工具电极附加超声振动，脉冲放电产生的瞬间，高温使工具电极放电点材料局部熔化、气化，在脉冲放电和超声振动作用下迁移到工件表面的放电点处，与工作液介质的分解物、工件熔融材料一起发生合金化反应，形成性能更佳的强化层，其原理如图 3-30 所示。

电火花放电表面强化可以在工件表面通过合金化反应形成强化层，但有时获得的强化层的厚度和成分分布不均匀。在金属或合金的结晶过程中引入超声振动，可以细化晶粒、均匀成分，从而提高材料的性能。将超声振动与电火花技术结合，可以利用超声振动改善表面强化层的性能，达到表面强化的目的。

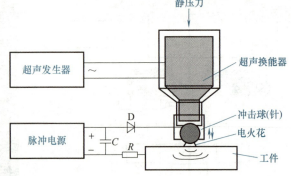

图 3-30　超声冲击复合电火花表面强化技术原理

山东大学的董春杰做了含硅合金的超声振动辅助电火花表面强化的相关研究，其研究结果表明，采用超声振动辅助电火花放电表面强化处理时，其工件表面硅含量和强化层厚度均随超声振幅的增大而增大；在表面强化过程中，当超声振幅和频率达到一定程度时，可以显著提高强化层中强化相的数量，从而提高强化效果。

3.7　其他超声加工

3.7.1　超声清洗

超声清洗属于物理清洗方法，其原理是由超声发生器发出的高频振荡信号，通过换能器转换成高频机械振荡而传播到介质——清洗溶剂中，超声波在清洗液中疏密相间地向前辐射，使液体流动而产生数以万计的微小气泡。这些气泡在超声波纵向传播的负压区形成、生长，而在正压区迅速闭合，此现象称为超声空化效应。在空化效应过程中，气泡闭合可形成超过 1000 个气压的瞬间高压，能够明显减弱液体表面张力及摩擦力，连续不断地产生瞬间高压，类似一连串小"爆炸"不断地冲击物件表面，对污物层进行直接反复多次的冲击，破坏固体液界面的附面层，在气泡崩溃的最后阶段，泡内液体向四面八方高速撞击，产生极高压力，压力本身及发射的压力波对表面材料有很强的破坏作用；使物件表面及缝隙中的污垢迅速剥落，从而达到净化物件表面的目的，达到普通机械搅动所达不到的清洗效果。超声清洗原理如图 3-31 所示。

超声清洗的应用范围非常广泛，主要可应用于电力、冶金、石化、汽车、摩托车制造、机械、电子、航空航天、轻工业、化纤、食品、医疗、维修、建材、光学和医药工业等行业，能有效地去除油脂、污垢、石蜡、锈、氧化皮、表面涂层、膜、漆层和难以归类的附着于物体表面的杂质。

超声清洗具有以下特点：

1）速度快，质量高。超声清洗一般只需数分钟到数十分钟，且清洗效果好。

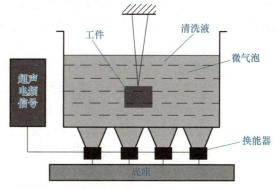

图 3-31　超声清洗原理

2）不受清洗件表面复杂形状的限制，凡清洗液能浸到、空化能产生的地方都有清洗作用。如物件表面的空穴、凹槽、狭缝、微孔等都能得到清洗，被清洗对象各部分清洁效果一致。

3）某些场合可以用水剂代替油或有机溶剂进行清洗，对于需要用酸或碱清洗的某些零部件，超声清洗能降低酸碱浓度，减少污染，降低成本。

4）不需要其他清洗剂即可完成清洗过程。

5）对清洗对象表面无损伤。

影响超声清洗效果的主要参数如下：

1）声强。声强越高，空化越强烈。但声强达到一定值后，空化趋于饱和，此时再增大声强，空化强度反而降低。

2）频率。频率越高，所需要的声强越大。

3）清洗液的温度。温度升高，液体的表面张力系数和黏滞系数会下降，空化易于产生。

4）物件质量。由于被洗对象要吸收部分声能，所以物件质量越大，空化强度越低。

65

3.7.2 超声塑性加工

超声振动塑性加工是指在传统金属塑性成形加工工艺中，在工件或模具上主动施加方向、频率和振幅可调的超声振动，以达到改善工艺效果、提高产品质量的目的。超声振动相当于在一定的温度作用下，材料内部微粒升温，获得能量后的微粒产生高频振动，材料的活性增强发生动态变形。

超声金属塑性加工的作用原理，大致可以分为以下几种效应：

（1）表面效应　包括摩擦系数和摩擦矢量的改变，使工具与工件之间的摩擦力减小。

（2）体效应　由于超声振动作用，使正在变形的原子产生受迫振动，这种振动给偏离平衡位置的原子提供了更多的复位机会，从而延缓晶格畸变的速率，防止被加工材料的硬化，提高材料的塑性。

（3）力叠加效应　力叠加效应主要是指当金属塑性变形时，受到两个正作用力，即在静加工力作用的基础上，施加一个超声波的振动力，使原来的拉拔力减小。此效应一般出现在纵向振动的拉丝和拉管工艺中。

（4）旋锻效应　在超声加工过程中，轴向加工力的增加会导致纵向加工力的减小，这个效应称为超声波旋锻效应。旋锻效应的大小一般取决于模具入口角、摩擦系数及垂直于拉拔方向的振动力。当模具入口角小于摩擦角，而且摩擦系数又相当大时，此效应就特别显著。

金属的超声塑性加工效应是 1955 年由 Blaha 和 Langeneeker 首先发现的，因此也称为 Blaha 效应。他们在进行锌棒拉伸试验时发现，当对工件施加超声振动时，材料的变形力明显下降，进一步的试验表明超声波的作用相当于一定的温度作用，实际上也是一种能量形式，当对变形金属施加超声振动时，金属微粒获得能量并产生高频振动，金属微粒热运动加剧，温度升高，内摩擦减小，变形阻力下降。目前，国内外关于超声振动塑性加工的研究主要包括拉制工艺、挤压工艺、轧制工艺、深冲及镦锻工艺、超声弯曲、超声拉直和超声喷丸等。

相对于传统金属塑性成形工艺，超声振动塑性加工技术具有以下优点：降低成形力，降低金属流动应力，减小工件与模具间的摩擦，扩大材料塑性成形加工范围，提高金属材料塑性成形能力，可获得较好的产品表面质量和较高的尺寸精度。

Siegert 等人做了超声振动的金属拉丝实验，其实验结果表明，超声振动拉丝与传统的拉丝相比，由于拉拔力的减小，成形过程的极限得到扩展。超声振动过程中，一方面，由于模具的振动，叠加的动应力降低了所测得的静态力；另一方面，由于共振效应，拉拔力周期性下降了 40%，相应位置的线径发生了变化，拉拔力曲线更平滑，金属拉丝表面更光滑。

第4章

激光增减材加工的发展及应用

4.1 激光加工技术概述

由于激光具有方向性好、能量高和单色性好等一系列优点，自 20 世纪 60 年代第一台激光器诞生以来，激光技术在诸多领域迅猛发展，已与多个学科相结合，形成了多个应用领域，如激光加工技术、激光测量与计算技术、激光化学等。这些交叉技术的诞生极大地推动了各个领域产业的发展。

本节将对激光在材料加工领域的原理、特点、类型与发展进行简要介绍。

4.1.1 激光与材料的相互作用原理

激光加工技术的物理基础是激光与材料的相互作用，它既包括复杂的微观量子过程，也包括激光与各种介质所发生的宏观现象。其中有材料对激光的反射、吸收、折射、衍射、光电效应和气体击穿等。

1. 材料在激光作用下的过程

激光与材料相互作用的物理过程本质上是电磁场与物质结构的相互作用，即共振相互作用与能量转换过程，是光学、热学和力学等学科的交叉耦合过程。

当一束激光照射到材料表面时，随着照射时间的延长，将在金属表面和内部发生一系列物理变化与化学变化的过程。这些过程可依据激光材料加工目的的不同来进行调节。随着激光照射到材料时间的延长，激光与材料间会产生冲击强化过程、热吸收过程、表面熔化过程、汽化过程和复合过程，如图 4-1 所示。

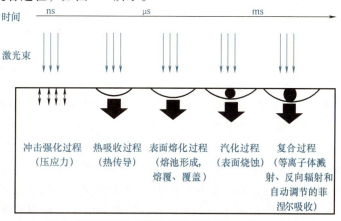

图 4-1　激光束与材料间的相互作用与时间的关系

2. 材料对激光的吸收与反射特性

激光入射到材料表面时，会与材料表面产生反射、散射和吸收等物理过程。为了解激光加工过程的本质，必须研究材料对激光的吸收与反射特性。

当一束激光照射至材料表面，除部分光子会被材料表面反射外，其余光子能量将会被材料吸收。在金属表面为理想平面的情况下，垂直入射的材料对激光的反射率 R 可表示为

$$R = \frac{(1-n)^2 + k^2}{(1+n)^2 + k^2} \tag{4-1}$$

式中，n 为材料的折射率，k 为消光系数（对于非金属材料，消光系数为 0）。

对于大部分金属材料，反射率在 70% ~ 90% 之间。对激光不透明的材料，其吸收率 α 可表示为

$$\alpha = 1 - R = \frac{4n}{(1+n)^2 + k^2} \tag{4-2}$$

在实际应用中，激光的吸收率会受波长、温度、表面涂层及表面粗糙度等因素的影响。

（1）波长对材料吸收率的影响 导电性好的金属材料（如银、金），对 CO_2 激光和 $Nd:YAG$ 激光的反射率都很高。材料具有很高的反射率，意味着材料对激光能量的吸收率很小，不便于使用激光进行加工。图 4-2 为波长对吸收率影响示意图。由图可知，室温下，波长越短，材料对激光的吸收率越高。

（2）温度对材料吸收率的影响 材料对激光的吸收率随温度的升高而增大。金属材料在室温下对激光的吸收率均很小，但当温度升高至接近熔点时，吸收率可达 40% ~ 50%；当温度接近沸点时，吸收率可达 90% 左右；且激光的功率越大，金属的吸收率越高。

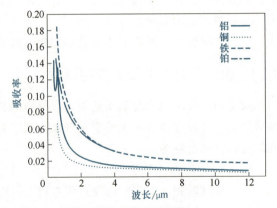

图 4-2 波长对吸收率影响示意图

金属材料对激光的吸收率与温度和电阻率有关，金属的直流电阻率随温度的升高而升高。吸收率与温度的关系式为

$$\alpha(T) = 0.365\left(\rho_{20} \frac{1+\gamma T}{\lambda}\right)^{0.5} - 0.0667\left(\rho_{20} \frac{1+\gamma T}{\lambda}\right) + 0.006\left(\rho_{20} \frac{1+\gamma T}{\lambda}\right)^{1.5} \tag{4-3}$$

式中，ρ_{20} 为温度 20℃ 时金属的电阻率；γ 为电阻率随温度变化系数；T 为温度；λ 为波长。

（3）表面状态对材料吸收率的影响 除波长与温度外，材料的表面状态也直接影响着吸收率的大小。如 304 不锈钢在空气中进行氧化后将改善材料对激光的吸收状态，这说明氧化层的存在使材料的吸收率明显增加。

在激光材料热处理过程中，常采用在材料表面涂覆一层对激光吸收率高的材料的方法，以提高对激光光能的利用率。表 4-1 列出了不同涂层对激光的吸收率。

（4）表面粗糙度对材料吸收率的影响 增大材料的表面粗糙度值也可以提高材料对激光的吸收率。但对激光加工的实际作用不大，喷砂处理后的不锈钢对激光的吸收率仅提高 2%，且当温度超过 600℃ 时，其作用失效。

表 4-1　不同涂层对激光的吸收率

涂层材料	吸收率(%)	硬化层厚度/mm
石墨	63	0.15
炭黑	79	0.17
氧化钛	89	0.20
氧化锆	90	—

3. 材料在激光照射下的热力效应与组织效应

（1）热力效应　激光加热时温度场及其随时间的变化规律作为激光加工技术的基础，反映了激光材料加工的内在物理本质。激光辐射作用可以看作一个加热热源，激光加热的热源模型一般是在假设的一定边界下求导热传导方程的解。

一个三维热传导方程的通用形式为

$$\rho c \frac{\partial T}{\partial t} = \frac{\partial}{\partial x}\left(K \frac{\partial T}{\partial x}\right) + \frac{\partial}{\partial y}\left(K \frac{\partial T}{\partial y}\right) + \frac{\partial}{\partial z}\left(K \frac{\partial T}{\partial z}\right) + Q(x,y,z,t) \tag{4-4}$$

式中，ρ 为材料密度；c 为材料比热容；T 为温度；t 为时间变量；K 为导热系数；Q 为单位时间、单位面积传递给固体材料的加热速率。

由于材料的各物理参数会随温度的升高发生变化，若将其作为温度函数来处理，则式（4-4）将变为非线性方程，求解难度很大。考虑到大多数材料的热物理参数随温度变化不大，故可将其假设为与温度无关的常数，或取温度平均值，这样便可求得式（4-4）的解析解。若激光作用下材料是均匀且各向同性，则式（4-4）可简化为

$$\nabla^2 T - \frac{1}{k}\frac{\partial T}{\partial t} = -\frac{Q(x,y,z,t)}{K} \tag{4-5}$$

式中，k 为材料的热扩散率，可由下式求得

$$k = \frac{K}{\rho c} \tag{4-6}$$

在热稳态情况下有 $\dfrac{\partial T}{\partial t} = 0$，则式（4-5）可简化为

$$\nabla^2 T = -\frac{Q(x,y,z,t)}{K} \tag{4-7}$$

通常情况下，在求解激光加热材料的热传导方程时，K、k 可假定为与温度无关的常数或取一定温度内的平均值。

虽然材料在激光的辐射作用下，遵循热力学中的传热基本规律，包含传导、对流、辐射三种形式，但激光材料加热还具有加热速度快、温度梯度大等自身的许多特性。激光作用有连续与脉冲之分，材料表面激光束作用区内的激光密度分布不均，激光加热过程中，材料的吸收率与一些热力学参数的变化等，使得至今仍未找到一个十分完善且与实际情况完全相符合的激光热源模型。因而，在借助计算机进行数值分析时，目前大多数热传导方程都是在假定条件下进行的。常使用以下假设条件：

1）被加热材料是均匀的且各向同性。

2）材料的光学与热物理参数与温度场无关，或在某一定范围内取平均值。

3）忽略传热过程中的辐射与对流，只考虑材料表面的热传导。

（2）组织效应　在激光加工过程中，随着激光波长、能量密度、作用时间及不同材料

的各种变化，材料的温度发生变化，同时材料表面也发生物态的变化。了解激光加工过程中材料组织的变化规律，对激光材料加工技术的研究、开发与利用很有帮助。

传质主要有两种形式，即扩散传质和对流传质。扩散传质是原子与分子的微观运动；而对流传质是流体的宏观运动。实际上，热量、质量和动量三种传输之间存在基本相似的过程，因此研究热量传输中已经建立的基本理论同样可以在传质过程的研究中应用。激光材料加工传质具有如下主要特性：

1）激光照射材料时间较短，即传质过程较短。此时传质主要包括激光直接作用下的传质和激光作用结束后热滞期的传质过程。由于激光作用时间较短，传质也将远远偏离平衡条件，在材料表面与内部造成溶质分布的极度不均匀，导致材料组织的不均匀。

2）传质过程发生在温度梯度较大的条件下。这时不仅溶质原子的化学位出现差值，而且在液体表面的溶质原子将出现选择性蒸发，从而在液体表面和内部之间形成浓度差。化学位差与浓度差是液体传质的原动力。

3）传质过程中表面张力梯度的作用。当激光使材料处于溶体状态时，由于温度梯度与浓度梯度共存，在溶体中将出现表面张力梯度，它也将促进溶体中的对流传质。

4.1.2 激光材料加工技术的特点

激光加工是将激光束照射到工件的表面，以激光的高能量来切除、熔化材料及改变物体表面性能。激光的四大特性使其在材料加工领域具有传统加工方式所不具备的特点与优势，具体如下：

1）可以加工脆硬材料。激光功率密度大，工件吸收激光后温度迅速升高而熔化或汽化，即使熔点高、硬度大和质脆的材料（如陶瓷、金刚石等）也可采用激光加工。

2）非接触加工。激光头与工件不接触，不存在加工工具磨损问题；同时工件不受应力，加工后的表面无残余应力问题。

3）可以通过透明介质对密闭容器内的工件进行各种加工，因此在恶劣环境或其他人难以接近的地方，可用机器人进行激光加工。

4）加工过程灵活。激光束易于导向、聚焦实现各方向的变换，极易与数控系统配合，对复杂工件进行加工，因此它是一种极为灵活的加工方法。

5）激光加工过程中，激光束能量密度高，加工速度快，并且是局部加工，对非激光照射部位没有或影响极小，因此，其热影响区小，工件热变形小，后续加工量小。

6）易于自动化。激光束的发散角可小于1mrad，光斑直径可小到 μm 量级，作用时间可以短至 ns 和 ps，同时，大功率激光器的连续输出功率又可达 kW 至 10kW 量级，因而激光既适用于精密微细加工，又适用于大型材料加工。激光束容易控制，易于与精密机械、精密测量技术和电子计算机相结合，实现加工的高度自动化和达到很高的加工精度。

激光加工技术的诸多优势，使其在材料加工领域得到了广泛应用，随着激光加工技术、设备、工艺研究的不断深进，其将具有更广阔的应用远景。

4.1.3 激光加工技术的发展方向

作为 20 世纪科学技术发展的主要标志和现代信息社会光电子技术的支柱之一，激光技术和激光产业的发展受到世界上各国家的高度重视。从 20 世纪 60 年代第一台激光器问世以来，随着对其基本理论研究的不断深入，各种各样的新型激光器不断研制成功，已在工业、农业、医学及军事等领域得到了广泛的应用。

从全球激光产品的应用领域来看，材料加工行业仍是其主要的应用市场，所占比例为 35.2%；通信行业排名第二，其所占比例为 30.6%；另外，数据存储行业占据第三位，其所占比例为 12.6%。

激光加工技术是先进制造技术体系结构中特种加工技术的首选加工方式。激光加工系统作为 21 世纪先进加工生产系统，具有集成化、智能化、柔性化和小型化的特征，是多种学科交叉、多技术综合的结晶。

（1）激光加工的集成化　激光加工先进生产系统作为制造业的高新技术生产系统，与当前不断出现的新制造技术相交叉形成了制造业的最新发展动向。这些新技术包括数控技术、计算机集成制造技术、并行工程技术、敏捷制造、快速成形技术、智能制造、仿真和虚拟制造技术、精益生产等。激光加工系统就是一个强大的集成系统，这些先进制造技术不断发展和集成构筑了未来的先进生产系统。

（2）激光加工的智能化　激光加工与数控技术的融合，机器人技术与人工智能的引入，这些高新技术的交叉与相互作用，使激光加工先进生产系统具备了智能制造的特点。工业激光系统工艺参数的计算机数字控制，使机器人在数控系统的控制下实现机械执行系统的功能，完成激光加工过程中激光光束与工件间的相对运动。人工智能模式识别技术和机器人数控技术的结合使机器人智能化，智能机器人与激光数控系统的集成实现了激光加工系统的智能控制。实际上，智能控制还包括自动测量系统、在线监测系统、诊断和控制系统的渗透与总体集成。

（3）激光加工的柔性化　柔性制造系统是目前先进制造领域高速发展与应用的高新技术之一。它是由若干数控加工设备、物料运储装置和计算机控制系统组成的自动化制造系统，其能根据制造任务和生产产品的变化而迅速做出调整，适用于多品种、小批量的生产。激光加工系统作为先进制造系统，必须满足柔性制造的要求。而激光加工完全具备精密加工、特殊加工、复杂加工和灵活加工的特点，这些使激光加工完全可以实现柔性制造加工。目前激光加工中的激光打孔技术已实现柔性制造。随着激光加工技术的发展，激光加工整机性能也不断提高。激光加工技术与 CAD/CAE 技术的结合，构成了激光加工的柔性加工系统，实现了同一流水线上的多种作业。

（4）激光加工的小型化　设备小型化是激光精密加工技术的一个发展趋势。近年来，一系列新型激光器（如光纤激光器）得到迅速发展，它们具有转换效率高、工作性能稳定、光束质量好、体积小等一系列优点，将成为下一代激光精密加工的主要激光器。这些新型激光器的发展为激光精密加工设备的小型化提供了基础。

4.2　激光去除材料加工

激光去除材料加工技术是最先应用与发展起来的激光材料加工技术，其主要包括激光打孔技术、激光切割技术和激光烧蚀技术等。本节将以激光打孔技术、激光切割技术为例，对激光去除材料加工技术进行简要介绍。

4.2.1 激光打孔技术

激光打孔技术是最早在工业生产中应用且比较成熟的激光加工技术，主要用于金刚石拉丝模、硬质合金喷嘴、拉制化学纤维的喷丝头，以及金属、陶瓷、橡胶等多种材料加工模具和零件上的各类单孔或群孔的加工。目前，在超硬材料的微细加工领域，激光打孔已经成为一种不可或缺的加工技术。

1. 激光打孔的原理

激光打孔实质上是将激光束聚焦在工件上，使光能转变为热能的一种热加工方法。激光打孔的原理是基于激光与被加工材料间的相互作用引起物态变化形成的热物理效应，以及各种能量变化产生的综合效果。影响这种变化的主要因素有激光的波长、能量密度、光束的发散角、聚焦状态及材料自身的物理特性等。激光打孔技术是典型的激光去除材料加工，也称为蒸发加工。激光打孔原理如图 4-3 所示。

激光打孔属于去除材料加工，激光束经过聚焦透镜照射到材料的表面上，材料因吸收激光的高能量将其转换成热能、化学能、光能等多种能量形式，同时热能使激光束的作用区域温度升高，当激光的功率密度达到 $103\sim105W/mm^2$ 时可以使各种材料（包括陶瓷）熔化或汽化，从而实现打孔的目的。图 4-4 所示为几种激光加工过程所需的激光功率密度。

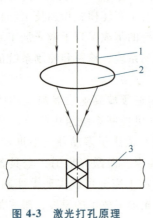

图 4-3 激光打孔原理

1—激光束 2—聚焦透镜 3—工件

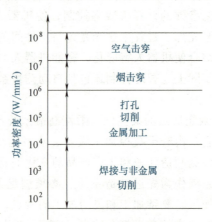

图 4-4 激光加工过程所需的激光功率密度

激光是波长单一、亮度极高、空间相干性好且时间特性可控的光束，具有良好的可聚焦性。激光经过光学系统调整、聚焦和传输，在焦平面处可以得到直径为几微米至几十微米的小孔，光斑直径计算公式为

$$d = \frac{4\lambda f}{\pi D} = f\theta \tag{4-8}$$

式中，θ 为激光发散角；D 为光束直径；f 为焦距；d 为焦平面处的光斑直径；λ 为激光波长。

在焦点处激光功率密度与激光输出功率及光斑直径的关系为

$$F = \frac{4P}{\pi d^2} \tag{4-9}$$

式中，F 为焦点处的激光功率密度；P 为焦点输出功率；d 为焦平面处的光斑直径。

以脉冲激光打孔为例，激光打孔过程分为三个阶段——前缘阶段、稳定输出阶段和尾缘阶段，如图 4-5 所示。

（1）前缘阶段　在此阶段，激光束照射在工件上并开始发生相互作用，由于材料的反射作用，会造成激光能量的损耗，在反应时过程会比较缓和。随着激光束的持续照射，热量会向材料的内部传导，使得照射区域内局部升温，这一阶段的相变以熔化为主。相变面积略宽，相变深度较浅，如图 4-5a、b 所示。

（2）稳定输出阶段　第二阶段，由于相变使得材料的吸收率增大，随着激光束的继续照射，其反应更加剧烈，然后开始发生材料蒸发、孔深增加、孔形呈收敛趋势，如图 4-5c ~ e 所示。

（3）尾缘阶段　随着远离激光束的焦点，能量发散，材料的汽化和熔化也将结束，最后成形的孔会呈一定的锥形，这是最后一个阶段，如图 4-5f 所示。

而在整个过程中，由于受到光、热、化学、力等因素的影响，在中期熔化的材料以飞溅的形式飞出加工区域；在最后阶段，由于能量的减弱，熔化的材料在还未出加工区时就逐渐冷却下来，附着在孔壁上或上下孔周围，形成重铸层，重铸层的出现往往伴随着微裂纹。

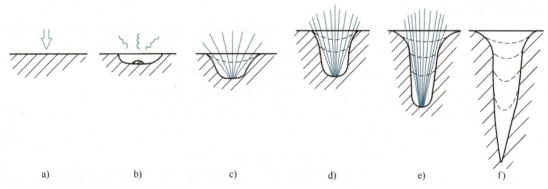

a)　　　　　b)　　　　　c)　　　　　d)　　　　　e)　　　　　f)

图 4-5　激光打孔时孔的形成过程

由上述脉冲激光打孔过程可以看出，材料的熔化和蒸发是激光打孔的两个基本过程，其中，提高汽化蒸发比例可以增加孔的深度，而加大孔径主要靠孔壁熔化和蒸气压力以飞溅的方式将液相物质排出加工区来实现。

2. 激光打孔的分类

激光加工建立在材料去除的基础上，材料从加工工件的表面被去除，这是一个复杂的过程。激光打孔根据打孔原理的不同可分为激光热打孔和激光冷打孔。

（1）激光热打孔　激光热打孔是指材料将吸收的激光能量转化为热量后，这些热量使材料发生加热、熔融、汽化和产生等离子体等过程，实现材料的抛出。

以脉冲激光热打孔为例，激光束照射到材料的表面上，其中一部分激光被吸收，吸收的多少由材料、表面形貌、能量密度和激光的波长决定。激光被材料表面很薄的一层吸收后，被吸收的激光将转化成热量。当脉冲很短时，可认为热传导是一维的模型，在激光焦斑中心的温度分布为

$$T(z,t) = \frac{I_a \delta_t}{\lambda_t} \text{ierfc}\left(\frac{z}{\delta_t}\right) \tag{4-10}$$

式中，I_a 为吸收的激光能量密度；λ_t 为材料的导热系数；δ_t 为热量穿透的深度，且有 $\delta_t = \sqrt{4a_t t}$；a_t 为热扩散系数，且有 $a_t = \lambda_t / \rho c$，其中 ρ 为材料密度，c 为材料比热容；ierfc 为误差补偿函数，其可由下式求得

$$\text{ierfc}(x) = \int_x^\infty \text{erfc}(s)\,\mathrm{d}s \tag{4-11}$$

$$\text{erfc}(x) = \frac{2}{\sqrt{\pi}} \int_x^\infty \text{erfc}(-s^2)\,\mathrm{d}s \tag{4-12}$$

易得，在 $z = 0$ 处，即材料表面处，温度为

$$T(0,t) = \frac{I_a}{\lambda_t} \sqrt{\frac{4a_t t}{\pi}} \tag{4-13}$$

由式（4-13）可以算出，当激光能量密度 $I_a = 10^9 \text{W/cm}^2$ 时，达到铁的熔点所需要的时间是 300ns；而当激光能量密度提高十倍时，达到铁的熔点所需要的时间仅仅是 3ns。高的蒸发速度（蒸发速度在 3~10km/s）可以在液体的表面引起冲击波和高的蒸气压力，相应地提高熔融物质的温度。在激光脉冲结束时，由于被加热液体表面仍有很高的压力，使得材料以气体的方式抛出。

一个典型的激光器系统拥有 20J 的输出能量和 1ms 的脉宽，相应的峰值功率可达到 20kW，典型的光束发散角是 2mrad，具有这些参数的激光器，其光束可以聚焦到很小的点，峰值功率密度可达到 10^7W/cm^2，因此几乎可以蒸发所有的材料，包括宝石。

（2）激光冷打孔　目前，另外一个得到很多人关注的新型加工方法是准分子加工。准分子加工是在 20 世纪 70 年代中期发展起来的，因此这种特殊的加工方法只有 40 多年的历史。不同于 Nd:YAG 和 CO_2 激光器，分别在近红外和远红外区域，准分子激光器发射出紫外区域的激光束，发射的波长取决于所使用的气体混合物种类。

准分子激光的波长很短，所以激光束中单个光子的能量比某些材料的分子束缚能高很多，特别是塑料和有机物。如果将一种准分子激光聚焦到一种适当的材料上，光子的能量可以直接打断分子键而不是加热材料。以此为基础，激光冷加工的过程即是利用一定波长的激光的光子能量直接破坏材料的化学键，使材料以小颗粒或气态的方式排出。目前，激光冷加工技术主要使用波长为 157~351nm 的紫外光，利用其光子能量直接破坏材料的化学键，加工的过程基本没有热量产生。其作用原理如图 4-6 所示，图中阴影区域为激光与材料的相互作用区域；分子碎片以很高的速度从工件喷出，且有最小的热效应。

3. 激光打孔技术的应用

激光打孔技术经过多年的发展已逐渐成熟起来，并被越来越多的人所认识、接受和采用。随着科技和社会生产的迅速发展，一方面给激光打孔提出了各种各样更高的要求；另一方面也使得实现高效率、高质量的激光打孔

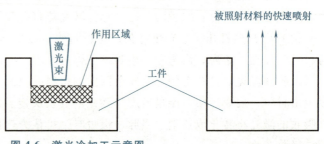

图 4-6　激光冷加工示意图

成为可能。

（1）微水刀激光打孔技术　美国通用电气（GE）公司的制造工程师研发了一种新的激光打孔加工方式，其利用瑞士喜诺发（Synova）公司开发的微水刀激光加工技术，实现气膜孔的"冷加工"，如图4-7所示。

图4-8所示为微水刀激光打孔技术原理。加工过程中，激光束经聚焦透镜聚焦后通过石英玻璃窗体进入到耦合水腔，通过调整聚焦透镜与小孔喷嘴之间的距离，使激光焦点刚好处于小孔喷嘴上表面中心，

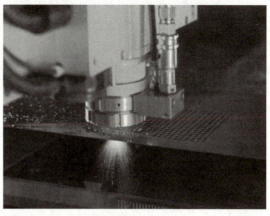

图 4-7　微水刀激光打孔技术示意图

然后进入稳定的水射流中，利用水与空气折射率的不同，在水射流中发生全反射，类似于传统玻璃光纤的传播方式。加工时，聚焦到喷嘴位置的激光束由高压水束引导传输到工件表面，高压水束不但可以帮助降低材料周围的温度，还可以清除加工产生的碎片。微水刀激光打孔加工结果如图4-9所示。

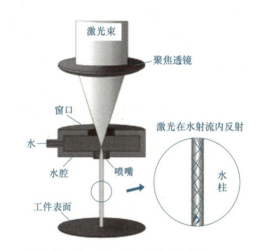

图 4-8　微水刀激光打孔技术原理

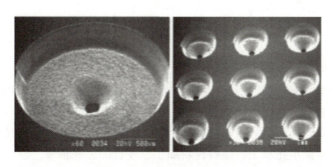

图 4-9　微水刀激光打孔加工结果

（2）复合脉冲激光打孔技术　传统的激光打孔多采用大能量的长脉冲（μm 或 ms）或高重复频率、高峰值功率的短脉冲（ns 或 ps）激光器。其打孔效果各具特点：长脉冲激光器由于脉冲能量大、作用时间长，能够有效地加热、熔融、汽化材料，以实现材料去除，并达到较高的打孔速率，但是打孔过程中会产生再铸层及微裂纹，导致孔的质量下降；高峰值功率的短脉冲激光器热影响区小，能获得较高的打孔质量，但由于平均功率较低，故打孔速率受到限制。因此，部分研究者将两束激光通过时间或空间叠加的方式，对金属材料进行打孔，并取得了较好的效果。

图 4-10 为复合脉冲激光打孔技术原理示意图。该装置将两束激光通过布儒斯特镜非相干束，经过扩束准直后，再通过聚焦透镜聚焦于工件表面。Brajdic 等人将脉宽为 17ns 和 0.5ms 的脉冲激光在空间叠加后，同时作用于不锈钢工件上进行打深孔实验，结果发现与单脉冲激光打孔相比，其打孔速率显著提高；纳秒短脉冲激光由于产生了更高的表面温度和反冲力，其改善了单脉冲作用时孔闭合的现象，提高了打孔质量。

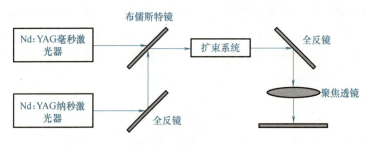

图 4-10　复合脉冲激光打孔技术原理示意图

图 4-11 为一种对不锈钢板进行复合脉冲激光打孔的优化方法。将单束激光分为两束纳秒脉冲激光，进行单束激光打孔和叠加激光打孔的对比实验，结果表明，双脉冲的钻削速度比常规单脉冲的钻削速度快一个数量级以上，如图 4-12 所示。

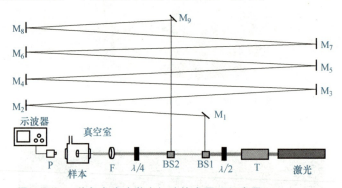

图 4-11　一种复合脉冲激光打孔技术原理示意图

（3）工件振动辅助激光打孔技术　超声波是一种频率高于 20kHz 的声波，因其在媒介中传播会产生机械效应、空化效应、热效应、化学效应而广泛用于辅助加工中。超声辅助加工技术是在加工工具与工件相对运动的基础上引入超声振动，以获得更好的加工性能。如今超声波已被广泛用于深小孔加工、硬脆材料加工、复合加工等领域。超声辅助加工在激光加工领域同样具有较大的潜力。

鉴于超声波在激光加工领域的促进作用，国外研究学者对超声辅助激光微孔制造进行了相应的研究，并取得了一定的研究成果，国内研究学者也进行了相应的探索性研究。近年来，国内外研究学者对超声辅助激光微孔制造表现出越来越高的热情，超声辅助激光微孔制造正逐渐成为激光微孔制造领域的研究热点。

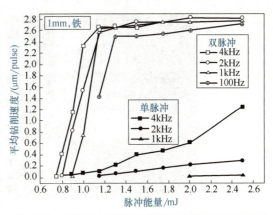

图 4-12　单束激光打孔和叠加激光打孔速度对比图

图 4-13 为超声振动辅助激光打孔装置示意图。其通过超声换能器使工件产生轴向超声振动，以便与激光打孔过程复合，实现超声振动辅助激光微孔制造过程。研究表明，超声辅助激光微孔制造可以提高激光微孔制造效率，减小微孔重铸层厚度和热影响区范围，提高微孔深径比及微孔内壁表面质量。

有学者对超声辅助激光微孔制造过程进行了研究，结果发现，超声波的引入缩小了材料表面的加热范围，延迟了材料的熔化。超声振动功率的提高，将导致材料表面加热范围和熔化范围的进一步缩小，如图 4-14 所示；同时，超声波的引入增强了材料表面的对流换热，从而延迟了激光与材料的作用，进而使得熔融物更好地从激光作用区域中去除，重铸层中的金相结构由柱状枝晶结构向等轴枝晶结构过渡（晶粒得到了细化），最终提高了微孔加工效率和微孔内壁微观结构的组织性能，如图 4-15 所示。

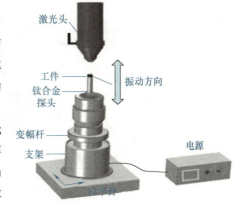

图 4-13　超声振动辅助激光打孔装置示意图

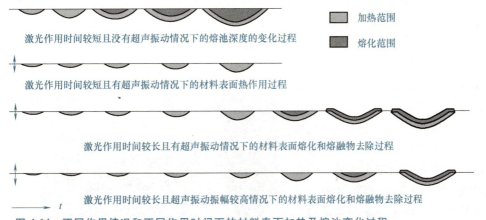

图 4-14　不同作用情况和不同作用时间下的材料表面加热及熔池变化过程

（4）透镜振动辅助激光打孔技术　透镜振动辅助激光打孔（图 4-16）是将振动装置与聚焦透镜直接相连，通过压电陶瓷使聚焦透镜产生轴向振动，激光束经过振动的透镜聚焦

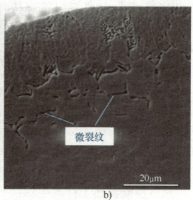

图 4-15　无超声振动和有超声振动时微孔内壁微观结构

a) 无超声振动　b) 有超声振动

后，在工件表面的激光功率密度发生周期性变化，进而改变激光加工质量。

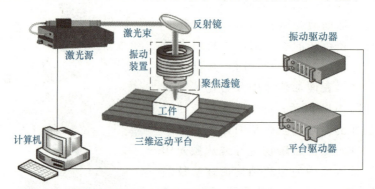

图 4-16　透镜振动辅助激光打孔示意图

　　相比于工件振动辅助激光加工方法，透镜振动辅助激光加工的方法具有以下优势：保留了传统激光加工的灵活性；对于较大质量的工件也可实现振动辅助激光加工；对三维形貌复杂的工件可进行多维度的振动辅助激光加工。

　　图 4-17 为东北大学研制的透镜超声振动辅助激光加工系统示意图，其主要包括数控加工中心、激光熔覆头、超声发生器、透镜超声振动装置和激光器等。其核心部件为透镜超声振动装置，主要由中空超声换能器、中空变幅杆和聚焦透镜组成，使激光束穿过超声换能器和变幅杆直接照射到聚焦透镜上，透镜超声振动方向与抛光方向相互垂直，从而实现透镜超声振动辅助激光抛光加工。

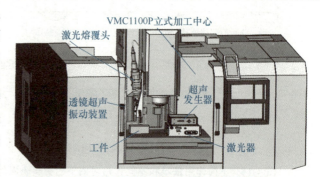

图 4-17　透镜超声振动辅助激光加工系统示意图

　　图 4-18 为有、无超声振动透镜辅助时不同打孔时间下激光打孔孔形图，由图可知，相比于传统激光打孔技术，透镜超声振动

辅助激光打孔具有以下优势：孔口至孔底的过渡更加自然，即由上至下的孔径突变减少；孔锥度更小；孔壁面尺寸更加平整；孔底更加平整；孔口堆砌高度明显降低。可见，当输入的超声振幅在合适的范围内时，透镜超声振动有利于得到更好的孔形。

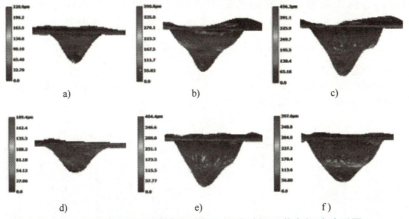

图 4-18 有、无超声振动透镜辅助时不同打孔时间下激光打孔孔形图

a）无超声：0.5s b）无超声：1.5s c）无超声：2.5s d）有超声：0.5s e）有超声：1.5s
f）有超声：2.5s

图 4-19 所示为我国东北大学与美国西北大学合作研制的透镜低频振动辅助激光加工系统，该加工系统由皮秒激光发生器、振动驱动器和透镜普通振动装置构成，其核心部件为透镜普通振动装置，主要包括安装套管、柔性结构、压电陶瓷和聚焦透镜等。

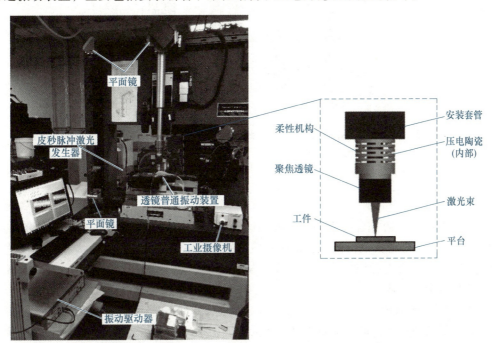

图 4-19 透镜低频振动辅助激光加工系统

图 4-20 为有、无透镜振动时，不同离焦量、振幅和频率下形成的孔深、孔径及孔深径比的对比图。由图可以看出，在孔深方面，透镜振动辅助激光打孔方法提高了孔的深度。当有一定的离焦量进行激光打孔时，透镜振动方法得到的孔的深度提高了 60%。当激光聚焦焦点在工件表面时，透镜振动方法得到的孔的深度提高了 24%。在孔径方面，透镜振动辅助激光打孔方法对孔径影响不大。在孔的深径比方面，无论当激光聚焦焦点在工件表面还是在离焦的情况下，透镜振动辅助激光打孔方法得到的孔的深径比提高 27% 左右。

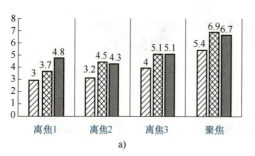
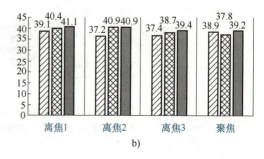
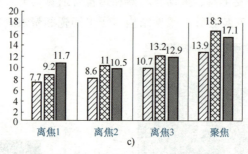

图 4-20　透镜有、无振动在不同离焦量、不同条件下形成的孔深、孔径及孔深径比的对比图
a) 孔深　b) 孔径　c) 孔深径比

4.2.2　激光切割技术

激光切割是所有激光加工行业中最重要的一项应用技术，它占整个激光加工市场的 70% 以上。激光切割与其他切割方法相比，最大的区别在于其具有高速、高精度和高适应性的特点。目前激光切割已广泛应用于汽车、机车制造、航空航天、化工、轻工、电器与电子、石油和冶金等工业领域中。

1. 激光切割的原理

激光切割是利用聚焦的高能量密度的激光束照射工件，在超过激光阈值的激光能量密度的前提下，激光束的能量及活性气体辅助切割过程所产生的化学反应热作用到材料上，由此引起激光作用点的温度骤然上升，达到熔沸点后材料开始熔化或汽化形成孔洞，随着激光束与工件的相对运动，最终在材料上形成切缝。图 4-21 为激光切割示意图，激光切割过程发生在切口终端处的表面，称为烧蚀前沿。

2. 激光切割的分类

根据激光切割各种材料产生的不同物理形式，可将激光切割技术分为汽化切割、熔化切割、氧助熔化切割和控制断裂切割四大类。

（1）汽化切割 在极高功率密度的激光束的照射下，材料瞬间被加热到汽化点，部分材料以气体或在气体冲击下以

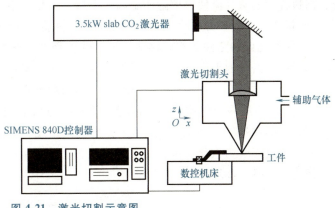

图 4-21 激光切割示意图

液态、固态微粒的形式逸出，形成切缝。此过程中激光的功率密度达到 $10^8 W/cm^2$ 量级，为熔化切割所需能量的 10 倍左右。这种方法主要应用于不可熔化的材料，如大部分有机材料、木材和陶瓷等均可采用这种切割方式。其原理可描述如下：

1）激光加热材料，部分反射，部分吸收，材料吸收率随温度升高而升高。

2）激光作用区升温快，可避免由热传导而造成的熔化。

3）蒸气飞快地从材料表面逸出，形成孔洞。激光在工件中的穿过速率可通过求解一维热流方程来计算，并只需考虑蒸发的情况（假定热传导等于 0，激光蒸发去除速率远大于热传导速率）。

激光在工件内的蒸发去除速率为

$$v = \frac{F_0}{\rho}[L_v + c_p(T_v - T_0)] \tag{4-14}$$

式中，F_0 为激光功率密度（W/cm^2）；ρ 为材料密度（kg/m^3）；L_v 为蒸发潜热（J/kg）；c_p 为材料比热容 $[J/(kg \cdot ℃)]$；T_v 为蒸发温度（℃）；T_0 为室温（℃）。

从式（4-14）可以看出，激光功率密度对蒸发去除是非常重要的。在激光打孔中要考虑激光脉冲形状，而对激光切割则需要脉冲前沿陡的短脉冲。

当发生过热情况时，来自孔洞的热蒸气由于过高的功率密度也会形成反射与吸收入射激光束的现象。因此存在一个最佳功率密度，可保证激光束不受干扰。例如，不锈钢激光切割的最佳功率密度为 $5×10^8 W/cm^2$，超过此值，蒸气吸收阻挡了所增加的功率部分，吸收波开始从工件表面向光束方向移开。

对于某些局部可透光的材料，热量在内部吸收，蒸发前沿发生内沸腾，以表面下爆炸的形式去除材料。

（2）熔化切割 熔化切割指当入射激光束的功率密度超过某一阈值时，照射处的材料内部开始熔化形成孔洞，同时借助和激光束同轴的辅助气体把孔洞附近的熔融物质去除掉来形成切缝。其切割原理如下：

1）激光束照射工件，除一部分能量被反射外，其余能量对材料进行加热并蒸发形成小孔。

2）小孔形成后，则以黑体的形式将光能全部吸收，熔化了的金属壁包围着形成的小

孔，高速流动的蒸气流使得熔融的金属壁保持一个相对稳定的状态。

3）熔化等温线贯穿整个工件，借助辅助气体将熔化的材料吹除。

4）随激光束和工件的相对移动，小孔横移形成一条切缝。

基于材料去除的平衡方式，可以得到一个简化的集总热容方程

$$\gamma P = wtv\rho(c_p \Delta T + m'L_v) \tag{4-15}$$

式中，γ 为材料的耦合效率；P 为激光功率；w 为切缝宽度，一般为焦平面光斑直径的函数；t 为切割材料厚度；v 为切割速度；ρ 为材料密度；c_p 为材料比热容；ΔT 为由熔化引起的温度升高值；m' 为汽化质量；L_v 为蒸发潜热。

将式（4-15）整理可得

$$\frac{P}{tv} = \frac{w\rho}{\gamma}(c_p \Delta T + m'L_v) \tag{4-16}$$

假设材料的耦合效率、密度、比热容及其他材料参数在切割过程中的变化忽略不计，切缝宽度 w 是光斑直径的函数，则可认为式（4-16）右侧为常数，有

$$\frac{w\rho}{\gamma}(c_p \Delta T + m'L_v) = 常数 \tag{4-17}$$

此时，激光功率 P、材料厚度 t 与切割速度 v 之间的关系为

$$\frac{P}{tv} = 常数 \tag{4-18}$$

熔化切割所需激光束的功率密度一般为 10^7W/cm^2，其主要用于切割一些不易氧化的材料或活性金属，如不锈钢、钛、铝及其合金等。

（3）氧助熔化切割　高功率密度的激光束将工件照射处加热至燃点，同轴的活性气体加速材料的燃烧，热基质被点燃，则产生除激光能量外的另一切割热源。氧助熔化切割的原理如下：

1）加工材料在激光束的照射下达到其熔化温度，与氧气等活性气体接触后剧烈燃烧，放出大量的热，在激光和此热量共同作用下材料内部形成许多小孔，并且小孔被金属蒸气所包围。

2）小孔周围的熔融金属在蒸气流动作用下向前移动，同时产生热量和物质的转移。

3）当温度达到燃点时，辅助气流起到冷却的作用，减小切割热影响区。

4）氧助熔化切割存在激光辐射和化学反应热两个热源。

在氧助熔化切割中，切割材料的厚度在 25mm 以上。切割速度越快，热穿透越小，切割质量越好。然而在切缝中也会发生一些化学变化：在钛板的激光切割过程中，由于氧气的存在会使切缝区变硬并易产生裂纹；对于中碳钢的激光切割，只有在切割薄板时，切缝表面才会形成氧化层；对于不锈钢板的激光切割，会产生高熔点的氧化铬而形成熔渣；在切割铝板时也有类似现象，在切割速度较低时，易在切缝内产生皱纹。

相比于惰性气体，使用氧气作为辅助气体进行激光切割可以获得更快的切割速度。同时，在存在两个能源的氧助熔化切割过程中，存在着两个切割区域：一个是在氧燃烧速度高于激光束行进速度时，这时切缝宽而且切面粗糙；另一个是在激光束行进速度高于氧燃烧速度时，所得切缝狭窄，切面光滑。这两个区域是突变的。

（4）控制断裂切割　脆性材料在激光束的照射下，形成热梯度并产生严重的机械形变，

在材料表面形成裂纹，沿着裂纹进行快速切断的切割方式称为控制断裂切割。控制断裂切割法在切割过程中需要控制的加工参数是激光功率与光斑尺寸。

需要注意的是，控制断裂切割不适用于切割锐角和边角切缝，也不适用于切割特大封闭外形的工件。同时，控制断裂切割不需要太大的激光能量，但切割速度要快，能量过大会造成材料表面熔化，并影响切缝质量。

3. 激光切割技术的应用

近些年来，随着各种切割加工技术的广泛应用，激光切割技术因其高精度、强适应性及噪声小、切割质量好等优点得到了快速发展，尤其是激光热裂切割技术。考虑到脆性材料在加工时表现出高脆性、低断裂韧性等特点，传统机械切割方法容易造成断面出现微裂纹、损伤和残余应力，故需要对断面进行后处理，如研磨、抛光和热处理等，从而增加了材料的损耗，提高了生产成本。激光热裂切割技术由于具有非接触性、柔性化、效率高等特点，在切割非金属脆性材料领域得到了广泛应用，逐渐替代传统机械切割技术而成为一种新型的绿色先进制造技术。

但激光热裂切割技术在加工切割路径为曲线、折线或非对称直线图案时存在切割路径偏差的问题（图4-22），限制了其进一步的推广与应用。为克服上述缺陷，大量科研和工程技术人员在激光热裂法切割基本原理的基础上，提出了许多改进技术和实验方法，大大促进了该技术的广泛应用。

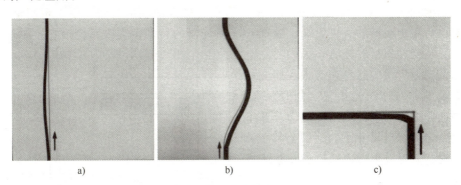

a)　　　　　　　　　b)　　　　　　　　　c)

图 4-22　激光热应力控制断裂非对称切割路径偏离
a）直线　b）曲线　c）直角折线

（1）预制沟槽辅助激光热裂切割技术　针对单激光热裂切割技术切割材料时，在切割路径上的裂纹扩展很难控制，经常会偏离切割路径的问题，研究人员提出了预制沟槽辅助激光热裂切割技术。

图4-23为预制沟槽辅助激光热裂切割技术原理示意图。首先利用刀具在材料表面上沿切割路径划切出一道沟槽，然后用散焦 CO_2 激光束沿切割路径进行加工，进而驱动沟槽裂纹沿材料厚度方向破裂。研究表明，划有沟槽的玻璃上产生的最大拉应力是没有沟槽玻璃的两倍左右，可大大提高切割效率。

（2）双激光热裂切割技术　单激光热裂切割技术需要在切割路径上预制沟槽来引导裂纹扩展，而预制沟槽可通过金刚石刀片来刻划。由于刀片划槽会产生许多微裂纹和残余应力，影响切割断面质量，工程技术人员因此在单激光热裂切割技术的基础上提出了双激光热裂切割技术。

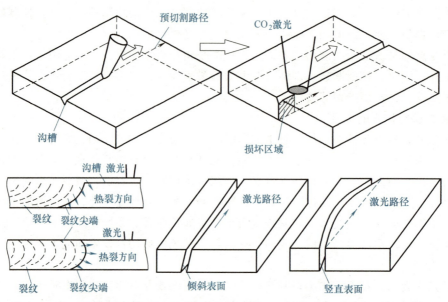

沟槽

预切割路径

CO_2激光

损坏区域

沟槽 激光

热裂方向

裂纹 裂纹尖端

激光 热裂方向

激光路径

激光路径

裂纹 裂纹尖端

倾斜表面

竖直表面

图 4-23　预制沟槽辅助激光热裂切割技术原理示意图

　　图 4-24 为双激光热裂切割装置示意图，其首先使用聚焦 Nd：YAG 激光器对材料沿切割路径进行切槽加工，然后利用散焦 CO_2 激光器沿切槽方向辐射材料。由于预制槽的存在，诱导的热应力集中在槽的裂纹尖端，随着 CO_2 激光器的移动，裂纹将会沿着预制槽的轨迹进行扩展，从而实现材料分离。

　　哈尔滨工业大学的赵春洋等人在研究钠钙平板玻璃的非对称激光热裂切割时发现，激光热裂法非对称切割路径两侧应力分布不同，切割路径向材料尺寸小的一侧偏移。针对这一问题，其对双束激光轨迹修正技术进行了改进。

　　图 4-25 所示为双激光轨迹偏移修正系统。两激光发生器都采用半导体二极管激光器，切割材料的一束激光称为分离激光，改变温度梯度的另一束激光称为修正激光，为保证光束质量并节省设备空间，激光采用光

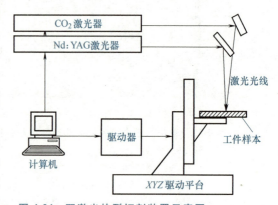

图 4-24　双激光热裂切割装置示意图

纤传输，两束激光的相对位置可由 XY 微调平台进行调节，XY 工作平台采用镂空设计并在固定板上安装夹具，夹具采用定位挡板以定位平板玻璃，通过盖板和压紧螺栓固定试件并保证固定端远离加工区，从而减小试件的夹持力对切割过程的影响。

　　该装置与传统双激光热裂切割技术的不同点在于，其是用一个散焦的连续激光束和一个聚焦的脉冲激光束同时作用在材料表面，其中散焦 CO_2 激光束对材料表面进行预热，以降低温度梯度，减小热应力，从而抑制裂纹产生，而聚焦 CO_2 激光束则直接用来熔融切割。

　　图 4-26 为双激光轨迹偏移修正前后结果对比图。由图可以看出，激光诱导热裂非对称直线切割对于长距离的切割存在着明显的轨迹偏移，分离轨迹呈现"圆弧"形，而经过双

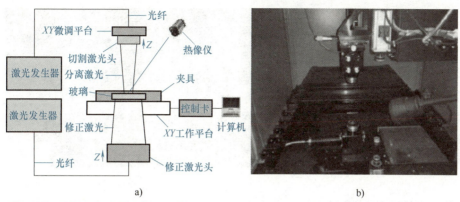

图 4-25 双激光轨迹偏移修正系统

a）示意图 b）设备图

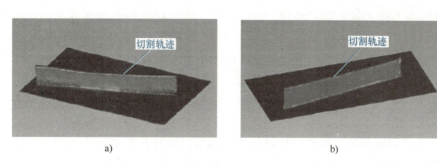

图 4-26 双激光轨迹偏移修正前后结果对比图

a）未修正 b）修正后

激光轨迹偏移修正后的分离轨迹与扫描轨迹几乎完全重合，分离轨迹为直线，这与预期加工效果相吻合。

（3）激光隐形切割技术 激光热裂切割技术的另一个重要应用领域是半导体工业，包括微电子机械系统制造、太阳能光伏制造和集成电路封装等领域。其切割材料主要为硅片，虽然厚度在 μm 级，但在切割过程中需要较高的切割速度（>200mm/s），保证较高的切割质量和基片不受杂质及碎屑污染，传统刀片切割技术和传统激光熔融切割技术已无法满足上述要求。为此，相关工程技术人员和学者开发了一系列针对硅片材料的激光切割改进技术，激光隐形切割技术便是具有代表性的技术之一。

激光隐形切割技术的基本原理如图 4-27 所示，一定波长的短脉冲高能激光通过高数值孔径的透镜辐射在透明和半透明基片材料上，并在基片内部聚焦；焦点处的高能密度区使材料产生单光子或多光子吸收效应，形成内部转换层，该层是后续晶圆切割裂纹扩展的起始点；最后再借用外力将这些裂纹引至表面和底面进而完成材料的分离。该技术在单晶、硅片及蓝宝石等晶圆领域得到了广泛应用。

为提高切割效率，Izawa 和 Tsurumi 等人结合双激光热裂切割技术对材料进行隐形切割，即首先利用 355nm 的 Nd：YVO4 或 1060nm 的 Nd：YAG 激光器辐射材料，在材料内部聚焦形成内部转换层来代替在表面刻槽，然后利用 $10.6\mu m$ 的 CO_2 激光器沿切割路径辐射材料产生热应力，进而诱导内部转换层裂纹向表面扩展。该技术与双激光热裂切割技术相比，不需要

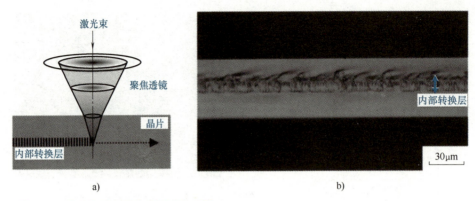

a)　　　　　　　　　　　　　　　　　　　　　b)

图 4-27　激光隐形切割技术的基本原理

a）技术原理示意图　b）切割断面

在表面刻槽，可实现"零线宽"切割。实验表明，对于 1mm 厚的玻璃基片，利用上述切割技术其有效切割速度高达 400mm/s。

（4）多焦点激光热裂切割技术　单焦点激光热裂切割技术在切割过程中，随着材料厚度的增加，沿厚度方向的能量吸收均匀性变差，厚度越大，能量分布就越不均匀，最终会导致裂纹沿厚度方向的扩展失控，偏离厚度切割平面。为此，华中科技大学的段军等人提出了一种多焦点激光热裂切割技术。

图 4-28 为多焦点激光切割透明材料技术示意图。该技术采用双激光束加工原理，其中第一束激光为高功率脉冲激光，通过利用高峰值功率脉冲激光器辐射至 KDP 晶体材料内部，增加晶体材料对后续连续激光的吸收率和削弱晶体间结合力，由于焦点在激光束方向可以上下移动，因此聚焦区的光子效应会在晶体材料内部形成一条锯齿状的损伤线；而第二束连续激光通过加工材料两侧的凹透镜多次反射、透射后在材料内部形成多个焦点，并均匀分布于材料厚度方向的不同位置，均匀分布的热应力诱导裂纹稳定扩展，进而实现高质量切割，如图 4-29 所示。

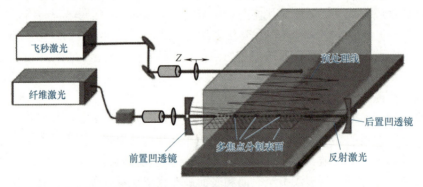

图 4-28　多焦点激光切割透明材料技术示意图

（5）透镜低频振动辅助激光切槽技术　为改善激光切槽质量，东北大学邹平教授课题组将透镜振动技术与激光切槽技术相结合，提出了透镜低频振动辅助激光切槽技术，其原理如图 4-30 所示。透镜振动方向为 Z 方向，激光运动方向为 X 方向。在加工过程中，透镜振动会影响激光聚焦在工件表面的光斑半径，改变激光焦点处的能量分布，进而改善激光切槽

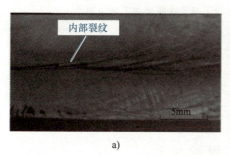
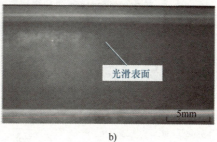

a)   b)

图 4-29 切割断面质量对比图

a）单焦点激光（$P=30\text{W}$，$v=400\mu\text{m/s}$）　b）多焦点激光（$P=30\text{W}$，$v=400\mu\text{m/s}$）

质量。实验结果表明，相比于传统激光切槽技术，透镜低频振动辅助激光切槽的最大深度和平均深度均显著增加，槽边缘的表面粗糙度值降低约 50%，槽边缘质量更好，如图 4-31 所示，其具体数值对比见表 4-2。

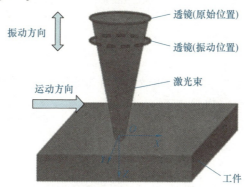

图 4-30 透镜低频振动辅助激光切槽技术原理示意图

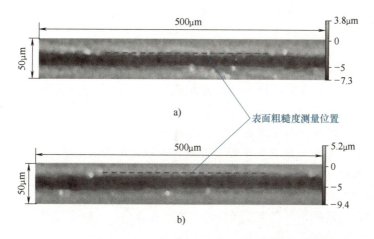

a)

b)

图 4-31 透镜低频振动辅助激光加工与传统激光加工结果对比图

a）传统激光加工的工件形貌　b）透镜低频振动辅助激光加工的工件形貌

表 4-2 透镜低频振动辅助激光加工与传统激光加工结果对比

加工方法	传统激光加工	透镜低频振动辅助激光加工
槽的最大深度/μm	7.3	9.4
槽的平均深度/μm	6.03	7.99
表面粗糙度 Ra 值/μm	0.4	0.2

4.3 激光焊接技术

激光焊接技术是典型的激光增材制造技术之一。本节将以激光焊接为例，对激光增材制造技术进行简要的介绍。

激光焊接技术是一种新兴的金属加工技术，能够实现对各种金属材料的焊接加工过程，具有十分广阔的应用前景。激光焊接技术利用激光原理进行焊接工作，通过激光高温产生的热来快速完成金属加工过程，具有速度快、准确性高的特点，在制造业中得到了广泛的应用。

4.3.1 激光焊接的原理

激光焊接是把激光作为加热源，利用激光具有高能量密度的特点，将不同方向的若干束激光汇聚成一束激光，从而完成焊接工艺的过程。激光是由激光器产生的若干束激光，但是，每束激光的强度较弱，通过激光器的聚焦系统，将随机的激光束汇聚成一束高强度激光并释放出来，如图 4-32 所示。激光作为加热源，将激光照射到焊件上，对焊件进行熔化形成局部熔池，熔池冷却后两个焊件焊接在一起，即完成焊接过程。

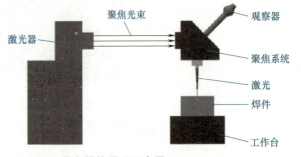

图 4-32 激光焊接原理示意图

4.3.2 激光焊接的分类

激光焊接的分类方法有很多种：若按照功率密度分类，则可分为激光热传导型焊接和激光深熔焊接；若按照输出能量方式分类，则可分为脉冲激光焊接和连续激光焊接；若按照焊接类型分类，则可分为激光填丝焊接、激光点焊和激光-电弧焊接，如图 4-33 所示。

（1）激光热传导型焊 激光热传导型焊是将高强度的激光束辐射至金属表面，通过激光与金属的相互作用，使金属熔化焊接。激光与材料相互作用的过程中，同样会出现光的反射、吸收、热传导及物质传导，只是在热传导型焊接中，辐射至材料表面的功率密度较低，光的能量只能被表面吸收，不产生非线性效应或小孔效应。光的穿透深度 ΔZ 为

$$\Delta Z = \frac{1}{A} \ln \frac{I}{I_0} \tag{4-19}$$

式中，A 为材料对激光的吸收系数（对于大多数金属，$A = 10^5 \sim 10^6/\mathrm{cm}$）；$I_0$ 为材料表面吸

收的光强；I 为光入射至 ΔZ 处的光强。

由此可见，当光穿透微米数量级后，入射光强 I 已趋于零。因此，材料内部加热是通过热传导方式进行的。

（2）激光深熔焊 激光深熔焊是激光焊的方式之一。当激光功率密度达到 $10^6 \sim 10^7 \text{W/cm}^2$ 时，功率输入远大于热传导、对流及辐射散热的速率，材料表面发生汽化而形成小孔，孔内金属蒸气压力与四周液体的静力和表面张力形成动态平衡，激光可以通过孔直射到孔底，此时即为激光深熔焊，应用的原理为"小孔效应"。

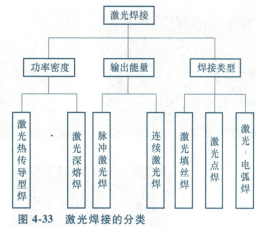

图 4-33 激光焊接的分类

图 4-34 为激光热传导型焊与激光深熔焊过程对比示意图。

小孔的作用与黑体相同，能将射入的激光能量完全吸收，使包围着这个孔腔的金属熔化。孔壁外液体的流动和壁层的表面张力与孔腔内连续产生的蒸气压力相持并保持动态平衡。光束携带着大量的光能不断地进入小孔，小孔外材料在连续流动。随着光束向前移动，小孔始终处于流动的稳定状态。小孔随着前导光束向前移动后，熔融的金属填充小孔移开后所留下的空腔并随之冷凝成焊缝，完成焊接过程。所以深熔焊也称为匙孔焊，其特点是焊接速度快、熔池深宽比大。

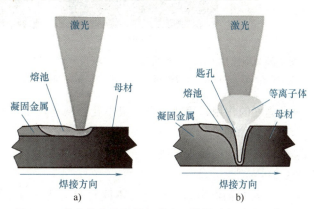

图 4-34 激光热传导型焊与激光深熔焊过程对比示意图
a）激光热传导型焊 b）激光深熔焊

4.3.3 焊接参数对激光焊接的影响

对激光深熔焊影响较大的焊接参数有激光功率密度、材料本性、焊接速度、保护气体、焦点位置及工件接头装配间隙等。

1. 激光功率密度

激光深熔焊的前提是聚焦激光光斑有足够高的功率密度（$>10^6 \text{W/cm}^2$），因而功率密度对焊缝的成形有决定性的影响。激光功率同时控制着熔透深度与焊接速度，一般来说，对于一定直径的激光束，熔深随着激光功率的增加而增加，焊接速度随着激光功率的增加而加快。由于激光功率高，焊接速度快，可以有效地防止焊缝中气体的聚集，有利于防止焊接区域形成聚集气体而产生的不稳定焊接截面。不同激光功率下的焊缝中心晶粒尺寸对比图如图 4-35 所示。

对于产生一定熔深的激光功率存在一个阈值，若达不到该阈值则熔深会急剧减小。由于焊接速度的不同，该阈值一般为 0.5kW 左右，一旦达到该阈值，熔池会剧烈沸腾。另外由

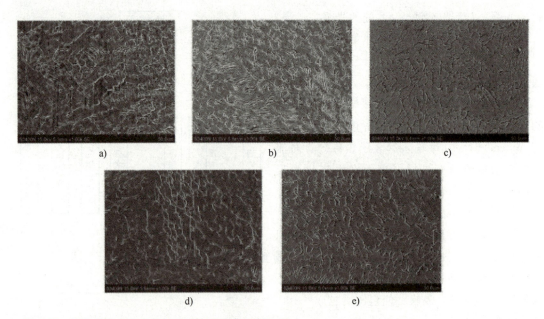

图 4-35 不同激光功率下的焊缝中心晶粒尺寸对比图

a) 250W   b) 2700W   c) 2900W   d) 3100W   e) 3300W

于激光蒸气的作用，熔池内会形成小孔，从而产生小孔效应，促进深熔焊的产生。

2. 材料本性

材料对光能的吸收量决定了激光深熔焊的效率，影响材料对光子吸收率的因素有以下两个：

（1）材料的电阻率　经过对不同材料抛光表面的吸收率测量发现，材料对激光的吸收率与电阻率的平方成正比，而电阻率又随温度的变化而变化；材料吸收光束能量后的效应取决于光束的热特性，包括导热系数、热扩散率、熔点、汽化温度、比热容和潜热。例如，熔点高的金属由于消耗热量大，远不如熔点低且导热系数也低的金属容易焊接。

（2）材料的表面状态　材料一旦熔化乃至汽化，它对光束的吸收将急剧增加。材料经过不同的表面处理（如表面涂层或生成氧化膜），其表面性能发生变化，影响其对激光的吸收率，从而对焊接效果产生明显作用。

3. 焊接速度

如图 4-36 所示，激光深熔焊时，焊接深度与焊接速度接近反比关系。在一定激光功率下，提高焊接速度，线能量（单位长度焊缝输入能量）下降，熔深减小，因此适当降低焊接速度可以加大熔深。但焊接速度过低又会导致材料过度熔化，发生工件焊穿现象。所以，对于一定激光功率和一定厚度的特定材料都有一个合适的焊接速度范围，并在其中相应速度值时可获得最大熔深。

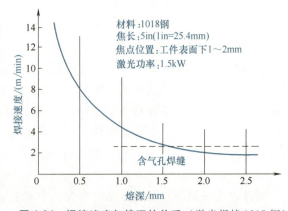

图 4-36 焊接速度与熔深的关系（激光焊接 1018 钢）

4. 保护气体

激光焊接过程中采用保护气体的主要作用有三点：①由于在激光焊接过程中，容易产生等离子体，等离子体对激光有吸收、折射和反射的作用，故可采用保护气体驱除或削弱这些产生的等离子云；②排除空气，降低焊缝表面氧化程度，改善焊缝表面质量；③提高焊缝的冷却速度。

同时，保护气体的种类、气体流量及吹气方式也是影响焊接质量的重要焊接参数。常用的保护气体有氮气（N_2）、氩气（Ar）、氦气（He）及氩气与氦气的混合气体。通常情况下，焊接碳钢时宜采用 Ar，不锈钢宜采用 N_2，钛合金宜采用 He，铝合金宜采用 Ar 与 He 的混合气体。

5. 焦点位置

激光深熔焊时，为了保证足够的功率密度，焦点的位置至关重要。焦点与工件表面的相对位置直接影响焊缝宽度与深度。只有焦点位于工件表面内的合适位置，所得的焊缝才为平行断面，并获得最大熔深。激光焊接 1018 钢时，焦点位置对熔深与缝宽的影响如图 4-37 所示。

6. 工件接头装配间隙

激光深熔焊时，如果接头的间隙超过光斑尺寸，则无法焊接。但接头间隙过小，有时在工艺上会产生对接板重叠，熔合困难等不良后果。接头装配间隙对薄板焊接尤为重要，间隙过大极易焊穿。低速焊接可以弥补一些因间隙过大而带来的焊接缺陷，而高速焊接会使焊缝变窄，对装配间隙的要求更为严格。

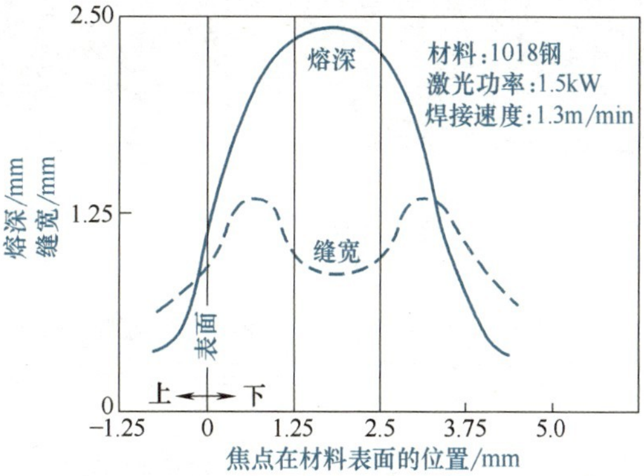

图 4-37　焦点位置对熔深与缝宽的影响
（激光焊接 1018 钢）

4.3.4　激光焊接技术的应用

激光焊接是一种利用高能量密度的激光作为热源的高精度、高效率的焊接方法，主要用于焊接薄壁材料和低速焊接。其效率高，精度高，而且相对于传统的焊接方法而言，由于其本身的聚焦点较小，所以能使材料之间黏结得更好，不会造成材料的损伤和变形。因此，激光焊接技术被越来越广泛地应用在各种工业生产中，其应用的范围包括制造业、粉末冶金、汽车工业、电子工业、生物医学等领域。

1. 中间过渡层激光焊接技术

材料焊接接头性能的优劣主要取决于接头在界面处结合的好坏，即界面处组织的优劣直接关系接头的稳定性与安全性。界面结合得是否紧密、是否存在连续的元素过渡层、是否存在大量脆性的中间相或少量的中间相，这对材料焊接接头的性能都具有极大的影响。而在常规焊接过程中采用中间过渡层的方法引入其他材料是提高焊接接头性能的常用方法之一，该方法在激光焊接技术中同样适用，如华侨大学的陈梅峰等人便采用纯铜填充中间层的方法解决了黄铜激光焊接过程中气孔倾向明显的难题。图 4-38 所示为基于纯铜中间层条件下的黄铜激光焊接模型原理。

在普通焊接过程中，由于黄铜为锌与铜构成的合金，且锌的沸点低于铜的熔点，则锌的汽化先于铜的熔化，这一现象会导致锌的剧烈蒸发，随着熔池的凝固，来不及逸出的锌蒸气被包埋在焊缝中，形成气孔。而基于纯铜中间层条件下的黄铜激光焊接，中间层的宽度取决于温度场的分布，当中间层的宽度适宜时，纯铜就完全置于光斑中心受热而熔化，锌溶入铜中形成固溶体。而黄铜母材则位于光斑边缘处，边缘处的热流密度低，锌熔化而不蒸发，待

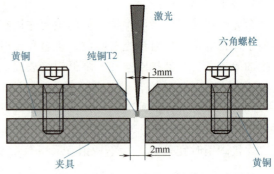

图 4-38　基于纯铜中间层条件下的黄铜激光焊接模型原理

到充分熔合之后，锌就均匀地分布在固溶体的中间，从而达到稀释效果。在温度场的重新分布下，使得过度蒸发的锌含量下降，从而降低了气孔率，如图 4-39 和图 4-40 所示。

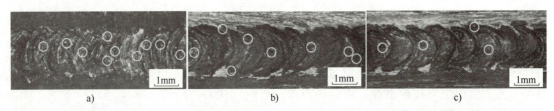

图 4-39　黄铜普通对接激光焊的焊缝气孔分布图
a）1.0mm/s　b）1.2mm/s　c）2.2mm/s

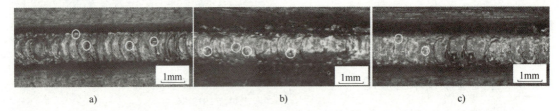

图 4-40　纯铜中间层的黄铜激光焊的焊缝气孔分布图
a）1.0mm/s　b）1.2mm/s　c）2.2mm/s

2. 负压激光焊接技术

考虑到传统焊接方法难以满足大型构件厚板焊接对焊接效率和焊接质量的要求，高功率激光焊接凭借其具有能量密度大、焊接效率高、焊缝深宽比大、接头质量高等特点，逐渐成为业界研究和应用的热点。

然而近年来的研究发现，当激光功率增大至一定程度时，焊缝熔池的液体金属在激光作用下会强烈蒸发，进而产生金属蒸气云和等离子羽烟，其会对激光产生吸收、折射、散射等屏蔽作用，使激光能量进入熔池小孔受阻，焊接熔深不再随激光功率线性增加。针对此问题，国内外学者通过对负压激光焊接技术进行研究发现，负压环境能使相同激光功率下的焊接熔深得到大幅度提升，获得成形良好的焊缝。图 4-41 为负压激光焊试验装置示意图。

Katayama 等人研究发现，负压与常压下的熔池流动方式不同：常压环境下，液态金属从小孔尖端先向下流动，经过熔池底部后再沿后壁向熔池后部流动，此时金属液中的气泡容

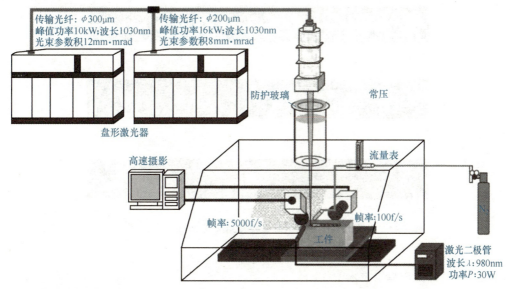

图 4-41　负压激光焊接试验装置示意图

易滞留在小孔底部形成气孔，如图 4-42a 所示；负压环境下，液态金属直接沿小孔壁向上流动至熔池表面，再由熔池表面向熔池后方流动，气泡很容易逸出，如图 4-42b 所示。

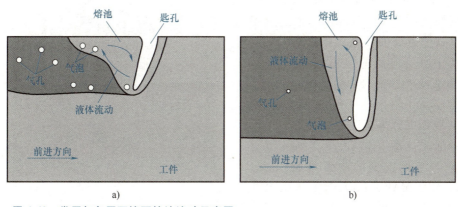

a)　　　　　　　　　　　　　　　　　　　　　　　b)

图 4-42　常压与负压环境下熔池流动示意图

a）常压环境　b）负压环境

哈尔滨工业大学在研究用 5kW 光纤激光器焊接 10mm 厚的 A5083 铝合金板时发现，在相同焊接速度下，常压下熔深为 4.9mm，而 10Pa 时熔深可达 8.7mm，不仅熔深大幅度增加，气孔也相应减少（图 4-43），而焊缝的拉伸性能几乎没有变化。通过研究不同气压下熔池流动及焊缝内气孔，得出气孔与熔池流动的关系，认为气孔的产生与匙孔的稳定性及匙孔内金属流动模式有关，等离子羽烟的折射作用会影响匙孔的稳定状态，同时激光能量也被减弱，小孔壁的坍塌会造成气孔。而在负压环境下，匙孔前壁几乎与工件表面垂直，且匙孔底部宽度加大，金属向上流动，利于气孔释出。此外，一些研究还发现，随着环境压力降低，匙孔内电子密度也降低，逆韧致吸收减少，匙孔对激光的吸收主要为菲涅尔吸收，因此可以使熔深增加。

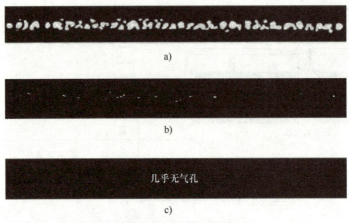

a)

b)

几乎无气孔

c)

图 4-43　常压与负压环境下激光焊接结果对比图

a）常压　b）$10^3\,Pa$　c）$10^{-3}\,Pa$

3. 激光-电弧复合焊接技术

激光-电弧复合焊接技术最早是由英国学者 W. Steen 在 20 世纪 70 年代末提出的一种焊接技术。激光-电弧复合焊既具有激光焊熔深大、焊接速度快、焊接效率高的优点，又具有电弧焊大熔宽、间隙适应性高的特点，故逐渐成为目前焊接领域研究的热点，在未来工业生产中具有广阔的应用前景。图 4-44 为激光-电弧复合焊接原理示意图。

激光-电弧复合焊接工艺是由不同形式的激光热源（如 CO_2、YAG 激光等）与不同类型的电弧热源（如 TIG、MIG/MAG、PAW 等）通过旁轴或同轴方式相结合，共同作用于工件同一位置实现金属材料连接的焊接过程。

图 4-44 标注： 激光诱导等离子云　金属蒸气　气体保护区　小孔　工件　激光束　MIG电极　电弧　熔池　焊接方向

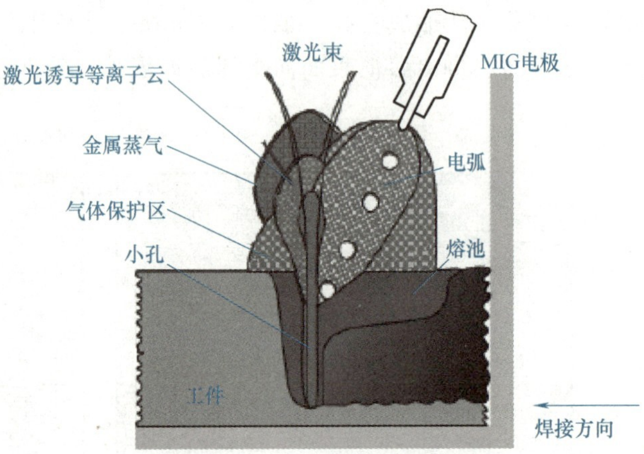

图 4-44　激光-电弧复合焊接原理示意图

研究表明，激光-电弧复合焊接不是两种单热源的简单叠加，而是通过激光与电弧两种物理性质、能量传输机制截然不同的热源通过相互作用、相互加强形成一种复合、高效的热源。两热源之间的相互作用能改变激光、电弧的焊接特性，如激光等离子体强度、小孔形貌特征、电弧稳定性、弧柱面积和热源能量分布等，并在焊缝成形、微观组织和力学性能等特性上得到不同于单独热源焊接的焊接接头，能够大幅度提高焊接适应性和焊接效率。

图 4-45 为激光焊接与激光-电弧复合焊接 C-Mn 微合金高强钢的接头显微组织对比图。其中激光焊接焊缝及粗晶区典型的组织为板条马氏体，只是在焊接热输入较大时，会在原始奥氏体晶界有少量的铁素体和贝氏体形成。而激光-电弧复合焊接焊缝中存在一定量的先共析铁素体、粒状贝氏体等，但总量相对较少；粗晶区组织主要为粒状贝氏体+针状铁素体。激光-电弧复合焊接的粗晶区平均晶粒尺寸为激光焊接的一倍以上，其主要是由于激光焊接

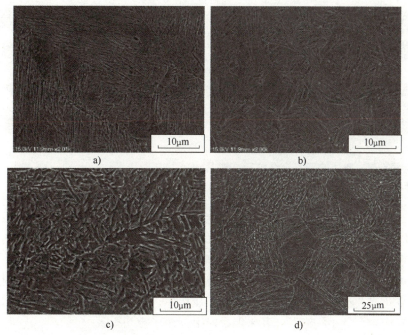

图 4-45　不同焊接方法接头显微组织对比图

a）激光焊接焊缝　b）激光焊接粗晶区　c）激光-电弧复合焊接焊缝　d）激光-电弧复合焊接粗晶区

的能量比激光-电弧复合焊接小得多。

　　长春理工大学的刘佳等人在研究高氮钢的激光-电弧复合焊过程中发现，由于母材氮含量较高，在熔池凝固过程中氮的溶解度急剧下降，过饱和的氮以气泡形式逸出。当气泡逸出速度小于熔池凝固速度时，气泡将残留在焊接接头中形成气孔，该现象会降低焊接接头的力学性能。针对上述问题，其将超声振动引入激光-电弧复合焊技术中，通过使工件产生超声振动来改变熔池的流动状态，促进气泡排出，并抑制粗大树枝晶的生长，改变晶粒生长取向，细化组织，提高柱状晶区的显微硬度。图 4-46 为超声振动辅助激光-电弧复合焊装置示意图。

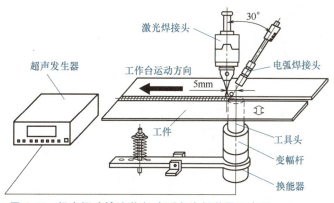

图 4-46　超声振动辅助激光-电弧复合焊装置示意图

　　图 4-47 为超声振动辅助激光-电弧复合焊加工结果对比图。可以发现，不引入超声振动时，焊缝中气孔较多且体积均匀；而施加一定功率的超声振动之后，气孔明显减少且体积变

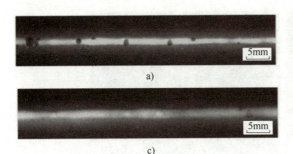
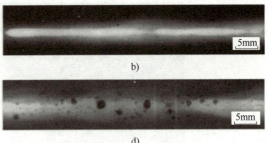

a)
b)

c)
d)

图 4-47 超声振动辅助激光-电弧复合焊加工结果对比图
a) $P=0$ b) $P=80W$ c) $P=160W$ d) $P=240W$

小。这是由于超声能量导入熔池后，所产生的空化气泡发生周期性变化，且合并吸收周围微型氮气孔，使得气泡体积快速增长，加快了气泡的上浮速度，从而减少熔池凝固后的气孔数量。

而当超声波功率达到一定阈值（240W）时，焊缝中气孔数量急剧增加且大小不均。这是由于在超声波功率过大时，稳定空化效应转变为瞬态空化效应，在一个声波周期内的声压负压相中，空化泡会迅速扩大，随之在声压正压相中，长大的气泡则被迅速压缩至崩溃，气泡被挤压破碎产生大量小气泡，使其未能及时上浮而成为气孔。

4. 双光束激光焊接技术

双光束激光焊接技术的发展主要用于解决焊接过程的稳定性问题，加强焊接质量，改善焊接变形，特别是薄板焊接。双光束激光焊接获得双光束主要有两种途径：一种是通过分光镜将同一种激光束分离成两束单独的激光（图 4-48）；另一种是由不同的激光束组合而成的（图 4-49）。

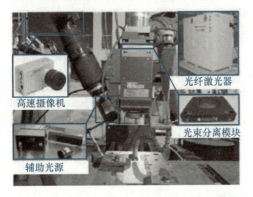

高速摄像机

光纤激光器

光束分离模块

辅助光源

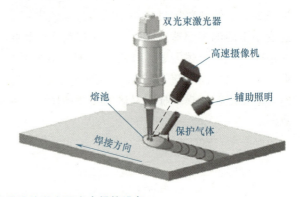

双光束激光器

高速摄像机

辅助照明

熔池

保护气体

焊接方向

图 4-48 通过分光镜将同一种激光束分离成两束单独的激光双光束焊接设备

双焦点激光焊接过程中，光斑间距、能量比和光斑排布方式等参数是影响焊缝质量的重要因素。通常情况下，双焦点激光主要有两种不同的光斑排布方式（图 4-50）：一种是双焦点沿焊接方向前后排布，称为串行排布，这种排布方式主要通过调节双焦点的光斑间距、能量比等来提高焊接稳定性，改善焊缝质量；另一种是双焦点在焊接方向两侧左右排布，称为并行排布，这种排布方式主要用于改善对间隙的焊接适应性。

当双焦点激光串行排布时，根据双焦点光斑间距及能量比的差异，主要存在以下几种不同的焊接机制：第一种机制（图 4-51a）中，由于光斑间距小，与单焦点激光焊接相比，在熔池中会形成一个较大尺寸的匙孔而不易闭合，因此焊接过程稳定性有所提高，有利于提高

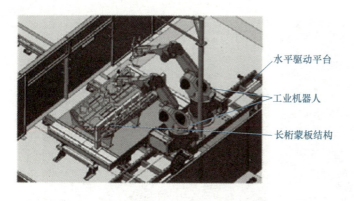
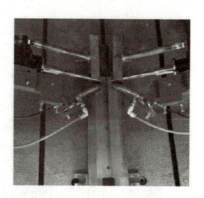

水平驱动平台

工业机器人

长桁蒙板结构

图4-49 通过不同的激光束进行组合的激光双光束焊接设备

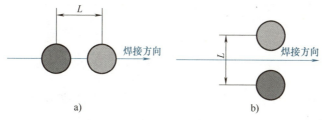

a) b)

图4-50 双焦点激光焊接光斑排布方式

a) 串行排布 b) 并行排布

焊缝质量；第二种机制（图4-51b）中，继续增大光斑间距，此时双焦点激光会在熔池中产生两个单独的匙孔，匙孔数量的变化会影响熔池流动方式，这样有利于防止咬边等缺陷的产生，改善焊缝成形质量；第三种机制（图4-51c）中，光斑间距进一步增大，且前光束能量大于后光束，此时将前光束作为主要热源以形成熔池和匙孔，后光束一般功率较低，主要对焊缝进行热处理，这种机制可以抑制焊接裂纹的产生，适用于高裂纹敏感性材料的焊接。

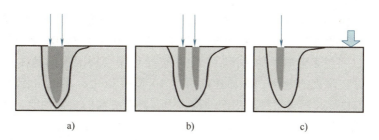

a) b) c)

图4-51 串行排布双焦点激光焊接机制

长春理工大学的石岩等人单独采用连续YAG激光对铝/钢搭接接头进行焊接，发现此时界面处金属间化合物层厚度大，且存在气孔缺陷，焊缝力学性能较差；加入脉冲YAG激光组成双焦点激光对其进行焊接后，发现由于脉冲激光搅拌熔池的作用，不仅消除了气孔，而且在界面处形成根状组织，提高了焊缝强度，如图4-52所示。

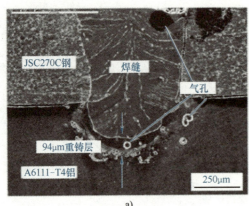 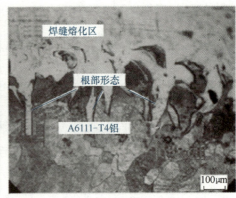

a)   b)

图 4-52   单、双焦点激光焊接铝/钢搭接接头组织

a）单焦点   b）双焦点

4.4   激光表面改性技术

近些年来，随着对大功率激光器件的研究，尤其是大功率 CO_2 激光技术的迅速发展，材料的激光表面改性技术也得到了长足的进步，本节将对不同类别的激光表面改性技术进行简要介绍。

4.4.1   激光表面改性技术的特点与分类

1. 激光表面改性技术的特点

激光表面改性是指利用激光扫描过程中材料自身的组织结构变化或引入其他材料来实现工件表面性能的改善，该技术能选择性地处理工件表面，有利于工件在整体保持足够的韧性和强度的同时，仅表面获得较高的、特定的使用性能，如耐磨、耐蚀和抗疲劳、抗氧化等。与常规的材料表面处理技术相比，激光表面改性技术具有以下独特的优势：

1）加热快，具有很强的自淬火作用。用于材料表面改性的激光束能量密度一般较高，聚焦性好，其功率密度可以集中到 $10^6 \mathrm{W/cm^2}$ 以上，能在 0.001~0.01s 之间将材料的表面加工至 1000℃以上。当激光束离开加热区后，因热传导作用，周围冷的基体对加热区起到冷却剂的作用而获得自淬火的效果，冷却速度可达 $10^4 ℃/s$ 以上。激光自淬火可以获得比感应、火焰、炉中加热冷却淬火更细的组织结构，因而具有更高的表面性能，硬度比常规淬火提高 10%~20%，铸铁经淬火后耐磨性可提高 3~4 倍。

2）材料变形小，表面光洁，不用后续加工。激光加热时聚焦于材料表面，加热快且自淬火，无大量余热排放，因此应力应变小，材料表面氧化及脱碳作用小，工件变形小，处理后表面光洁，省去处理后校形及精加工工序，可直接投入使用，具有很高的经济价值。

3）可实现形状复杂零件的局部表面处理。许多零件需要耐热、耐腐蚀的工作表面仅局限于某一区域，如轴类零件的耐磨损区域仅局限于颈部。而一般的热处理方法难以做到局部处理，只好做整体处理，所用合金量大，浪费了许多优良的贵金属。激光合金化处理可以做到局部表面涂覆合金化，可以在廉价的基材上产生高性能的合金化表面。

4）激光表面改性通用性强。对于感应、火焰加热难以实现的深窄沟槽、拐角、不通孔、深孔等表面的处理，可以用激光表面处理的方法达到。而且，激光有一定的聚焦深度，离焦量在适当范围内的功率密度相差不大，可以处理不规则或不平整的表面。

5）无污染，安全，可靠，热源清洁。不需要加热或冷却介质，无环境污染，对人员安全的保护也容易实现。

6）操作简单，效率高。激光有良好的距离能量传输性能，激光器不一定要靠近工件，更适用于自动化控制的高效流水线生产。

2. 激光表面改性技术的分类

根据激光加热和热处理方法的特征，激光表面改性技术的种类很多，如图 4-53 所示。

图 4-53　激光表面改性技术的分类

激光表面改性技术的共同理论基础均为激光与材料的相互作用规律，它们各自的特点主要表现于作用在材料上的激光功率密度的不同，见表 4-3。

表 4-3　各激光表面改性工艺对比

工艺方法	功率密度/(W/cm^2)	冷却速度/($℃/s$)	作用时间/s	作用深度/mm
相变硬化	$10^4 \sim 10^5$	$10^4 \sim 10^6$	$0.01 \sim 1$	$0.2 \sim 1.0$
熔凝强化	$10^5 \sim 10^7$	$10^4 \sim 10^6$	$0.01 \sim 1$	$0.2 \sim 2.0$
合金化	$10^4 \sim 10^6$	$10^4 \sim 10^6$	$0.01 \sim 1$	$0.2 \sim 2.0$
熔覆	$10^4 \sim 10^6$	$10^4 \sim 10^6$	$0.01 \sim 1$	$0.2 \sim 1.0$
非晶化与微晶化	$10^6 \sim 10^{10}$	$10^6 \sim 10^{10}$	$10^{-7} \sim 10^{-6}$	$0.01 \sim 0.10$
冲击强化	$10^9 \sim 10^{12}$	$10^4 \sim 10^6$	$10^{-7} \sim 10^{-6}$	$0.02 \sim 0.2$

4.4.2　激光相变硬化与激光熔凝强化

激光相变硬化与激光熔凝强化在加工工艺上十分相近，仅在强化原理上略有不同，故本节将从两者之间的联系、强化原理、影响因素和应用等方面对其进行简要介绍。

1. 激光相变硬化与激光熔凝强化之间的联系

激光相变硬化与激光熔凝强化均是以高能量的激光束作用于工件，工件表面快速吸收能量，以 $10^5 \sim 10^6 ℃/s$ 的速度使表面温度急剧升高，而基体冷却速度又快（$10^5 ℃/s$），使激光处理具有超快速加热相变与快速熔凝的特征。并且，如果在工件承受压力的情况下，对工件进行表面淬火，淬火后撤去外力，可以进一步增大残余应力，并大幅度提高工件的抗压性能和疲劳强度。

在激光照射下，金属材料表面组织结构发生明显的变化，材料表面出现两个典型区域（激光相变硬化）或三个典型区域（激光熔凝强化），如图 4-54 所示。熔化区是区别激光相变硬化和激光熔凝强化的主要特征之一，造成这种现象的原因在于辐射区激光能量的大小，照射激光能量的增大使激光熔凝强化出现熔化区，并且照射的材料表面深度更深。

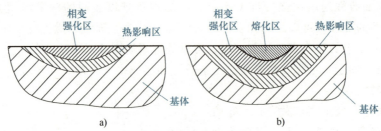

图 4-54 激光熔凝强化和激光相变硬化对比图

a）激光熔凝强化　b）激光相变硬化

因此，激光相变硬化与激光熔凝强化必须具备以下三个条件：

1）被处理区的温度必须被加热到奥氏体化温度以上。

2）加热与冷却之间，被处理区在奥氏体化温度下停留足够的时间，以保证碳的扩散。

3）应保证有足够的基体质量，使"自淬"的冷却速度满足临界淬火速度的要求。

此外，为提高材料表面对激光的吸收率，通常对试样材料进行磷化处理，或在材料表面预涂一些均匀的涂层。例如，为提高 40Cr13 不锈钢试样表面对光的吸收率，使表面强化后硬化层深度及硬度均匀，质量可靠，可以采用表面氧化发黑法。

2. 激光相变硬化与激光熔凝强化所得超高硬度的原理

激光相变硬化与激光熔凝强化均是以高能密度的激光束快速照射工件，使其需要硬化的部位瞬间吸收光能并立即转化成热能，而使激光作用区域的温度急剧上升并达到一定阈值。此时工件基体仍处于冷态，并与加热区之间有极高的温度梯度。故一旦停止激光照射，加热区因急冷而实现工件的自冷淬火。

由于激光熔凝强化与激光相变硬化的区别在于熔化区的存在，故此处从熔化区、相变强化区及热影响区三部分对两激光表面强化技术获得超高硬度的原理进行简要介绍。

（1）在熔化区　激光熔化组织存在大量的残余奥氏体，熔化时液态金属的碳含量接近钢的平均碳含量，随后的冷却时，液态金属先转变成高温奥氏体，随着温度的不断降低，碳化物相大量析出，主要以细薄片形态存在，并有少量块状碳化物存在。两种不同形态的碳化物说明激光熔凝过程中存在着复杂的多种析出形态的条件。大量弥散分布在奥氏体基础上的细小碳化物起着主要的强化作用。可以说，熔化区的强化机制主要是细晶强化、固溶强化和析出相的弥散强化。

同时，在激光熔凝强化过程中，熔池表面一般为自由表面，因此存在温度和溶质浓度影响的表面张力，由于较高的表面温度梯度，使得熔池内液态金属表面产生很高的表面张力梯度，正是这个表面张力梯度构成了金属熔体流动的主要驱动力，这种流动遵循牛顿流体定律。

（2）在相变强化区　相变强化区如同无熔化区的激光相变硬化一样，激光相变硬化与普通淬火的组成相相同，为马氏体、碳化物、残余奥氏体，但是它的组织非常不均匀。它包括奥氏体的不均匀性和珠光体的不均匀性（即共析钢的不均匀性），当渗碳体和奥氏体中碳含量不均匀时，靠近马氏体处存在着渗碳体片，靠近渗碳体处碳含量的增加使这些地方形成残余奥氏体。激光相变硬化组织继承了组织的不均匀性，亚共析钢和过共析钢中的不均匀性导致保留钢中的先共析相，即亚共析钢中的铁素体和过共析钢中的渗碳体。由于加热速度和冷却速度极快，致使所获得的各种组成相都极为细小，且存在着大量的缺陷。细小的组织、高度弥散分布的碳化物和大量存在的位错，使得激光相变硬化组织具有比常规淬火更为优异的性能。

（3）在热影响区　从整体来看，热影响区的变化是较为复杂的，影响因素很多，随着材料成分的不同、原始状态的不同和工艺参数的不同，它的组织形态、区域大小及性能有着不同的变化；而条件一定时，变化则是较为明确的。激光硬化后热影响区的组织一般为回火马氏体，其硬度值一般低于原始组织硬度，因此称为软化区。

3. 激光表面强化的应用

激光表面强化技术以生产效率高、加工范围广、热影响区小等优点在材料表面改性方面受到极高的重视，并已经广泛应用于机械制造、交通运输、石油、纺织、矿山冶金、航空航天等诸多领域。

单一的激光表面强化技术虽然有着诸多优点，但仍不能满足人们对材料加工越来越高的要求，因此研究人员尝试将激光表面强化技术与其他表面处理技术相复合，由于这种复合技术可以扬长避短、优势互补，因此取得了很好的技术和经济效果，已逐步在工程中应用。

（1）激光淬火与离子渗氮复合技术　气体渗氮技术虽能大幅提高材料表面性能，但渗氮后会在表面形成含 ε 相的连续氧化物，使渗氮层的脆性变大，故易导致裂纹的产生。因此，目前气体渗氮技术一般采用较低的温度与氮势，以便获得单纯扩散层的氮化组织。

但较低的渗氮温度与氮势也会降低渗氮速度，使气体渗氮效率大幅度降低。故研究人员尝试将气体渗氮技术与激光熔覆技术相结合，以便提高渗氮效率与质量，如图 4-55 所示。研究表明，在激光辐照后的冷却过程中，加工材料表面会产生大量的表面沟槽和位错，这种相变硬化层中的空位、位错及孪晶等亚结构，为氮原子的快速扩散提供了通道，降低了氮元素扩散所需的能量，也为氮化物的形成提供了更多、更适宜的场所。因此，激光相变硬化对离子渗氮有着显著的催渗作用，并能明显地提高渗层厚度及工件的硬度、耐磨性。

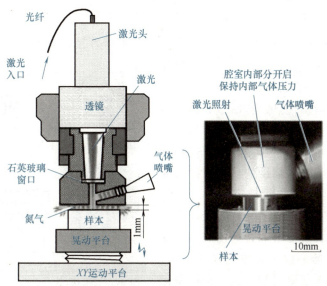

图 4-55　激光表面渗氮原理示意图

图 4-56 所示为渗氮层和激光硬化-渗氮复合处理层横截面组织形貌。复合处理试样与单纯渗氮试样的组织相比，表面白亮层厚度减小，而扩散层明显增加。这是由于激光硬化能够显著细化晶粒，为氮原子扩散提供通道，且偏析于晶界处的合金元素促进了氮化物的形成，同时，在表面改性层中存在大量位错、空位等缺陷，降低了氮化物形核能量势垒，使氮化物数量增多。

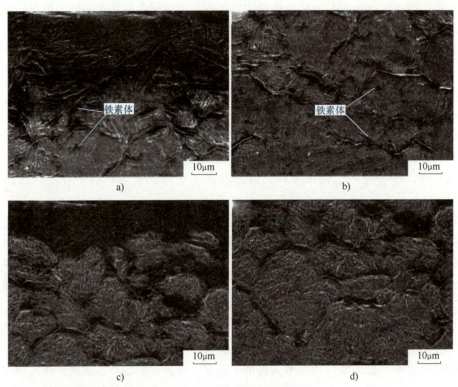

图 4-56　渗氮层和激光硬化-渗氮复合处理层横截面组织形貌

a）渗氮层表面　b）渗氮层亚表面　c）复合处理层表面　d）复合处理层亚表面

（2）磁场-激光复合表面熔凝技术　电磁搅拌技术作为提高金属冶炼工艺效率和产品质量的有效辅助手段，具有细化内部结构，增加枝晶转变为等轴晶的比例，以及减少偏析、缩孔、气孔和夹杂等诸多优点，在冶金制造领域得到了广泛的应用。为提高激光熔凝质量，国内外学者将电磁搅拌技术引入激光表面熔凝领域，发现外加交变电磁场辅助的激光表面熔凝技术可以使熔凝层质量更好、缺陷更少。

图 4-57 为磁场-激光复合表面熔凝技术原理示意图，在激光表面熔凝装置周围施加交变磁场，通过控制磁场参数实现电磁搅拌过程，改变熔池流动与表面熔凝过程，进而提高激光表面熔凝质量。

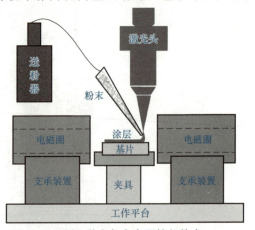

图 4-57　磁场-激光复合表面熔凝技术原理示意图

图 4-58 为激光熔池上表面液体流场分布图。图 4-58a 为未施加电磁搅拌时熔池上表面液体流动速度矢量图。在激光熔池内由于受到表面张力和浮力等作用，流体从中心流向熔池边缘，最大速度出现在中心附近，温度对熔池对流影响明显。图 4-58b 为施加电磁搅拌作用下熔池上表面液体流动速度矢量图。在旋转磁场作用下强制使熔池周向旋转，切向速度增大，从而加速水平方向的热交换，降低熔池温度，而熔池温度的降低又会减小熔液的对流速度，最终使熔凝后的组织更加均匀。

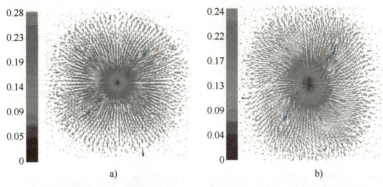

图 4-58 激光熔池上表面液体流场分布图
a）无磁场 b）有磁场

103

图 4-59 为镁合金的激光表面熔凝与磁场-激光复合表面熔凝显微组织形貌对比图，可以看出，电磁搅拌作用下形成的熔化层在熔化区具有更加均匀的微观形貌，结合界面结晶更加细密，热影响区变得更模糊。这是由于电磁波形成的交变电磁力可以使熔池中生长的枝晶破碎，形成大量的晶核，同时电磁波改变了热条件（温度梯度），从而改变了凝固组织并使其均匀。

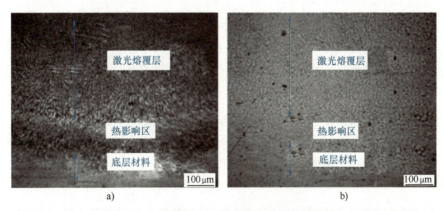

图 4-59 镁合金的激光表面熔凝与磁场-激光复合表面熔凝显微组织形貌对比图
a）激光表面熔凝 b）磁场-激光复合表面熔凝

（3）液氮辅助激光表面熔凝技术 快速凝固技术不仅可以显著改善传统材料的微观组织结构并提高其性能，还可以获得在常规条件下难以制备、具有优异性能的新型材料。材料非平衡快速凝固技术及快速凝固理论研究已成为当今材料科学与工程及凝聚态物理领域的国际前沿热点之一。

而激光快速熔凝技术是目前凝固研究中应用最为普遍的方法之一。液氮辅助激光表面熔凝技术便是激光快速熔凝技术的一种改进方式，如图 4-60 所示，其将材料浸入液氮之中，以便加快改性层的凝固速度、避免表面氧化，从而改善材料的表面性能。

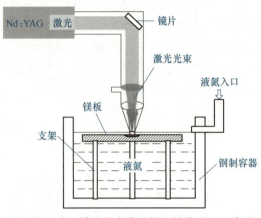

图 4-60　液氮辅助激光表面熔凝技术原理示意图

图 4-61 为镁合金的液氮冷却熔凝层和空气冷却熔凝层的显微组织对比图，可以看出，镁合金母材为等轴晶，熔凝层为树枝晶。熔凝层底部晶体的长大方向与散热最快方向相一致，并形成粗大的树枝晶。熔凝层的中上部，冷却速度更快，熔池的自由表面进行非均质形核和长大，枝晶的生长速度更快，组织最为细密。同时，相比于空气冷却，液氮冷却熔凝层顶部晶粒的冷却速度更快，晶粒更加细小。

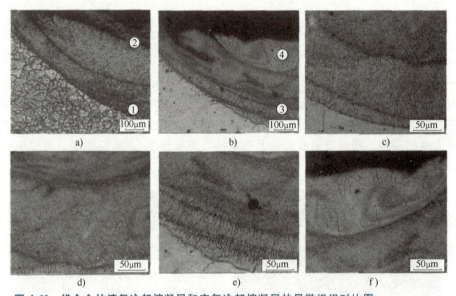

图 4-61　镁合金的液氮冷却熔凝层和空气冷却熔凝层的显微组织对比图

a）液氮冷却　b）空气冷却　c）①处放大图　d）②处放大图　e）③处放大图　f）④处放大图

4.4.3　激光表面熔覆与激光合金化

激光强化可以显著提高组织表面的显微硬度、耐磨性和耐蚀性等，但是由于激光表面强化只能改变材料表层的组织状态，当对基材表面有特殊要求时，激光表面强化处理便无法满足。激光熔覆及合金化是在激光强化的基础上发展起来的新工艺，它不仅可以改变基材表面的组织，而且可以改变基材的表面成分。激光合金化是使添加的合金元素与基材表面混合，而激光熔覆是预覆层全部熔化而基材表面微熔，预覆层材料成分基本不变，只是使基材结合处变得稀释，这两个工艺为各类材料生成与母材结合良好的高性能（或特殊用途）的表层提供了有效途径。

1. 激光表面熔覆

激光熔覆也称为激光包覆或激光熔敷，是一种重要的表面改性技术。它通过在基材表面添加熔覆材料，并利用高能密度的激光束使之与基材表面薄层一起熔凝的方法，在基层表面形成与其为冶金结合的添料熔覆层。图4-62为激光熔覆原理示意图。激光熔覆层因含有不同体积分数的硬质陶瓷颗粒而具有良好的结合强度和高硬度，在提高材料耐磨损能力上具有优越性。

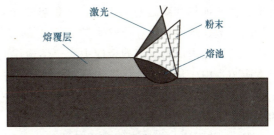

图4-62 激光熔覆原理示意图

（1）激光表面熔覆的特点 激光表面熔覆是在激光束的作用下，将合金粉末或陶瓷粉末与基体表面迅速加热并熔化，光束移开后自激冷却的一种表面强化的方法。与其他表面强化技术相比，它具有以下特点：

1）冷却速度快。

2）热输入和畸变较小，涂层稀释率低（一般小于5%），与基体呈冶金结合。

3）能进行选区熔覆，材料消耗少，具有卓越的性价比。

4）光束瞄准可以使难以接近的区域熔覆。

5）粉末选择几乎没有任何限制，特别是可以在低熔点金属表面熔覆高熔点合金。

（2）激光表面熔覆的方式 根据合金供应方式的不同，激光熔覆可分为预置涂层法和同步送粉法两大类，如图4-63所示。

预置涂层法是先将粉末与黏结剂混合后以某种方法预先均匀涂覆在基体表面，然后采用激光束对合金涂覆层表面进行辐射，涂覆层表面吸收激光能量使温度升高并熔化，同时通过热量传递使基体表面熔化，熔化的合金快速凝固在基材表面，形成冶金结合的合金熔覆层。预置涂层法的主要工艺流程：基材熔覆表面预处理—预置熔覆材料—预热—激光熔化—后热处理。

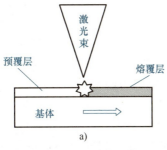
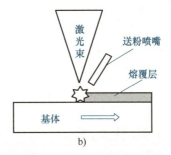

图4-63 激光表面熔覆的方式

a）预置涂层法 b）同步送粉

同步送粉法是通过送粉装置在激光熔覆的过程中将合金粉末直接送入激光作用区，在激光作用下基材和合金粉末同时熔化，结晶形成合金熔覆层。同步送粉法的主要工艺流程：基材熔覆表面预处理—送料激光熔化—后热处理。该方法是激光熔覆技术的首选方法，在国内外实际生产中被较多采用。送粉的方式对粉末的利用率也有很大影响，一般有正向和逆向两种送粉法，由于逆向送粉会使熔池边缘变形，导致液态金属沿表面铺开，使得熔池的表面积增大，因此在相同的激光熔覆条件下，逆向法比正向法具有更高的粉末利用率。

（3）影响激光熔覆中裂纹产生的因素　激光熔覆是一个复杂的物理化学和冶金过程，由于其快速加热和凝固的工艺特点（急热骤冷），再加上熔覆层材料与基材在物理性能（如热膨胀系数、弹性模量和导热系数等）上的差异，直接导致在熔覆层内和熔覆层与基体之间存在着残余内应力。当残余应力大于熔覆层的抗拉强度时，容易在气孔、夹杂、尖端等处产生应力集中，从而导致熔覆层开裂，这是造成熔覆层产生裂纹和脱落的根本原因，因此激光熔覆技术是一种对裂纹很敏感的表面加工工艺。经过分析与研究，目前认为影响裂纹产生的因素主要有以下几个方面：

1）工艺因素。由于激光表面熔覆具有典型的快速加热并急速冷却特性，如果熔覆层材料的选择与加工工艺参数的设定不当，则将在零件中形成裂纹，进而影响成形零件的质量。目前裂纹的产生限制了激光熔覆技术应用范围的进一步扩展，所以有必要对裂纹进行深入的研究。激光熔覆是一种包含物理、化学和冶金等复杂过程的加工工艺。由于熔覆层材料与基体之间的热膨胀系数、导热系数、弹性模量和熔点等存在巨大的差异和激光熔覆本身所具有的独有特点（急热骤冷），使得在熔覆层中形成内应力，而内应力是引起开裂的直接原因。引发内应力的原因在于热应力的产生，热应力主要是由熔覆过程中的温度梯度和热膨胀系数之差导致膨胀和收缩不均匀而引起的，其计算公式为

$$\sigma_T = -\frac{E\Delta\alpha\Delta T}{1-2\nu} \tag{4-20}$$

式中，E 为熔覆层的弹性模量；ν 为熔覆层的泊松比；$\Delta\alpha$ 为熔覆层与基体的热膨胀系数差值；ΔT 为熔覆层温度与室温差值。

由式（4-20）可看出，熔覆层与基体的热膨胀系数差值是影响热应力的重要原因之一，所以选择与基体的热膨胀系数相差不大的熔覆合金是减小开裂敏感性的有效方法之一。当内应力值超过材料的抗拉强度极限时，激光熔覆表面将产生裂纹。

图 4-64 为激光熔覆表面产生裂纹示意图。经观察可知，裂纹大都起源于结合区，有些终止在熔覆层中间，有些贯穿至表面。由于所采用光束为高斯分布，形成的熔覆层整体呈月牙形，中间部分的能量密度高，而两边的逐渐降低。因此，裂纹主要产生在熔覆层中间部位。激光熔覆过程中形成裂纹的原因有多种，热应力、组织应力和约束应力是产生激光熔覆裂纹的主要因素。一般来说，当熔覆层中的瞬态热应力超过材料相应温度下的抗拉强度值时，裂纹萌生的可能性很大。

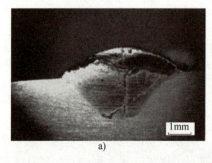
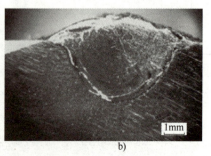

a)　　　　　　　　　　　　　　　b)

图 4-64　激光熔覆表面产生裂纹示意图

2）残余应力。国内外已有许多学者利用不同的方法对激光熔覆层的表面残余应力分布进行过测量，如图 4-65 所示。

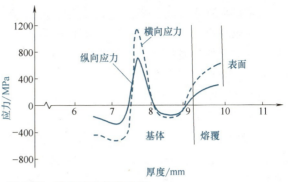

图 4-65 残余应力分布曲线

由于测量系统会给激光熔覆层残余应力的测定结果带来误差，并且所测得的力分布是宏观的，而微观组织中残余应力的分布状态会对熔覆层中微裂纹产生、扩散产生重要影响，因此测定残余应力分布对解决熔覆层开裂问题具有重要意义，但由于微观残余应力的测量困难，目前相关的研究较少。

3）组织因素。在激光熔覆过程中，关于组织因素对裂纹形成的影响的研究尚未形成统一的认识。对于不同材料、工艺得到的结果各有差异，比较认同的主要是凝固裂纹理论，即在熔覆层快速凝固时，初生的发达枝晶会相互连接形成网，造成枝晶间的液体封闭，参与液体不易流动从而造成枝晶间液态金属收缩时没有足够的液体补充，加上枝晶间组织结晶温度低，低熔点的杂质多集中在此处，从而导致枝晶间开裂敏感性大，在残余应力的作用下就会产生裂纹。

另外，激光熔覆时晶体的生长方向对开裂也会造成影响。由于基材晶粒的各向异性，会造成不同生长方向的共晶组织，它们在快速凝固过程中发生强烈的碰撞，结果在不同生长方向的共晶团界面间产生较大的应力而生成显微裂纹。

2. 激光合金化

激光合金化是金属材料表面改性的一种新方法，它是利用高能激光束将基体金属表面熔化，同时加入合金化元素，在以基体为溶剂、合金化元素为溶质的基础上形成一层浓度相当高且相当均匀的合金层，从而使基体金属表面具有所要求的耐磨损、耐腐蚀、耐高温、抗氧化等特殊性能，如图 4-66 所示。激光合金化能够在一些价格便宜、表面性能不够优越的基体材料表面上制出耐磨损、耐腐蚀、耐高温、抗氧化的表面合金层，用于取代昂贵的整体合金，节约贵重金属材料和战略材料，使廉价基体材料得到广泛应用，从而使生产成本大幅下降。

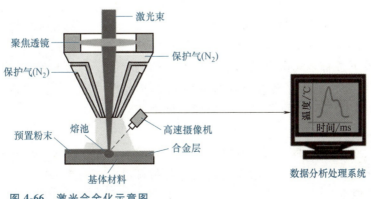

图 4-66 激光合金化示意图

107

与常规热处理相比，激光合金化能够进行局部处理，而且具有工件变形小、冷却速度快、工作效率高、合金元素消耗少、不需要淬火冷却介质、清洁无污染和易于实现自动化等优点，具有很好的发展前景。目前，激光合金化研究领域不局限于低碳钢、不锈钢、铸铁，而且涉及钛合金、铝合金等有色金属。

（1）激光合金化的分类　按照合金元素的加入方法，激光合金化可分为预置式激光合金化、送粉式激光合金化和气体激光合金化三大类。

1）预置式激光合金化。先将需要添加的材料置于基材合金化部位，然后在进行激光辐照熔化。激光合金化时，预置合金元素的方法主要有热喷涂法、化学黏结法、电镀法、溅射法和粒子注射法。一般来说，前两种方法适用于较厚层合金化，而后两种方法则适用于薄层或超薄层合金化。

2）送粉式激光合金化。送粉式激光合金化就是采用送粉装置将添加的合金粉末直接送入基材表面，使添加的合金元素和激光熔化同步完成。

同步送粉法比较适用于在金属表面注入 TiC、WC 类硬质粒子，特别是对 CO_2 激光反射率高的铝和铝合金等材料进行表面硬质粒子的注入。由于碳离子对 CO_2 激光具有较高的吸收率，送粉过程中，较低的激光功率照射就可以保证合金粉末被加热到相当高的温度，这些炽热的碳化物有助于维持基材表面的熔化状态，完成基材合金化过程。

激光合金化典型送粉方式如图 4-67 所示。

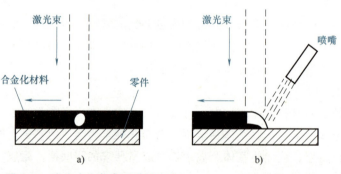

图 4-67　激光合金化典型送粉方式

a）预置材料法　b）同步送粉法

3）气体激光合金化。将基材置于适当的气体中，使激光辐照的部分从气体中吸收碳、氮等元素并与之化合，实现表面合金化。气体激光合金化（图 4-68）通常是在基材表面熔融的条件下进行的，有时也可以在基材表面仅被加热到一定温度而不发生熔化的条件下进行。气体激光合金化最典型的例子就是钛及钛合金的氮化，其可以在极短的时间内（ms 级）完成，生成 $5 \sim 20 \mu m$ 厚的 TiN 薄膜，硬度值超过 1000HV。

（2）激光合金化工艺制订的一般原则　为达到激光合金化预期的目的和实际生产的需要，其工艺制订应普遍遵循如下原则：

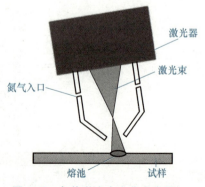

图 4-68　气体激光合金化示意图

1）必须考虑合金化元素或化合物与基体金属熔体间相互作用的特性。

2）必须考虑在合金化区形成的物相对合金化强化效果的影响。

3）必须考虑表面合金层与基体间呈冶金结合的牢固性，以及合金层的脆性、抗压、耐弯曲等性能。

（3）合金化层质量的控制　合金化层质量的控制包括合金化层中合金元素含量（合金化程度）、合金化层裂纹和表面不平整度等的控制。

1）合金化程度的控制。试验已表明，在基材及表面对激光能量吸收率一定的条件下，光束与材质间相互作用所产生的冶金效果，主要受激光功率密度和光束作用时间的控制，即为达到不同的加工目的可对上述两者有不同的配合。为达到激光合金化，在相应的光束作用时间内，激光功率密度应为 $10^4 \sim 10^7 \mathrm{W/cm^2}$。通常，缩短作用时间和减小功率密度，可导致合金化区域中合金元素含量的相对减少。

从工艺上，影响合金化程度除激光功率密度和光束作用时间等工艺参数外，粉末预涂层厚度也是一个重要的方面。在实际的激光辐照过程中，合金粉末的喷溅烧损是不可避免的，因此过薄的预涂层将不会显示出合金化的效果。一般说来，随着粉末涂敷层厚度的增加，合金化区域中合金元素的浓度增大。但涂敷层厚度也不是越大越好，厚度过大，入射的激光束能量将大部分被涂敷层吸收，基体表层难以熔解，同样达不到合金化的目的。

2）合金化层裂纹的控制。在激光与金属表层发生相互作用时，表层金属的温度急剧增高，然后通过其基体的作用骤冷至室温。在这个过程中，由于表面合金化层与基体材料间存在热膨胀系数、弹性模量、导热系数等物理性能的较大差异，两者之间温度梯度很大，有可能导致裂纹的形成和长大，最终产生表层开裂（宏观裂纹）或微观裂纹。

一方面，基体与涂层对激光能量的吸收系数值之差是产生热应力的主要原因，两者之差越大，热应力值越大，越易产生裂纹；另一方面，导热系数决定在冷却过程中温度梯度的大小，导热系数增大，温度梯度减小，当合金化表层的导热系数与基体材料的导热系数差别较大时，在合金化层中的过渡区将出现温度梯度的突变，这就为裂纹的形成做了准备。

虽然可以通过调整合金成分等方法来防止激光合金化裂纹的产生，但是这些方法并非均行之有效。当基体金属与合金化金属吸收系数及导热系数等物理系数差异较小时，上述方法可在一定程度上抑制合金化表层的开裂或微观裂纹的形成；反之，当两者差异较大时，上述措施将无能为力，因为激光快速加热的特征正是裂纹产生与扩展的根本原因之一。

从预防开裂和裂纹形成的角度出发，激光合金化技术的应用实际上受合金材料物理性能的限制，并非任何合金化材料都可用于激光合金化技术的工业应用。

3）合金化表面不平整度的控制。合金化过程是在基材熔化的状态下进行的，由于激光束能量分布的不均匀，激光熔池中产生了温度梯度和重力梯度，尤其是由于温度梯度而形成的表面张力梯度引起了熔池的搅拌，激光束移动时熔池前沿熔融金属沿着中心凹陷区向后流动，进行对流传质，造成液态金属的外溢现象，从而当熔池迅速凝固后留下了不平整表面。

不同功率下激光合金化后的材料表面如图 4-69 所示。

研究表明，液体的表面张力是温度与合金成分的函数，就成分对表面张力的影响，因多组元的合金化而使实际情况复杂化，难以做准确控制，因此人们从工程的角度做了以下几方面的研究：

a）改进光束模式，采用矩形光斑控制光束截面的能量分布，以降低熔化区中的温度梯度。

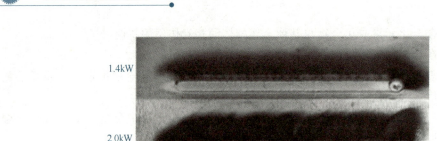

图 4-69　不同功率下激光合金化后的材料表面

b）采用振荡光束，由于熔池表面温度最高点来回迅速变化，使液体的每个增量的表面温度趋于一致。

c）采用大功率激光进行合金化，一方面在获得较深合金化层的情况下，通过后续研磨除去粗糙的波纹表面使其光整；另一方面，据理论分析，在形成不同的熔化区深度下存在一个产生波纹表面的临界激光扫描速度 v_c，即在合金化时采用大功率光束辐射且采用的光束扫描速度 v 超过 v_c，就可避免波纹状表面的产生。

d）合金化表面不平整与基体材质也有很大关系。如灰铸铁和球墨铸铁相比，灰铸铁因其内部的片状石墨分布不均匀，合金化后片状石墨中含的气体夹杂剧烈集中析出且易聚合成大孔洞，易造成表面不平整。

e）预涂层中黏结剂的选择也直接影响合金化表层的质量。激光辐照时，有的黏结剂剧烈燃烧形成固形物，以烟雾形式从激光作用区逸出，这种燃烧不仅带走一些合金粉末，还造成熔池深度的波动和熔池的搅拌，从而在熔池迅速凝固后也留下不平整表面。

3. 激光熔覆与合金化的应用

激光熔覆技术是激光表面改性技术的一个重要分支，是一种新型的涂层技术，是涉及光、机、电、材料、检测与控制等多学科的高新技术，是激光先进制造技术最重要的支撑技术。作为新材料制备、金属零部件快速直接制造、失效金属零部件绿色再制造的重要手段之一，其已广泛应用于航空、石油、汽车、机械制造、船舶制造和模具制造等行业。为提高激光熔覆与合金化的加工质量，研究人员不断对激光熔覆与合金化技术进行研究与改进，并取得了较好的进展。

（1）封闭式激光熔覆技术　激光熔覆过程中，激光束、熔覆层、激光加热基板与大气或环境气体之间存在一定的相互作用，基板材质为化学性质较为活泼的金属（如镁），这些相互作用会严重影响激光熔覆的质量。为此，华中科技大学开发出一种封闭式激光熔覆装置，如图 4-70 所示。激光熔覆过程在具有内外两个腔的封闭容器内进行，保护气体从内腔的入口进入内腔，并在内腔中扩散，然后从内腔的顶部（如 B 向所示）流入外腔，并在充满外腔后，从装置底部（如 A 向所示）流出。此时，激光熔覆过程几乎在纯保护气体的情况下进行，可有效降低环境气体对激光熔覆过程的影响。

图 4-71 为封闭式激光熔覆装置加工结果示意图。图 4-71a 显示了多道激光熔覆涂层的典型表面形态，其中未观察到泪珠状的痕迹，表明使用有效的保护气体装置和合适的激光参数可产生连续光滑的表面涂层。图 4-71b 显示了横截面的宏观形态，在横截面上未发现气孔存在，表明保护气体装置产生了相当纯净的保护气体环境，以隔离熔化的镁合金与空气之间的

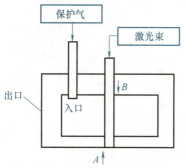
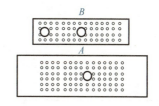

图 4-70　封闭式激光熔覆装置示意图

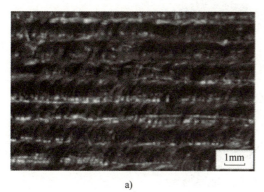
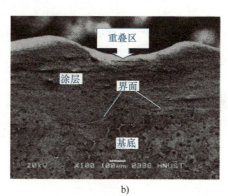

a)　　　　　　　　　　　　　　　b)

图 4-71　封闭式激光熔覆装置加工结果示意图

a）表面形貌测量图　　b）横截面测量图

有害反应。

（2）等离子体-激光复合表面熔覆技术　热喷涂技术是利用热源将喷涂材料加热至熔化或半熔化状态，并以一定的速度喷射沉积到经过预处理的基体表面形成涂层的方法。该方法可以在普通材料的表面上制造一个特殊的表面涂层，使其具有防腐、耐磨、减摩、抗高温、抗氧化、隔热、绝缘、导电和防微波辐射等多种性能，进而达到节约材料和能源的目的，故在工业领域得到广泛的推广与应用。但该技术在多孔和微观结构的喷涂方面具有一定的局限性，为此研究人员开发了一种大气等离子喷涂（APS）与激光重熔相结合的复合工艺（图 4-72），该工艺可在保持处理速度的同时，通过激光辐照改善涂层的显微结构，得到均匀致密、无空隙的表面涂层结构。

图 4-72 为等离子体-激光复合表面熔覆原理示意图。该熔覆过程由等离子体喷枪和二极管激光器耦合构成。在喷涂操作之前，需要对样品进行脱脂和喷砂处理，以去除表面氧化物，得到光洁的喷涂表面。然后将样品放置在线性移动支架上，用等离子体喷枪对其进行扫掠，并用激光进行原位重熔，涂层原料通过气流垂直注入等离子射流。

采用等离子体-激光复合表面熔覆 NiCrBSi 涂层与 NiCrBSi-WC 涂层的微观结构如图 4-73 所示。可以看出，激光重熔涂层呈现细小的树枝状微观结构，无气孔和微裂纹产生，这表明该工艺在保持处理速度的同时得到了较高质量的表面涂层结构。

（3）超声振动辅助激光表面熔覆技术　研究表明，将外加物理场引入激光表面熔覆工艺中，在减少内部缺陷、降低残余应力、细化与均化显微组织等方面具有显著优势，故研究

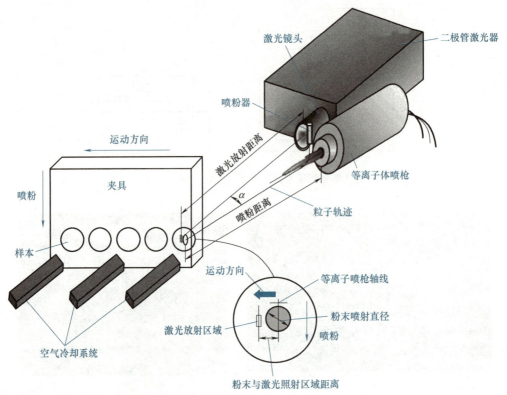

图 4-72 等离子体-激光复合表面熔覆原理示意图

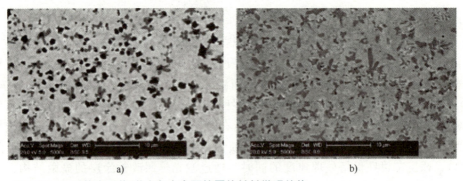

图 4-73 采用等离子体-激光复合表面熔覆的材料微观结构

a) NiCrBSi 涂层　b) NiCrBSi-WC 涂层

人员尝试将超声振动与激光表面熔覆技术复合（图 4-74），发现超声振动技术可在熔池中产生超声空化和声流搅拌作用，能够改善激光熔池的温度梯度，同时可破碎柱状枝晶，有助于形成尺寸更加细小、分布更加均匀的凝固组织。

　　如图 4-75 所示，施加超声振动的激光熔覆表面的晶体结构更加细致均匀，这是由于超声波的空化效应起了作用，空化泡形成瞬间产生的高压会增加合金熔体的整体过冷度，进而使得涂层结晶力增大，促进熔体形核，提高了形核率，从而细化组织晶粒。同时，空化泡的破裂瞬间产生的高温使得已经形核的晶粒重新熔化并二次生长，变成更加细小的晶粒组织。此外，超声波的热效应也起到了关键的作用，在合金熔体的结晶过程中，超声波的热效应对

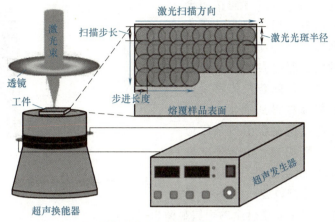

图 4-74 超声振动辅助激光表面熔覆原理示意图

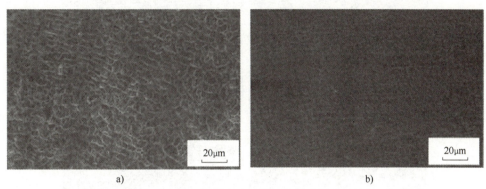

a) b)

图 4-75 有无超声振动辅助激光表面熔覆涂层显微组织对比图

a) 无超声振动 b) 有超声振动

熔池产生搅拌作用,该搅拌作用使涂层中的溶质元素快速聚集于生成的枝晶根部,进而使得枝晶根部颈缩后断裂形成更加细小的等轴晶。

4.4.4 激光冲击强化

激光冲击强化技术是利用强激光束产生的等离子冲击波,提高金属材料的抗疲劳、耐磨损和抗腐蚀能力的一种高新技术。其具有非接触、无热影响区、可控性强及强化效果显著等突出优点,故广泛应用于材料表面处理领域。

1. 激光冲击强化的原理

激光冲击处理是使用 GW/cm^2 级的高功率密度和 ns 级的短脉冲宽度的强激光辐照材料表面,利用激光与辐照金属表面材料相互作用的响应过程,进而对材料表层进行性能优化处理的一种表面处理技术。

在激光处理过程中,由于激光辐照作用的影响,激光会透过约束层,并被金属材料表面附着的能量吸收涂层所吸收,因照射部位温度在极短时间内可以达到一个极高的值而汽化,汽化后形成蒸气电离,若继续吸收激光辐照的能量则会形成等离子体,如图 4-76 所示。当能量迅速积累达到临界值时,将会引起膨胀爆炸,激光持续作用形成的等离子体引起的爆轰波作用于金属靶材表面，形成方向指向金属的冲击波。当冲击波作用所引起的压力远大于靶材本身所能承受的动态屈服强度时，冲击波影响的区域就会发生超高应变率作用下的塑性变形，伴随着位错密度的迅速增加，表层材料晶粒得到细化，并在金属表层形成一定深度的高幅值残余压应力区域，同时还会出现相变、孪晶等结构变化，从而使材料的抗疲劳性、耐磨性、抗断裂性等力学性能得到改善。图 4-77 所示为不同冲击次数的 AZ31B 镁合金的表层显微组织。

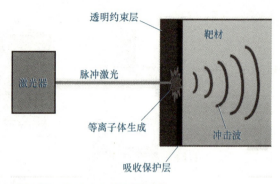

图 4-76　激光冲击强化原理图

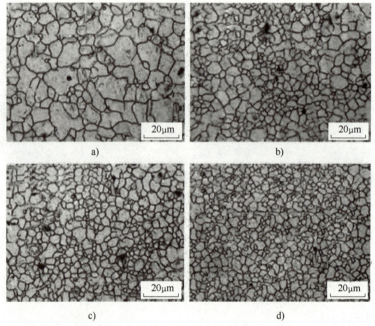

a)

b)

c)

d)

图 4-77　不同冲击次数的 AZ31B 镁合金的表层显微组织

a）未激光冲击　b）激光冲击 1 次　c）激光冲击 2 次　d）激光冲击 4 次

2. 激光冲击强化的优点

激光冲击强化与传统的喷丸、冷挤压具有一定的相似性，因此在国外又称为激光喷丸。该技术具有非接触、无热影响区和强化效果显著等明显的技术优势。主要优势包括以下几点：

1）激光冲击强化在预防裂纹产生和降低已经产生裂纹的扩展速率方面效果更好。国内外的许多实验表明，激光冲击强化对裂纹扩展处于初始裂纹稳定扩展阶段和中期裂纹稳定扩展阶段早期的影响很大，往往可以使裂纹扩展速度大幅度降低，使初始裂纹稳定扩展阶段后移，并可提高疲劳扩展门槛应力强度因子。

2）激光冲击强化适用于对表面不规则部件、薄件、小孔、沟槽和大结构件局部进行强化。挤压、撞击强化只适用于平面或规则回转面，喷丸强化对表面不规则部件实施较困难或效果受影响，对薄件强化可能引起变形，对表面粗糙度或尺寸都可能产生影响，对大型结构件强化设备要求很高；而激光冲击强化能克服上述不足，可达性好，光斑可调，并对强化位置的表面粗糙度和尺寸精度基本没有影响；挤压强化等不适合对小孔边进行强化，而激光冲击强化却对其很有效。

3）激光冲击强化对消除焊缝和激光熔覆等处理后的残余拉应力很有效。与其他消除残余拉应力的方法相比，激光冲击强化具有无热影响、效果显著和可达性好等优势。

3. 激光冲击强化对材料力学性能的影响

（1）材料获得强化的原理　在激光冲击强化过程中，材料获得强化的原因主要是剧烈的塑性变形与晶粒细化。

在激光冲击过程中，金属会发生明显的塑性变形，晶粒大小的变化与金属的组织结构相关。晶粒细化的过程中，由于塑性变形会引起高密度位错、孪晶等微观形貌的变化，在晶粒内部逐渐形成小角度的亚晶界，进一步演化后会发展成大角度晶界，大角度晶界会产生切割效应，将整个晶粒形成具有取向性的细小晶粒，实现晶粒细化。大尺寸晶粒不断地被转变成数量众多但更为细小的晶粒，晶粒的大小甚至可以达到 nm 级，成为纳米晶。

当发生塑性变形后，材料的表层影响区会得到一定程度的强化，这种因塑性变形引起的强化，其强化机制包括固溶强化、第二相弥散强化、细晶强化（晶界强化）、位错-孪晶强化，如图 4-78 所示。

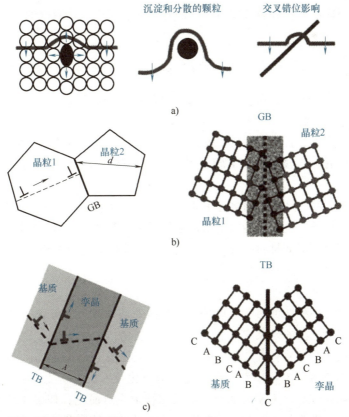

图 4-78　金属合金常见强化机制
a）固溶强化、第二相弥散强化　b）细晶强化（晶界强化）　c）位错-孪晶强化

（2）表面残余应力的产生　　国内外研究表明，经激光冲击强化后的材料可以获得 $-0.6\sigma_y$ 的表面残余压应力，影响层范围为 $1\sim2mm$。在激光与材料相互作用过程中，残余应力的产生示意图如图4-79所示。在激光与材料相互作用时，冲击波在冲击区产生平行于材料表面的拉应力，并使材料发生塑性变形。激光关闭后，由于冲击区周围材料的反作用，将在冲击区产生压应力。

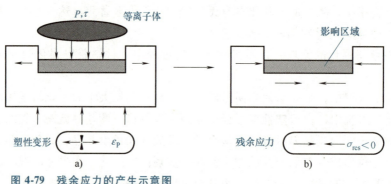

图4-79　残余应力的产生示意图

a）激光冲击强化作用期间　b）激光冲击强化作用结束

（3）对疲劳强度的影响　　激光冲击强化的材料表面残余应力对提高疲劳寿命有很大影响。对于一定的最大应力振幅 σ_{max}，残余应力越大，裂纹萌芽所需要的周期次数 N_i 越大。疲劳裂纹扩展主要取决于扩展裂纹前沿形成的塑性区和塑性区所吸收的能量。裂纹扩展速率 da/dN 为

$$\frac{da}{dN}=c(\sigma_a^2-\sigma_{yp}^2)\sigma_{max}a \qquad (4-21)$$

式中，c 为常数；σ_a 为塑性区内应力；σ_{yp} 为屈服强度；σ_{max} 为材料在疲劳加载中的最大应力；a 为裂纹长度的一半。

式（4-21）表明，材料疲劳裂纹扩展速率随其屈服强度的升高而降低，同时，当裂纹前沿进入激光冲击区后，与残余压应力相互作用会改变裂纹前沿的形状，从而降低裂纹扩展速率。

另一方面，由于激光冲击作用将导致材料表面位错密度急剧增加，并且出现位错缠结结构。在循环载荷作用下，这种位错缠结结构会阻碍金属晶体的滑移与位错运动，阻止裂尖的锐化与钝化，从而起到降低材料疲劳裂纹扩展速率的作用。这是激光冲击处理可以延长材料疲劳寿命的原因之一。

4. 激光冲击强化的应用

激光冲击强化是一种新型的金属材料表面改性处理技术。与传统的表面强化技术相比，激光冲击强化可获得更深的残余应力层，具有加工硬化、细化晶粒的优势，能够显著延长材料的疲劳寿命，在各个领域有着广泛应用，获得了工程技术人员越来越多的青睐。

（1）热辅助激光冲击强化技术　　在激光冲击强化技术的基础上，通过引入温热或高温条件，结合热力耦合效应，热辅助激光冲击强化技术应运而生，如图4-80所示。该技术也是一种新材料表面处理工艺，能够有效提高材料的耐腐蚀性能和抗疲劳特性。其技术原理：用加热板将试样加热到一定的动态应变时效温度，然后对试样进行不同温度的激光冲击实

验，将激光诱导的高压、高应变率冲击波作用在受热试样上，会发生热力耦合综合效应，其不仅产生比常温激光冲击更稳定的位错结构，而且在晶界处发生纳米析出，从而获得比常温激光冲击强化更佳的表面强化效果。

图 4-80 为热辅助激光冲击强化原理示意图，在该过程中，目标材料被加热到一定的加工温度，可以采用各种加热方法来提供热能。在靶标样品的顶面上放置一层烧蚀涂层材料，以吸收激光能量，从而保护样品表面不受到任何不期望的损伤。一旦聚焦脉冲激光能量到达样品表面，烧蚀涂层被蒸发并电离，形成激光诱导等离子体，激光诱导等离子体的膨胀受到置于烧蚀涂层上方的透明约束介质的限制，导致激光诱导的冲击波产生并传播到靶材料中，产生有益的塑性变形。

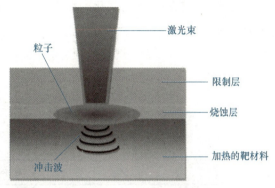

图 4-80 热辅助激光冲击强化原理示意图

热辅助激光冲击强化可有效提高表面强度，图 4-81 为热辅助激光冲击强化提高表面强度结果图。可以看出，与常规激光冲击强化相比，热辅助激光冲击强化表现出更高的表面强度，这种表面硬化现象是表面塑性变形的应变硬化效应与第二相纳米沉淀的沉淀硬化效应共同作用的结果。

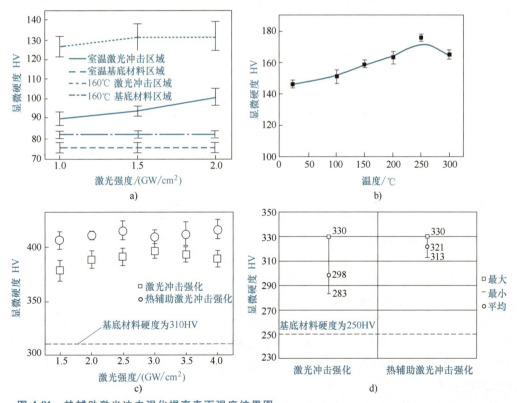

图 4-81 热辅助激光冲击强化提高表面强度结果图

a）铝合金 6061 b）铝合金 7075 c）AISI 4140 钢 d）AISI 1042 钢

117

　　热辅助激光冲击强化在对靶材料进行加热时，需要大量热量以达到整个零件的预期温度，从而提高材料的延展性。但激光冲击强化具有增量成形工艺的特点，即每个激光冲击载荷主要产生在一个光斑尺寸内，只有在动载荷作用下，才需要通过提高温度来提高延展性，而周围区域可以处于低温状态。因此，为了节约能源消耗，可采用局部热源与冲击载荷同步移动的方式对材料进行冲击强化，图 4-82 为优化后的一种激光辅助局部加热的激光冲击强化装置示意图。

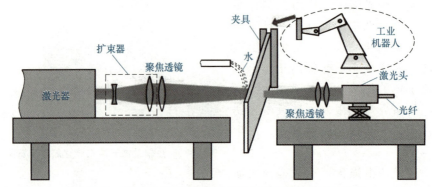

图 4-82　优化后的一种激光辅助局部加热的激光冲击强化装置示意图

　　图 4-83 为传统激光冲击强化与局部加热激光冲击强化结果对比图。可以发现，与传统激光冲击强化相比，局部加热激光冲击强化工艺在提高加工过程中材料的塑性变形深度、降低曲率半径方面具有显著优势。

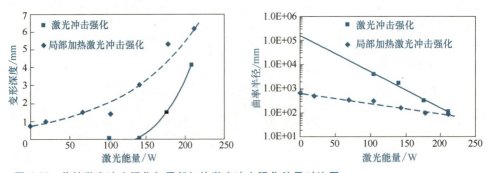

图 4-83　传统激光冲击强化与局部加热激光冲击强化结果对比图

　　（2）离子体渗氮-激光冲击强化复合技术　离子体渗氮是一种应用较为广泛的表面改性技术，能够显著提高金属零部件的耐磨性和延长服役寿命，具有渗氮温度较低、渗层均匀、绿色环保等诸多优点，但渗速低和工艺周期长是制约该技术广泛应用的瓶颈，需要探索和改进相关技术来提高离子体渗氮效率。

　　激光表面熔凝技术由于可以在相变硬化层中产生大量空位、位错及孪晶等亚结构，为氮原子的快速扩散提供了通道，故可与离子体渗氮技术复合，在提高渗氮速率的同时得到较好的表面质量。而激光冲击强化技术由于在塑性变形过程中可以使表层位错密度增加，故可以达到同样的效果。

　　图 4-84 为离子体渗氮-激光冲击强化复合技术原理示意图，激光冲击强化是通过强激光诱导的冲击波在金属表层产生塑性变形，使表层位错密度增加，从而产生残余压应力，提高

工件的硬度和抗疲劳性的新型表面强化技术。其超高应变率带来的强化效果使表层位错、亚晶界等微观结构更多，微变形层更深，故其与离子体渗氮技术结合后可更有效地促进氮原子的吸附与扩散，从而达到显著提高离子体渗氮效率、缩短工艺周期的效果。

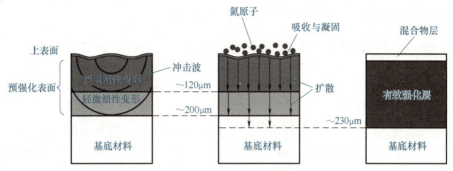

图 4-84　离子体渗氮-激光冲击强化复合技术原理示意图

研究表明，沿位错线和晶界的扩散速率比通过无缺陷晶格的扩散速率大几个数量级。因此，激光冲击强化制备的预硬化层有利于氮原子快速向内扩散，特别是在严重塑性变形层，从而会导致氮化层较厚（图 4-85），氮浓度较高，断面硬度下降较慢（图 4-86）的效果，在提高渗氮速率的同时可保证较好的表面质量。

图 4-85　无、有激光冲击强化处理的材料横截面微观结构

a）无激光冲击强化　b）有激光冲击强化

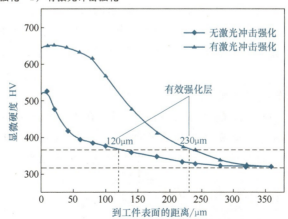

图 4-86　有、无激光冲击强化处理的材料显微硬度分布

4.5 其他激光加工技术

4.5.1 激光清洗技术

随着科技的进步与发展，激光加工技术在生产实践中得到了广泛的应用。激光加工可以用于打孔、切割、焊接、表面改性和 3D 打印等。作为激光加工技术的一个分支，激光清洗技术应运而生。

1. 激光清洗的理论基础

激光清洗过程实际上是激光与物质相互作用的过程，它很大程度上取决于污物在基体表面上的附着方式和结合力的大小。因此，了解污物与基体表面基本的相互作用力对研究激光清洗技术是十分重要的。

（1）几种基本的附着力 微粒与固体表面之间存在着三种主要的黏附作用——范德华力、毛细力和静电力，如图 4-87 所示。

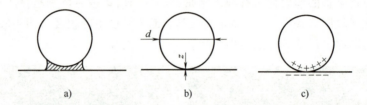

a)   b)   c)

图 4-87 微粒在固体表面上附着所受的三种基本力

1）范德华力。范德华力是 μm 级微粒的主体黏附力。其是接触的两个物体中一方的偶极矩与另一方的诱发偶极矩之间的相互作用，表现为引力。小球与一个平面基体间的范德华力可以表示为

$$F_v \approx \frac{hd}{16\pi z^2} \tag{4-22}$$

式中，h 为与材料有关的列夫西斯-范德华常数；z 为小球与基体的微观最近距离。考虑到平面与小球的畸变，实际上范德华力比式（4-22）给出的值大得多。

2）毛细力。当表面存在液膜时，毛细力作为第二种重要的黏附力作用在微粒与基底表面之间。自然环境下形成的液膜是空气中的水汽凝结的结果，相应的毛细力可表示为

$$F_o \approx 2\pi\gamma d \tag{4-23}$$

式中，γ 为液膜单位面积的表面能。

3）静电力。由于微粒与基底接触时，两者之间存在着接触势差 U，在电动势的驱使下电荷在微粒与基底之间发生了转移，在接触面的两侧形成了带有异号电荷的双电荷层，形成类似于电极板的结构，这时微粒与基底表面之间的静电力可表示为

$$F_e \approx \frac{\pi\varepsilon_0 U^2 d}{2z} \tag{4-24}$$

式中，U 为接触势差；ε_0 为真空介电常数。

$$G = mg = \frac{\pi \rho d^3}{6} \tag{4-25}$$

上述三种黏附力都与微粒直径为一次比例关系，相比于重力［式（4-25）］的三次方关系在微粒的尺寸很小时，重力减小的速度要远大于三种黏附力，如对于直径为 $1\mu m$ 的微粒，范德华力能够达到重力的 10^7 倍，因此在微粒的动力学分析中，重力将被忽略。同时也说明，粒径越小的微粒，黏附力越强，越难以被去除。当微粒的直径减小到一定程度时，甚至超过了某些表面清洗方式的能力，使得常规清洗技术难有作为。

（2）激光清洗系统的工作原理　激光清洗系统示意图如图 4-88 所示。激光经过透镜聚焦后由喷嘴内孔照射在工件表面进行清洁。在清洗时一般使用吹气喷嘴，借助于激光同轴小孔喷嘴将具有一定压强的气体吹到清洗区。吹气作用：一方面是吹去汽化物，防止镜头被飞溅物和烟尘污染；另一方面还可以带走氧化所释放出的热量或防止表面氧化，起到净化表面、强化激光与材料的热作用。

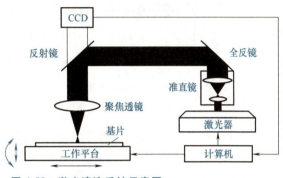

图 4-88　激光清洗系统示意图

激光清洗的主要目的包括以下两方面：

1）汽化污垢，清洁表面。根据不同污垢，选择不同的激光辐射功率密度。一般可以按打孔、切割、焊接和表面改性的顺序递减，激光清洗与表面改性的功率密度相当。由于激光清洗属于热加工范畴，因此，在停止激光辐射后，材料表面部位需要经过冷却处理。

2）表面改性。在激光清洗过程中，激光的热作用可以使金属表面发生相变硬化或进行退火与淬火，可以改善材料的表面性质，提高金属的硬度与耐蚀性。利用这种工艺方法对材料改性时，可使表面硬度、耐磨、耐蚀和耐高温等性能得到改善，但不影响材料内部原有的韧性。激光清洗时，可根据材料表面性能改善要求，确定激光表面改性的加工内容。

激光清洗过程中的基本动力学过程：物质吸收入射光能量后，产生瞬态热，温度骤然升高，虽然这个温度不足以使基体表面蒸发（否则就会造成基体表面损伤），但基体表面热膨胀会产生一个很大的加速度，使吸附的微粒被喷射出去。这一过程可以认为是在脉冲激光持续时间内完成的，可以假设基体表面为自由固体表面，表面温度 ΔT 的近似式为

$$\Delta T = \frac{(1-R)F}{\rho c \mu} \tag{4-26}$$

式中，R 为表面激光反射率；ρ 为基体密度；c 为比热容；μ 为一个脉冲宽度激光持续时间内基体中的热扩散长度；F 为单位面积激光入射能量。

由上述温升 ΔT 导致的基体线膨胀（垂直基体表面方向）H 为

$$H \approx \Delta T \alpha \mu = (1-R)\frac{F\alpha}{\rho c} \tag{4-27}$$

式中，α 为热膨胀系数。

假设是强吸收，且取 $F = 1J/cm^2$，$\alpha = 1 \times 10^{-5} K^{-1}$，$\rho = 3g/cm^3$，$c = 0.4J/(g \cdot K)$，那么 H 约为 $10^{-6}cm$ 量级。如果取脉冲宽度 τ 为 10ns，就有

$$a \propto H / \tau^2 \left(= 10^{10} \, \mathrm{cm/s}^2 \right) \tag{4-28}$$

由此可见，激光清洗产生的加速度约为重力加速度的 10^7 倍，如此巨大的加速度能够使吸附微粒受到急剧的喷射，达到去污的目的。图 4-89 为干法激光清洗的动力学示意图。

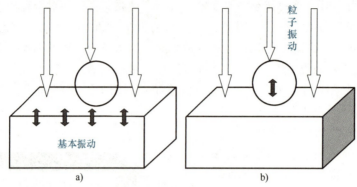

图 4-89 干法激光清洗的动力学示意图

a) 激光被基体所吸收 b) 激光被吸附粒子所吸收

当有液膜存在时，基体/液膜界面处的瞬间温升远超过液体汽化的温度，形成液体的爆炸性蒸发，产生很强的瞬态压力。据报道，在激光清洗过程中水膜的超热可以达到 370℃，产生的最大瞬态压力为 200MPa，如此巨大的压力完全可以克服粒子与基体间的各种黏附力。

当光能完全被液体膜吸收时，上述的爆炸性蒸发和瞬态冲击力产生于薄膜上部，由于吸附颗粒在薄膜下部，吸附粒子所受的作用力大幅度降低，从而显著降低清洗效果与清洗效率。图 4-90 为有液膜时激光清洗原理示意图。

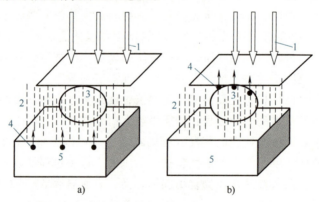

图 4-90 有液膜时激光清洗原理示意图

a) 激光完全被基体所吸收 b) 激光完全被吸附粒子所吸收

1—入射光 2—液膜 3—污染粒子 4—爆炸性挥发 5—基体

2. 激光清洗目前的主要工业应用

近些年来，随着激光器技术的迅猛发展，激光清洗的应用领域也得到了显著扩展。除了早期清洗艺术品、古代典籍和清除微电子元器件表面的纳微米颗粒外，激光已经广泛应用于众多工业加工领域，包括激光除锈、除氧化皮、除油污、除漆和焊前预处理等。激光可清洗的材料也十分广泛，包括各类金属（钢、铝合金、钛合金）、半导体、塑料和复合材料等。

（1）艺术品和文物清洗 激光对艺术品的清洗可以追溯到 20 世纪 70 年代，美国加州大学的学者 Asmus 发现激光可以去除石像雕塑表面的深色污垢而不损伤石像的基底，于是开始了激光清洗雕塑等艺术品保养的科学研究，当时用于清洗工作的激光器主要包括脉冲红宝石激光器和 Nd：YAG 激光器。目前，艺术品保养已经成为激光清洗技术的重要应用领域之一，该领域取得的成果也是日新月异。激光清洗后的艺术品如图 4-91 所示。

（2）激光除漆 由于激光清洗技术具有高集成、高效率、便于自动化操作和对基材损伤小等特点，激光除漆技术被越来越广泛地采用。目前，用于激光除漆的激光器包括纳秒光纤激光器、Nd：YAG 激光器、CO_2 激光器、准分子激光器和大功率半导体激光器等。

不同激光器除漆的原理也不尽相同。例如，红外波段输出的 CO_2 激光器利用的主要是选择性汽化原理，这是由于金属基材对波长为 $10.6\mu m$ 的红外光的吸收远远小于漆层材料；而紫外波段输出的准分子激光器利

图 4-91 激光清洗后的艺术品

用的是无热效应的光化学消融原理。激光除漆的应用十分广泛，基材可以是铝合金、合金钢、复合材料和墙壁等。铝合金表面激光除漆如图 4-92 所示。

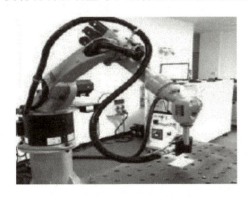

图 4-92 铝合金表面激光除漆（漆为白色烤漆，厚约 0.2mm；基材为铝合金）

（3）激光除锈和除金属氧化层 除锈和除氧化层是目前激光清洗应用最广泛的领域。其基本原理就是利用锈层或氧化层和基材热参数的不同，通过选择激光的能量、脉冲频率和脉冲宽度等参数，实现对表面锈层或氧化层的快速加热、汽化、消融而最小化对基材的热影响。同时，处理过程中产生的冲击波也对锈层或氧化层具有一定的机械清洗能力，从而达到迅速除锈的目的。另外，当使用激光除锈或除金属氧化层后，金属表面会形成一层 μm 级的保护膜，从而在除锈

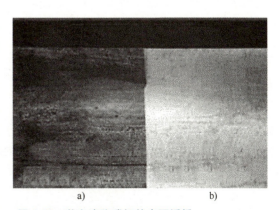

a)   b)

图 4-93 激光清除碳钢的表面浮锈

a）清洗前 b）清洗后

123

的同时又提高了表面的抗氧化性能。图 4-93 所示为激光清除碳钢的表面浮锈。

（4）核电反应堆内管道的清洗　采用光导纤维，将高功率激光束引入反应堆内部，直接清除放射性粉尘，清洗下来的物质清理方便。而且由于是远距离操作，可以确保工作人员的安全。

（5）激光除纳微米颗粒　纳微米级的小颗粒污染物由于体积微小、易与基材表面产生一定黏附力而难以清除。这种污染物会严重影响产品质量，如微电子产品表面的小颗粒会影响产品的电路特性。目前，激光清洗在该领域广泛应用，紫外激光清除硅片表面的金属微粒如图 4-94 所示。

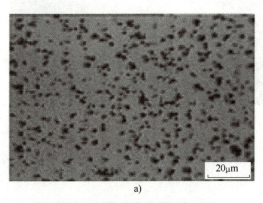
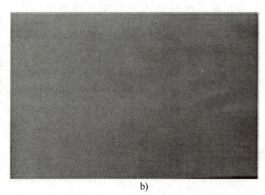

a)　　　　　　　　　　　　　　　　　　　b)

图 4-94　紫外激光清除硅片表面的金属微粒

a）清洗前　b）清洗后

4.5.2　激光抛光技术

在对表面粗糙度有要求的产品的生产过程中，抛光是一个非常重要的环节。抛光效果的好坏与产品的质量密切相关。随着科学技术的发展，人们对抛光技术的综合要求也越来越高——既要保证高质量，又要兼顾低成本。因此，一些传统的抛光方法越来越不能满足工业发展的需要。

目前，工业生产领域常用的抛光方法有机械抛光、化学机械抛光、热化学抛光和等离子体（离子束）抛光。机械抛光速率低，成本高，而且有沿不同晶向择优抛光的倾向，此外，机械抛光固有的冲击和振动极易损坏样品；化学机械抛光引起的冲击和振动同样会使样品受损，而热化学抛光具有加工温度很高的缺点；等离子体（离子束）主要用于对曲面抛光，材料去除速率很低，它的不足之处还在于要选择刻蚀层或平面层，从而导致抛光工艺变得更加复杂。

激光抛光是随着激光技术的发展而出现的一种新型材料表面处理技术，它是用一定能量密度和波长的激光束辐照特定工件，使其表面一薄层物质熔化或蒸发而获得光滑表面。激光抛光可用于抛光传统抛光方法很难或根本不可能抛光的、具有非常复杂形貌的表面，并且提供了自动加工的可能性，因此是一种很有前途的新型材料加工技术。

1. 激光抛光的原理

激光抛光本质上就是激光与物质的相互作用。根据激光与材料的作用原理，激光抛光可简单地分为热抛光和冷抛光两类。

（1）热抛光 热抛光一般采用连续长波长激光，当激光束聚焦于材料表面时，会在很短的时间内在近表面区域积累大量的热，使材料表面温度迅速升高，当温度达到材料的熔点时，近表面层物质开始熔化，当温度进而达到材料的沸点时，近表面层物质开始蒸发，而基体的温度基本保持在室温。

当上述物理变化过程主要为熔化时，材料表面熔化部分各处曲率半径的不同使熔融的材料向曲率低（即曲率半径大）的地方流动，各处的曲率趋于一致。同时，固液界面处以每秒数米的速度凝固，最终获得光滑平整的表面。在这个过程中，如果材料处于熔融状态的时间过长，熔化层就会向深处扩展，材料的整体外观和力学性能也会随之降低。因此，激光束和特定材料的相互作用必须产生一个高的温度梯度，促进材料快速加热和冷却，熔化极限、熔深和材料处于熔化状态的时间等取决于入射光束和材料相互作用过程中不同的参数。

当上述物理变化过程主要为蒸发时，激光抛光的实质就是去除材料表面一薄层物质。去除材料的速度取决于材料的性质、材料的数量及所用激光的功率。它们之间的关系为

$$v = \frac{I(1-R)}{(c_p \Delta T + L_f + L_v)\rho} \tag{4-29}$$

式中，I 为激光强度；R 为材料反射率；c_p 为材料比热容；ΔT 为材料的沸点与初始温度之差；L_f 为材料的熔化热；L_v 为材料的蒸发热；ρ 为材料的密度。

假定初始温度为25℃，所用激光器的功率为300W，频率为300Hz，能量为1000mJ，可以发射波长为308nm、横截面为矩形（38mm×13mm）的激光束，其去除100mm厚硅片上1.0μm 的 Al 只需 1.16s；去除 1.0μm 的 Cu 需要 18.4s。不难看出，激光抛光的速度很快，这是其主要优点之一。

由于热效应，激光抛光的温度梯度大，产生的热应力大，容易产生裂纹，所以抛光时间的控制十分重要。采用激光热抛光的效果不是很好，抛光后的表面质量也不是很高。

（2）冷抛光 激光冷抛光一般采用短脉冲短波长激光，其主要是通过消融作用（即光化学分解作用）去除材料。材料吸收光子后，材料中的化学键被打断或者晶格结构被破坏，表面材料离开本体，从而实现材料的去除。在抛光过程中热效应可以忽略，热应力很小，不产生裂纹，不影响周围材料，材料去除容易控制，所以激光冷抛光特别适用于精密抛光，尤其适用于硬脆材料的精密抛光。

2. 激光抛光的应用研究现状

由于其独特的优点和技术特性，激光抛光技术得到许多专家、学者的重视，并做了大量研究性的工作。目前，被广泛关注的研究方向包括激光抛光的材料类型、激光抛光的数值模拟及与其他加工技术复合抛光等。

（1）激光抛光的材料类型 到目前为止，激光抛光已经成功应用于多种材料，包括工具钢、不锈钢、镍合金到钛合金、高温合金及金刚石等。随着激光抛光技术的发展，激光抛光的应用已开始扩展到航空航天材料和生物医疗材料等领域，如采用304不锈钢研究金属表面在激光抛光作用下的熔化现象，采用激光技术对经过电火花加工处理的C45钢、X40CrMoV51工具钢进行抛光研究，对Ti6Al4V进行激光抛光实验。下面以钛合金为例对激光抛光进行简要介绍。

钛合金具有极其优良的物理和化学性能，如强度高、重量轻和耐腐蚀等，故可以广泛应用于电子、冶金、航天技术和医学等各个领域。因此，诸多学者对钛合金的抛光技术进行了

研究，如对增材成形得到的钛合金构件进行激光抛光，可将其表面粗糙度 Ra 值由 $5\mu m$ 以上降低到 $1\mu m$ 以下，同时激光抛光钛合金表面发生相变，使表面硬度和耐磨性得到显著提高。

图 4-95 为激光抛光前后 Ti6Al4V 零件表面 SEM 扫描图像对比图。增材成形的钛合金粗糙表面经过激光抛光处理后变得平滑、光亮，并显现出激光熔凝的痕迹，这表明在激光抛光过程中，钛合金表面吸收激光能量并迅速达到熔点温度使表面材料发生熔

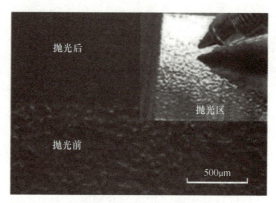

图 4-95　激光抛光前后 SEM 扫描图像

化，在表面张力和重力驱动下，凸处熔融液体流向凹处，当光束离开后，液态材料快速凝固，使表面峰谷高度显著降低，表面粗糙度值下降。

图 4-96 为激光抛光前后 Ti6Al4V 零件表面 LSCM 扫描图像对比图。激光抛光后的 Ti6Al4V 表面峰谷高度由 $90\mu m$ 降至 $4\mu m$，经激光扫描共聚焦显微镜测量得到表面粗糙度 Ra 值由原来的 $5\mu m$ 以上降低至 $1\mu m$ 以下，可见激光抛光可显著降低材料表面粗糙度值。

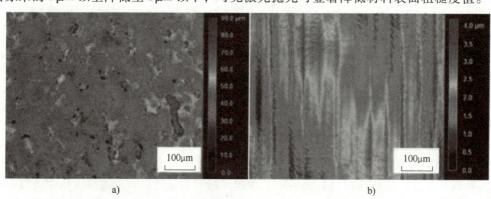

a)　　　　　　　　　　　　　　　　　　　　　　　　b)

图 4-96　激光抛光前后 LSCM 扫描图像

a）抛光前　b）抛光后

如图 4-97 所示，增材成形得到的 Ti6Al4V 构件显微结构由针状 α 相（钒含量较低）和 β 相（钒含量较高）组成。激光抛光后，Ti6Al4V 构件表面抛光层厚度约为 $170\mu m$，其中分布着针状马氏体 α' 相，抛光区域化学组分发生明显变化，主要元素为 Ti、Al 和 V，分别占 91.48%、6.19% 和 2.33%，在 $\alpha+\beta$ 相成分范围之内。抛光区顶部元素均匀分布，这可能是激光抛光过程中快速熔凝导致马氏体 α' 相形成所致。分析图 4-97d 可知，增材成形的 Ti6Al4V 由 $\alpha+\beta$ 相组成，而激光抛光表面主要由 α' 相马氏体组成，无 β 相产生。由于 α' 相马氏体具有密排六方（HCP）结构，β 相具有体心立方（BCC）结构，而密排六方结构比体心立方结构具有更高的体积模量值，因此激光抛光层的硬度与耐磨性比基体材料更高，构件表面平均硬度与耐磨性增加，如图 4-98 所示。

（2）激光抛光的数值模拟　激光抛光的数值模拟包括材料模型、计算模型和预测模型三部分，其作为激光抛光技术研究的一个方向，近年来得到越来越多学者的关注。对这些模型的准确描述和定义，可为进一步研究激光与金属材料的抛光效果奠定基础。

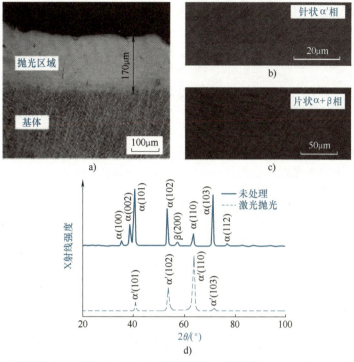

图 4-97 Ti6Al4V 构件激光抛光表面显微结构分析

a）截面电镜图像 b）抛光表面显微结构 c）基体显微结构
d）抛光前后 XRD 结果

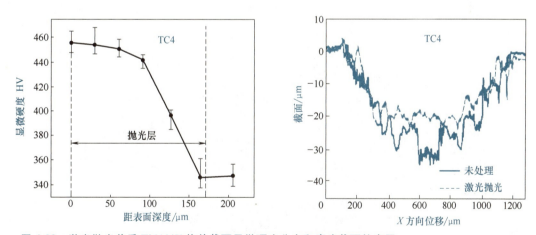

图 4-98 激光抛光前后 Ti6Al4V 构件截面显微硬度分布和磨痕截面轮廓图

专家学者在研究激光与金属材料相互作用的热模型时发现，热毛细流现象会造成材料表面粗糙度值的降低。随着热毛细流动的加剧，材料表面的局部变粗糙和变光滑效果也增强。而热毛细流的模型，可以从材料的初始形貌、材料属性、抛光过程中的工艺参数得到，并且使用这个热毛细流模型，可以预测抛光后的金属表面形貌。

专家通过数学模型对沟壑的形成原理进行数学建模，获取不同抛光工艺参数对表面激光微加工质量影响的规律，为获取最佳抛光参数组合提供理论依据。图 4-99 所示为表面沟壑

数学模型，表面粗糙度 Ra 值的预测模型为

$$Ra = \frac{1}{l} \int_0^l y_1 \mathrm{d}x$$

$$= \frac{2}{b^2}(a - kb)\left[(k+1)b - a\right]c$$

(4-30)

式中，a 为激光光斑的宽度；b 为扫描后光斑的偏移；c 为激光光斑单独扫描一行的深度；k 为扫描的行数。

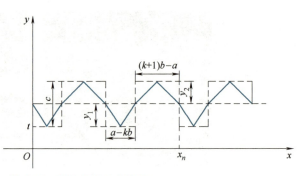

图 4-99 表面沟壑数学模型

专家将热毛细流动的归一化平均位移（NAD）分析预测结合到毛细区表面预测方法中，建立一个适用于毛细区和热毛细区抛光区的表面预测模型，即

$$l_n = -18.51 \frac{\partial \alpha_A P \tau^2}{\partial \mu c_V' r_b^4}(1 - \ominus m)\mathrm{e}^{-8.80 \ominus m}$$

(4-31)

式中，α_A 为吸收率；P 为激光功率；τ 为脉冲持续时间；μ 为动力黏度；c_V' 为等效体积热容；r_b 为激光半径；$\ominus m = \dfrac{T_m - T_0}{T_{max} - T_0}$，其中 T_0 为初始温度，T_m 为平均温度，T_{max} 为最高温度。

并对 S7 工具钢表面激光抛光的热毛细流动模型进行了实验研究，发现预测的平均表面粗糙度值误差都在测量值的 15% 以内。故所提出的预测模型能够很好地反映过程物理特性，并能在较宽的处理窗口内为激光抛光技术的参数选择和过程优化提供指导。

图 4-100 为 S7 工具钢表面白光干涉仪的表面颜色图。图 4-101 为 S7 工具钢未抛光、实际抛光和预测表面区域的二维频谱。分析图 4-101 可知，初始平均表面粗糙度 Ra 值为

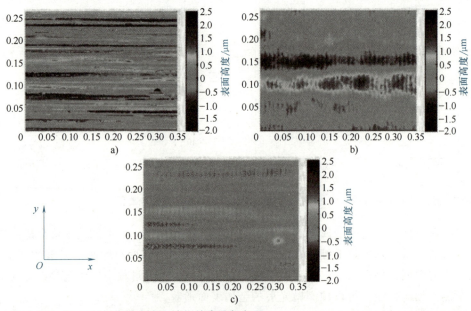

图 4-100 S7 工具钢表面白光干涉仪的表面颜色图

a）原始未抛光　b）激光抛光测量　c）激光抛光预测

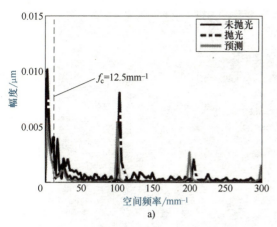

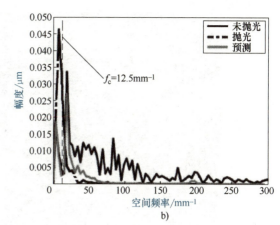

图 4-101　S7 工具钢未抛光、实际抛光和预测表面区域的二维频谱

a）激光抛光线之间的跨步方向　　b）激光点重叠方向

248nm，经过激光抛光加工后，热毛细区降至 139nm，而模型预测平均表面粗糙度 Ra 值为 158nm。可见，激光抛光技术可以显著降低材料表面粗糙度值，且模型预测误差在 15% 以内。同时表明，该模型捕捉了许多重要的物理现象，故其结果在定性和定量上是一致的。

（3）激光与其他加工技术复合抛光　随着抛光技术的发展，诸多学者尝试通过将激光抛光技术与其他加工技术复合的方式来获得更好的抛光质量与效率，并逐渐发展为激光抛光技术研究的一个重要方向。

青岛理工大学丁瑞堂等人采用激光化学复合抛光的方法（图 4-102）分别在纯净水和抛光液中对 304 不锈钢进行抛光试验，研究发现，在抛光液中的激光抛光可抑制表面氧化发黑，同时能够显著改善表面形貌，降低表面粗糙度值，提高不锈钢的抛光质量，减少环境污染，该方法具有极好的应用前景。

图 4-103 为分别在抛光液中与纯净水中对 304 不锈钢进行激光抛光的效果图。可以看出，激光化学复合抛光在 304 不锈钢抛光表面出现白色网络状条纹，并且在网络状条纹之间出现黑色氧化点，抛光完成后抛光区域变白并具有一定光泽

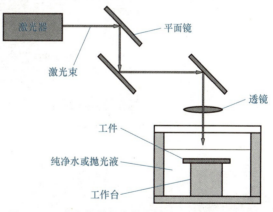

图 4-102　激光化学复合抛光试验原理图

（图 4-103a）。相比于纯净水辅助激光抛光过程，激光化学复合抛光表面的不规则凹坑明显减少，表面粗糙度值更小，抛光质量更好。

东北大学邹平教授课题组对透镜超声振动辅助激光加工技术进行了研究，设计了透镜超声振动辅助激光加工系统，如图 4-104 所示。该系统主要包括数控加工中心、激光熔覆头、超声发生器、透镜超声振动装置和激光器（连续）等部分，其中透镜超声振动装置又由中空的超声换能器、中空变幅杆及聚焦透镜组成。该系统可以在激光抛光过程中实现聚焦透镜轴向超声振动，改变工件表面激光光斑内的能量分布，进而改善抛光后工件表面质量。如

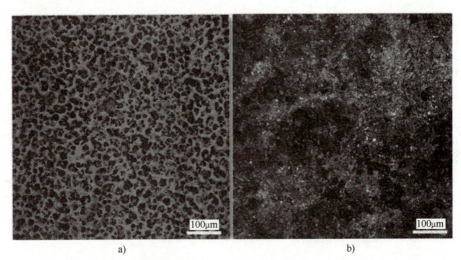

图 4-103　激光化学复合抛光效果图

a）在抛光液中进行激光抛光效果图　b）在纯净水中进行激光抛光效果图

图 4-105 所示，在合适的参数条件下，透镜超声振动辅助激光抛光可以减少抛光表面的重凝微粒和空腔。

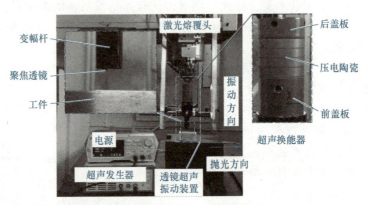

图 4-104　透镜超声振动辅助激光加工系统示意图

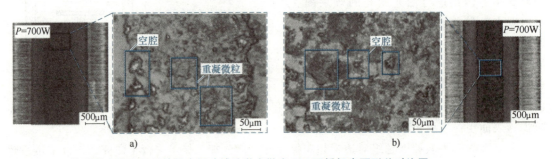

图 4-105　传统激光抛光和透镜超声振动辅助激光抛光 304 不锈钢表面形貌对比图

a）传统：$A = 0 \mu m$　b）超声：$A = 20 \mu m$

第5章

金属材料的3D打印技术

5.1 3D打印技术概述

5.1.1 3D打印技术

零件的加工一般有增材和减材两种制造技术，其制造原理如图5-1所示。与传统的"减材制造"技术不同，3D打印技术是一种不需要刀具、夹具和多道加工工序就可以打造出任意形状物体的制造技术（即增材制造技术），两种制造技术的特性对比见表5-1。3D打印技术可以自动、快速、直接和精确地将计算机中的设计模型转化为实物模型，甚至不受形状复杂程度的限制，可以直接制造零件或模具，从而有效地缩短加工周期、提高产品质量并减少制造成本。而且结构越复杂的产品，制造速度的提升越显著。但是，3D打印技术加工制件的精度没有传统加工工艺的精度高，这是因为在数据模型分层处理时可能会造成一些数据的丢失，在分层制造过程中不可避免地会产生台阶误差，堆积成形的相变和凝固过程产生的内应力也会引起翘曲变形。

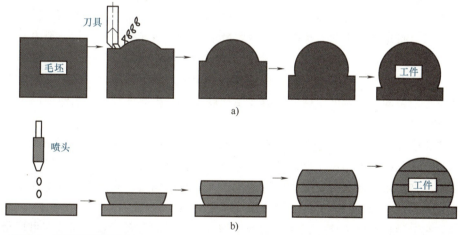

图5-1 机械制造方法

a）减材制造　b）增材制造

表5-1 减材制造与增材制造的特性对比

制造方法	减材制造	增材制造
基本技术	车、钻、铣、磨、铸	SLA、SLS、FDM、LOM、3DP 等
核心原理		分层制造、逐层叠加

（续）

适用场合	大规模、批量化生产	小批量生产,造型复杂
适用材料	几乎所有材料	光敏树脂、金属粉末、塑料等
材料利用率	较低	理论上为100%
应用领域	广泛,且不受限制	原型、模具、终端产品等
构件强度	较好	有待提高
产品加工周期	相对较长	短
智能化	不容易实现	容易实现

　　3D打印技术的应用是其他任何加工工艺都无法比拟的。利用3D打印技术,可以生产出曾经不可能生产的产品,该技术最适合做的事情之一就是使零件设计的交流变得简单和有效。3D打印技术是一种有能力制造出复杂几何形状产品、改变材料性能、赋予产品灵活性的技术。

5.1.2　3D打印技术的分类

　　目前,应用最为广泛的3D打印方法主要有立体光固化成形（SLA）、激光选区烧结（SLS）、熔丝沉积成形（FDM）、分层实体制造（LOM）和三维打印（3DP）。除了上述五种方法外,其他许多快速成形方法也已经实用化,如实体自由成形（SFF）、形状沉积制造（SDM）、实体磨削固化（SGC）、数码累积成形（DBL）、直接壳型生产铸造（DSPC）、直接金属沉积（DMD）等。

1. SLA技术

　　SLA技术利用激光、光化学、软件技术相结合的模式将CAD数据转换成实体三维模型。SLA属于液态树脂光固化成形,是模型表面质量最佳的成形方法之一。其工艺原理为利用光谱中能量最高的紫外光产生的能量,该能量能够使不饱和聚酯树脂中的C-C键断裂,该过程中产生的活化自由基可使树脂固化。通过将光敏剂加入不饱和聚酯树脂中,借助紫外线或可见光等作为引发能源,能够使树脂快速发生交联反应。因此,SLA工艺使用的光敏树脂以自由基聚合体系为主。

　　光敏树脂主要由低聚物、反应性稀释剂和光引发剂组成,根据光引发剂种类的不同,又分为自由基光固化树脂、阳离子光固化树脂和混杂型光固化树脂。自由基光固化树脂是光引发剂受辐射后产生自由基引起交联反应;阳离子光固化树脂是阳离子光引发剂受辐射后产生质子引起交联反应;而混杂型光固化树脂融合了上述两个过程。

　　低聚物是光敏树脂的主体,是一种含有不饱和官能团的基料,它的末端有可以聚合的活性基团,一旦有了活性基团,就可以继续聚合长大,一经聚合,相对分子量上升极快,很快就会成为固体。光引发剂是激发光敏树脂交联反应的特殊基团,当受到特定波长光子的作用时,会变成具有高度活性的自由基团,作用于基料的高分子聚合物,使其产生交联反应,由原来的线状聚合物变成网状聚合物,从而呈现为固态。光引发剂的性能决定了光敏树脂的固化程度和固化速度。反应性稀释剂是一种功能性单体,结构中含有不饱和双键,如乙烯基、烯基等,可以调节聚合物的黏度,但不容易挥发,且可以参加聚合。当光敏树脂中的光引发剂被光源（特定波长的紫外光或者激光）照射吸收能量时，会产生自由基或阳离子，自由基或者阳离子使单体和活性低聚物活化，从而发生交联反应生成高分子固化物。

当前已经报道的3D打印用光敏树脂种类繁多，研发也较为活跃，但能够进入实用商业化领域的较为有限，主要种类有环氧丙烯酸酯类、不饱和聚酯、聚氨酯丙烯酸酯等。这些树脂均有各自的优势和不足，其中，环氧丙烯酸酯具有固化后硬度高、体积收缩率小、化学稳定性好等优点，但黏度偏大，不利于成形加工；而不饱和聚酯黏度适宜且容易成形，但固化后硬度和强度较差，容易收缩；聚氨酯丙烯酸酯具有较好的韧性、耐磨性和光学性能，但其聚合活性和色度控制较为困难。因此，商业化的光敏树脂往往为多种光敏聚合物的组合，以达到取长补短的效果。

对用于3D打印技术的光敏树脂有以下几点要求：固化前性能稳定，一般要求在可见光照射下不发生固化；反应速度快，高的反应速度可以实现高效率成型；黏度适中，以匹配光固化成型装备的再涂层要求；固化收缩小，以减少成形时的变形及内应力；固化后具有足够的力学强度和化学稳定性；毒性及刺激性小，以减少对环境及人体的伤害。

SLA的工作原理是通过计算机控制系统控制激光器发出的紫外线激光的运动，按照零件的各分层截面信息，在光敏树脂表面进行逐点扫描。SLA的分层升降平台像电梯一样可以上下移动，该平台被安置在一个盛着感光树脂（如聚氨酯丙烯酸酯树脂）的容器上，如图5-2所示。首先由计算机控制平台，使其下表面降低一个高度，这个高度等于模型的指定层或"片"厚，这可以使液态聚合物填充到平台上。由低能的固态紫外线（UV）激光聚焦光束使液态树脂在最低切片模型层形成轮廓。然后激光束继续扫描该表面，使聚合物在这一步变硬。紫外线辐射将液体聚合物分子连接成形。每一层的硬化深度可达$0.06\sim0.1mm$，当模型的表面粗糙度要求高时，每层厚度应设置为$0.13mm$或更少。处于扫描区域的光敏树脂薄层发生光聚合反应而固化，形成零件的一个薄层，扫描区域之外的光敏树脂仍保持液体状态。一层固化完毕后，升降平台向下移动一个层厚的距离，使得原先固化好的树脂表面再涂覆上一层新的液态树脂，进行下一层的扫描固化加工，新固化的一层牢固地黏结在前一层上，如此循环往复，直至整个零件制造完毕，形成一个三维实体模型。待实体构建完成后，需要对原型进行清理、去除支撑、后固化并进行相应的打磨。该方法具有成形表面质量好、尺寸精度高、制作迅速、材料利用率高、可成形复杂零件等优点，应用范围极为广泛。整个系统被安置在一个密封的空间中，以防止构建过程中的蒸气扩散。

由于SLA技术所用材料不是线材或粉末，而是液态的树脂，不存在颗粒结构，因此可以做得很精细，最终加工成形的模型表面也相当光滑。在固化成形过程中，未被紫外线照射到的部分仍为液体，不能使制件截面上的孤立轮廓和悬臂轮廓定位，这就意味着凸出的部分或未受到支持的水平截面轮廓需要被构架支撑，支撑构架可以采用肋板、角撑板或圆柱等形式。如果没有支撑部分，凸出部分模型将会下垂，并在模型完成之前断裂，所以施加支撑是非常有必要的。支撑的设计和施加不仅要考虑支撑应容易去除，而且要保证支撑面的表面粗糙度。

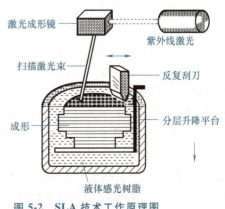

图5-2　SLA技术工作原理图

支撑的施加可以手工进行，也可以通过软件自动生成，而对于复杂模型，通过软件自动生成的支撑一般需要人工删减和修改。当成形过程完成后，从成形处取出成形件，并去除多余的液体及边缘残余。同时还需要进行必要的后处理，因为在成形过程中，制件只达到了完全强度的一半左右。进行后处理时，制件被放置在后处理装置（PCA）的封闭室单元中，并将整个制件模型全部暴露在紫外线中。

SLA 工艺是快速成形技术中加工精度最高的成形工艺之一，其以制作效率高、生产周期短、材料利用率高等优势，迅速扩展到多个领域，得到了极其广泛的应用。影响光固化成形精度的误差主要包括 STL 格式转换误差、分层切片处理误差、机器本身的误差、分层制造引起的阶梯误差、扫描振动引起的误差、光敏树脂性能引起的误差、光斑直径大小引起的误差、去除支撑引起的变形误差和主要加工参数设置误差（扫描速度、扫描间距、扫描方式与设置产生的误差及后处理产生的误差等），其中光斑直径大小、扫描参数及光敏树脂性能等因素对成形精度影响较为明显。

由于光固化的成形原理，在成形过程中需要添加支撑，同时还会产生台阶效应，所以需要对 SLA 成形件进行清洗、去支撑、表面打磨和后固化等后处理工艺。清洗是指用酒精或其他有机溶剂将成形件表面残留的光敏树脂彻底洗掉；去支撑即去除加工过程中生成的起支撑作用的多余结构，通常用裁剪工具去支撑，内部支撑可不去除；表面打磨是指用较细的砂纸打磨成形件表面，从而达到较好的表面质量和尺寸精度，特别适用于台阶效应明显和有支撑的部位；后固化即将成形件放入通有光的后固化箱中进一步固化，以提高成形件的强度。

作为较早出现的快速成形制造工艺，SLA 经过了长期的商业化检验，在工艺本身和材料开发上都具有较高的成熟度。其原材料的利用率接近 100%，尺寸精度很高，表面质量优良，可以制作结构十分复杂的模型，是目前高端 3D 打印设备与工艺品 3D 打印的主流技术。然而该工艺也存在一定的缺点，如设备造价高昂，使用和维护成本过高；打印材料必须具有光敏特性，价格昂贵，实用化种类有限，制备工艺较为复杂；且这些光敏聚合物成形后，强度、耐热性和对光照射的抵抗力普遍较差，难以长时间保存。目前，SLA 技术主要用于 3D 打印薄壁的精度要求较高的零件，也适用于制作中小型工件，并能直接得到最终的塑料产品。

2. SLS 技术

由得克萨斯大学奥斯汀分校研发的激光选区烧结（SLS）技术，是一种与 SLA 技术类似的快速成形工艺。该技术与 SLA 技术所采用的激光和耗材有所不同，SLA 技术采用的是紫外线激光，而 SLS 技术采用的是高能量 CO_2 红外线激光；SLA 技术的耗材一般为液态的光敏树脂，而 SLS 技术的耗材通常为金属、陶瓷等粉末。SLS 技术使用的材料极为广泛，从理论上讲，几乎所有的粉末材料都可以用该技术进行 3D 打印。与 SLA 相同，SLS 工艺生成的模型建立在活塞或气缸平台上，可以像电梯一样上下运动。构建缸位于用于预热粉填充的粉末传送缸旁边。在粉末传送缸的粉末传送活塞上升到一个层面推出粉末之前，粉末被进一步加热，直到其温度低于熔点。然后，粉末滚将粉末推到相邻的构建缸顶部并铺匀，使其厚度等于指定的底部的"片"的厚度。

SLS 技术是一种基于粉末床的商业化制造方法，其工作原理如图 5-3 所示。激光束在计算机的控制下，有选择性地扫描加热预先在平台上铺上的一层均匀密实的粉末，使其达到烧结温度，粉末熔化、流动，形成第一层。未被扫描到的区域仍为原始粉末，可继续作为下一层的支撑，待成形完成后可用刷子清理掉。当一层截面烧结完成后，构建活塞下降一个层厚，再次铺粉，开始新一层截面的烧结。如此不断循环，层层堆积，最终获得实体零件。所有未黏合的粉末将被回收并与新的粉末混合，可在下一次构建过程中继续使用。

因为是多孔烧结，使用 SLS 技术构建的三维模型表面比较粗糙，可以通过手工或机械打磨或经过其他熔化过程使其平滑。在使用 SLS 技术加工零部件时，为避免在激光扫描烧结过程中材料因高温而起火燃烧，必须在工作空间充入阻燃气体，阻燃气体一般使用氮气。为使粉状材料烧结，

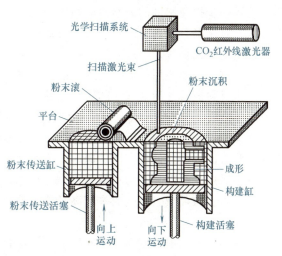

图 5-3　SLS 技术工作原理图

必须将机器的整个工作空间、直接参与制造工作的所有构件及所使用的粉末材料预先加热到规定的温度，预热过程一般为几个小时。

根据烧结过程中不同的黏结原理，SLS 可分为固态烧结、化学诱导连接、部分熔化的液相烧结和完全熔化四种类型。根据在成形过程中是否使用黏结剂，SLS 又可分为添加黏结剂和不添加黏结剂两类。添加黏结剂的 SLS，首先将粉末材料与黏结剂混合，激光有选择地分层烧结混合粉末获得成形件，然后将所得成形件置于加热炉中，通过脱脂处理去除其中的黏结剂，再进行浸渗处理，在孔隙中渗入填充物；对于不添加黏结剂的 SLS，烧结材料由高熔点和低熔点中两种粉末材料构成，在激光扫描过程中，低熔点的粉末颗粒熔化，而高熔点的粉末颗粒温度升高但并未熔化，低熔点的粉末颗粒作为黏结剂，将高熔点的粉末材料黏结在一起形成成形件。

SLS 烧结用成形材料多为粉末材料，而国内外学者普遍认为当前选区激光烧结技术的进一步发展受限于烧结用粉末材料。选区激光烧结技术发展初期，成形件多用于新产品或复杂零部件的效果演示或试验研究，粉末材料成形偏重于产品完整的力学性能和表面质量。随着选区激光烧结技术工业产品需求日趋强烈，该技术对粉末材料种类、性能和成形后处理工艺等的要求越来越高，因此，材料工程师需要对各类粉末材料的综合性能与局限性进行更深层次的研究。从理论上讲，任何加热后能相互黏结的粉末材料或表面涂覆有热塑（固）性黏结剂的粉末材料都可用作选区激光烧结成形材料。但研究表明，成熟应用于选区激光烧结技术的粉末材料应具备以下特征：适当的导热性；烧结后有足够的黏结强度；较窄的"软化—固化"温度范围；良好的废料清除功能。因此，当前烧结用成形主流材料主要分为三大类——高分子及其复合粉末材料、金属粉末材料和陶瓷粉末材料。高分子及其复合粉末材料是现阶段应用最成熟、最广泛的成形材料；金属粉末材料是直接进行工业级成形件制造的重点研究材料；而陶瓷粉末材料则处于研究起步阶段，正面临黏结剂种类和用量需要精准确定、烧结件成形精度差、致密度低等棘手问题，有待科研人员进一步探索。

由于 SLS 的加工原理特点、原材料本身的限制及加工工艺的不完善，使得烧结的成形件孔隙率较高、强度低，无法满足商业化使用强度等要求，若需用作功能件，则需要采用后处

135

理工艺进一步提高制件的力学性能和热学性能。在整个SLS加工过程中，后处理是必不可少的环节。对于高分子粉末及其复合材料烧结件，根据用途不同，后处理工艺分为两大类：当应用于功能测试件时，一般采用渗树脂处理来提高制件的强度；当应用于金属零件精密铸造的消失模时，主要使用铸造蜡处理，以降低制件表面粗糙度。对于SLS金属粉末材料和SLS陶瓷粉末材料成形件后处理工艺，会在后面的章节中做详细介绍。

总体来看，SLS技术具有以下优势：成形原料广泛，从理论上讲，任何加热后可以产生原子间黏结的粉末材料都可以作为SLS的成形原料；不需要支撑结构就可以制造形状复杂的零件，具有高度的几何独立性。但SLS技术受粉末性质的影响，成形件的精度及表面质量较差，且不适用于制造具有细小微观孔（<500μm）的陶瓷零件。另外，由于采用了激光器，故SLS设备比较昂贵，制造成本较高且能源消耗量大。

3. FDM技术

FDM技术的工作原理如图5-4所示，将丝状的热熔型材料加热熔化至半液态，加热器安装在由计算机控制的XY平台上，通过一个带有微细喷嘴的喷头挤压出来，喷头同时沿水平方向移动，使挤出来的材料与之前挤出来的材料熔结在一起，凝固后形成轮廓状的薄层。一个层面熔覆完成后，工作台按照预定的分层高度下降一个层厚，成形下一层并进行固化。二维层面是通过计算机控制XY平台的移动，带动喷头将熔融材料根据截面轮廓信息进行敷设，如此逐层累积，最终形成三维实体模型。这种打印方式是现在最常用的成形方法之一。

在打印过程中，为了防止模型上的空腔或悬空部分坍塌，通常会自动打印出一些支撑部分，用以支撑模型。一般的FDM工艺从头到尾只使用一种材料进行打印，这意味着模型实体和支撑部分采用的是同一种材料，这样就使后续修剪的工作量和难度都大幅度地增加。而较高级的FDM工艺可以使用两种不同的材料进行打印：一种作为成形材料，用来制造模型的实体部分；另一种作为支撑材料，单独用来制造模型的支撑部分，以这种方式进行打印的支撑材料通常是水溶性的，打印完成后只需将模型泡在水里，便可自行去除支撑，且外观较一般FDM工艺加工的模型更为规整。如图5-5所示，用两种不同材料进行FDM打印的成形设备通常采用双喷头结构，两个喷头分别用于零件实体材料和零件支撑材料的加热成形，采用这种双喷头挤出不同特性材料的方式，可方便进行打印完成后支撑材料的去除。

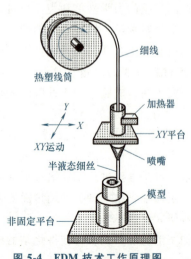

图5-4 FDM技术工作原理图

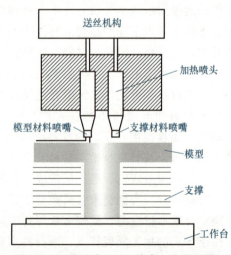

图5-5 双喷头式FDM技术工作原理图

FDM工艺设备价格低廉，操作技术门槛很低，打印材料价格便宜且容易制备，技术改进升级难度相对较小。因此，FDM工艺广泛应用于低端入门级3D打印设备，是3D打印普及化和大众化的主要推动力。就打印产品的质量而言，FDM工艺最大的优势在于具有良好的尺寸稳定性，且能够长期稳定存储。然而，与其他成形方法（尤其是SLA或SLS）相比，其表面精度相对较差，常产生明显的"层效应"；即使用小的线材宽度和层厚（0.1mm），在成品的顶端、底面和侧面仍能够看出经过挤压喷嘴的等高线轮廓与建构层厚。更不利的是，如果采用支撑材料，则剥除支撑材料往往会对产品本体造成相当的伤害，形成明显的抽丝、凹坑、凸起等缺陷。而与之相对的，SLA工艺的支撑层通常能通过加热和溶剂轻松移除。此外，支撑材料剥除后难以回收利用，造成了耗材的浪费。就纯高分子打印而言，SLS工艺需要升温和冷却，成形时间较长，打印出的产品表面常出现疏松多孔的状态，且有内应力，容易变形，因此不如FDM工艺常用。

由于FDM是逐层打印，会产生台阶效应，同时需要添加支撑结构，因此FDM成形件通常需要进行去支撑、打磨和抛光处理等后处理。打磨和抛光的目的是去除成形件表面上的毛刺、加工纹路等，使得零件表面更加光亮。通常FDM成形件的表面粗糙度值都比较大，影响了其使用，必须通过后处理来提高表面质量。

基于FDM工艺在3D打印市场的突出地位，有许多措施被开发出来以提升此类打印模型的表面精度。例如，在打印设置方面，对于要求较高完工精度的表面，设置成以垂直方向成形；而不重要的表面则以水平方向成形。对打印件进行二次加工也是改善表面精度的重要方法，但通常FDM用的打印耗材固化后硬度较大，单纯的机械打磨效果较差，而利用溶剂抛光则可能得到理想的表面粗糙度，并获得更好的产品细节表现。

FDM技术的主要优势：原材料制备成卷轴丝的形式，易于搬运及更换；适用于制造具有中空结构和梯度复合材料的零件。其不足之处主要包括：打印精度不高，打印件表面较粗糙；与其他增材制造技术相比，打印速度较慢，不适用于制造大型零件。

137

4. LOM技术

LOM技术所使用的材料主要由薄片材料和黏结剂构成。根据原型对性能的不同要求，薄片材料可大致分为纸片材、陶瓷片材、金属片材、塑料薄膜和复合材料片材。LOM技术的工作原理如图5-6所示，首先在工作台上铺上一层薄片材料，然后用一定的CO_2激光束按照计算机所提取的截面轮廓，逐一在片材上切割出轮廓线，并将轮廓区域以外的区域切割成小方网格，以便在成形后将其去除。在制造过程中，多余的部分一直留在构建堆积体中，用作支撑结构。一层加工完成后再铺上一层片材，新的一层片材通过热压辊碾压，在黏结剂的作用下黏结在上一层成型表面上，之后激光束继续切割该层轮廓，每切割完一层后，构建平台将向下移动一个片层的深度，如此反复直至加工完成。最后去除非零件的多余部分，便可得到完整的三维实体模型。可以看出，该技术与传统切削工艺

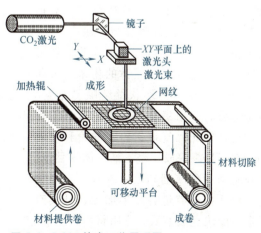

图5-6　LOM技术工作原理图

相类似，只不过不再是对大块原材料进行整体切割，而是先将原材料进行多层分割，然后再对每一层的内、外轮廓进行切削加工成形，并将各层黏结在一起。

与其他 3D 打印方法相比较，LOM 技术由于在空间大小、原材料成本、机加工效率等方面具有独特的优点，因此得到了广泛的应用。具体表现如下：

1）LOM 技术在成形空间大小方面的优势。LOM 工作原理简单，一般不受工作空间的限制，从而可以采用 LOM 技术制造尺寸较大的产品。

2）LOM 技术在原材料成本方面的优势。相对于 LOM 技术，其他加工系统都对其成形材料有相应的要求。例如，SLA 技术需要使用液体材料，并且材料需要有可光固化特性，SLS 技术要求使用尺寸较小的颗粒状粉材，FDM 技术则需要使用可熔融的线材。这些成形原材料不仅在种类和性能上有差异，而且在价格上也各不相同。从材料成本方面来看，FDM 技术和 SLA 技术所需的材料价格较高，SLS 技术所需材料的价格比较适中，相比较而言，LOM 技术所需的材料最为便宜。

3）LOM 技术在成形工艺加工效率方面的优势。相对于其他快速成形技术，LOM 技术在加工中以面为加工单位，因此这种加工方法有极高的加工效率。

与其他快速成形技术相比较，LOM 技术具有以下特点：由于 LOM 工艺只需在片材上切割出零件截面的轮廓，而不用扫描整个截面，因此工艺简单、成形速度快，易于制造大型零件；工艺工程中不存在材料相变，因此不易引起翘曲、变形，零件的精度较高，激光切割为 0.1mm，刀具切割为 0.15mm；工件外框与截面轮廓之间的多余材料在加工中起到了支撑作用，所以不需要另加支撑；材料广泛、成本低，用纸制原料还有利于环保；力学性能差，只适合做外形检查。

5. 3DP 技术

（1）3DP 技术（黏结剂型）　该技术是利用微滴喷射技术的打印技术，其喷头更像是喷墨打印机的打印头，不过喷出的不是墨水，而是黏结剂，依靠瞬间凝固粉末来形成薄层。该技术的工作原理如图 5-7 所示，具体工艺过程如下：上一层黏结完毕后，构建活塞下降一个层厚的距离，粉末运输活塞上升至一定高度，推出若干粉末，并被推粉碌子推到构建缸，将粉末铺平并压实。在计算机的控制下，喷墨打印头根据成形数据在粉末上有选择地喷射黏结剂建造层面，喷到黏结剂的薄层粉末发生固化，然后在这一层上再铺上一层薄的粉末，打印头按下一层截面的形状继续喷黏结剂。碌子铺粉时，用集粉装置收集多余的粉末材料。如此反复地送粉、铺粉和喷射黏结剂，最终完成一个三维粉体的黏结。该技术采用黏结剂和喷射方式，原则上可以对任何材料进行成形加工，且具有

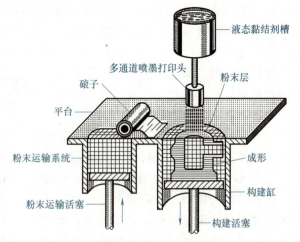

图 5-7　3DP 技术（黏结剂型）工作原理图

成形速度快、成本低、适用材料广等特点，但其成形模型强度低且易变形，甚至会出现裂纹，加工表面精度低，需要进行后处理操作。

从 3DP 技术的工作原理可以看出，其成形粉末需要具备成形性好、成形强度高、粒径较小、不易团聚、滚动性好、密度和孔隙率适宜、干燥硬化快等性质。成形粉末由填料、黏结剂、添加剂等组成。相对其他条件而言，粉末的粒径非常重要。粒径小的颗粒可以提供相互间较强的范德华力，但滚动性较差，且打印过程中会因易扬尘而导致打印头堵塞；粒径大的颗粒滚动性较好，但是会影响模具的打印精度。粉末的粒径根据所使用打印机类型及操作条件的不同可从 $1\mu m$ 到 $100\mu m$。其次，需要选择能快速成形且成形性能较好的材料。可选择石英砂、陶瓷粉末、石膏粉末、聚合物粉末（如聚甲基丙烯酸甲酯、聚甲醛、聚苯乙烯、聚乙烯、石蜡等）、金属氧化物粉末（如氧化铝等）和淀粉等作为材料的填料主体，选择与之配合的黏结剂可以达到快速成形的目的。加入部分粉末黏结剂可起到加强粉末成形强度的作用，其中聚乙烯醇、纤维素（如聚合纤维素、碳化硅纤维素、石墨纤维素、硅酸铝纤维素等）、麦芽糊精等可以起到加固作用，但是，纤维素链长应小于打印时成形缸每次下降的高度。胶体二氧化硅的加入可以使得液体黏结剂喷射到粉末上时迅速凝胶成形。除了简单混合，将填料用黏结剂（如聚乙烯吡咯烷酮等）包覆并干燥可更均匀地将黏结剂分散于粉末中，便于使喷出的黏结剂均匀地渗透到粉末内部。或者将填料分为两部分包覆，其中一部分用酸基黏结剂包覆，另一部分用碱基黏结剂包覆，当两者通过介质相遇时，便可快速反应成形。包覆方法也可有效减少颗粒之间的摩擦，增加其滚动性，但要注意包覆厚度应为 $0.1\sim1.0\mu m$。

成形材料除了填料和黏结剂两个主体部分以外，还需要加入一些粉末助剂调节其性能：加入一些固体润滑剂（如氧化铝粉末、可溶性淀粉、滑石粉等），以增加粉末滚动性，有利于保证铺粉层薄而均匀；加入二氧化硅等密度大且粒径小的颗粒，以增加粉末密度、减小孔隙率，防止打印过程中黏结剂过分渗透；加入卵磷脂，以减少打印过程中小颗粒的飞扬及保持打印形状的稳定性等。另外，为防止粉末由于粒径过小而团聚，需要采取相应措施对粉末进行分散。

相对于其他 3D 打印技术，3DP 技术（黏结剂型）技术不需要复杂的激光系统，整个设备系统简单、结构紧凑，具有成本低、体积小的特点；成形材料可以是热塑性材料，还可以对一些具备特殊性能的无机粉末或成形复杂的梯度材料进行加工，适用材料类型较为广泛；不需要支撑结构就能制造具有内腔或悬臂梁的复杂结构零件；打印过程无污染；成形速度快；维护费用低等。但由于该技术的制造强度和制造精度较低，且喷嘴容易发生堵塞，需要定期维护，目前已经很少被使用。

（2）3DP 技术（树脂型）　PolyJet 聚合物喷射技术［3DP 技术（树脂型）］的成形原理与 3DP 技术（黏结剂型）相似，但其喷射的不是黏结剂而是光敏树脂材料。这种成形工艺可以在一个单一加工过程中沉积不同类型的光敏聚合物，以及具有不同物理、化学性质和力学性能的材料。喷头组件在计算机的控制下，往复扫描生成轨迹并同时喷涂。

PolyJet 技术的工作原理如图 5-8 所示，当光敏树脂喷射到构建托盘上时，两个紫外线灯沿着喷嘴工作的方向射出紫外线，对光敏树脂材料进行固化。之后，构建托盘下降到下一层的深度，喷嘴继续喷射光敏树脂材料进行下一层的打印和固化，如此循环，直到完成整个制件的加工。在构建过程中，打印头喷嘴可以同时喷射两种不同的光敏树脂材料，一种用来生成构建材料，另一种用来打印支撑树脂材料，所以每一层都包含支撑材料和构建材料。每一层的构建厚度仅为 $16\mu m$，在喷涂之后立即被紫外线固化。由于在构建的同时原型已经完全固化，不需要额外进行紫外线固化处理。当整个构建成形过程完成后，只需要使用水枪就可以将支撑材料去除，最后留下的就是拥有整洁、光滑表面的成形工件。此外，PolyJet 技术还支持多种不同性质材料的同时成形，能够制造出非常复杂的模型。

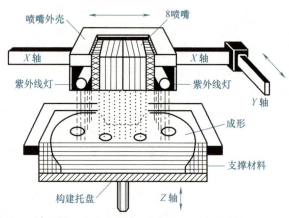

图 5-8　PolyJet 技术工作原理图

与 3DP 技术（黏结剂型）一样，PolyJet 技术可以实现彩色打印，这是 3DP 技术最大的优势；且 PolyJet 技术采用多喷嘴打印，打印速度快、后处理简单。与 SLA 技术类似，使用 PolyJet 技术成形的产品精度非常高，且支撑材料容易去除，表面质量优异，可以制备非常复杂的模型；而与 SLA 技术相比，其设备的成本和操作难度均较低，更有利于高质量 3D 打印产品的普及，但就打印体积比较，其打印速度较慢，且材料利用率相对较低。同时，由于需要使用光敏聚合物，PolyJet 技术仍然面临与 SLA 技术类似的问题，如耗材成本较高，产品的力学强度、耐热性和耐候性都相对较差等。

按照 3D 打印的成形原理，通常将 3D 打印分为两大类——沉积原材料制造与黏合原材料制造，涵盖十多种具体的三维快速成形技术，目前较为成熟和具备实际应用潜力的技术主要有上述五种。若具体到细分类型，不同的成形原理对材料的要求也不同，材料本身的物理特性又会反过来限制不同技术的应用。表 5-2 通过对五种常用 3D 打印工艺进行比较，进一步说明了 3D 打印工艺的应用要求。

140

表 5-2　五种常用 3D 打印工艺比较

3D 打印工艺	SLA	FDM	SLS	LOM	PolyJet
优点	成形速度极快，成形精度、表面质量好；尺寸精度高。适合制作小件及精细件	原材料种类多，成形件强度好；尺寸精度较高，表面质量好，材料利用率高	可直接得到高分子化合物、蜡或金属件；材料利用率高、制造速度较快	成形精度较高，成形时间较短、制造效率高，适合制作大件及实体件；材料利用率高；不需要支撑	成形质量高、打印速度快，可以加工彩色制件；支撑易去除；不需要复杂的激光系统，造价低
缺点	制件需要进行二次固化处理；光敏树脂固化后较脆，易断裂，可加工性不好；成形材料易吸湿膨胀，抗腐能力不强	成形时间较长；制作小件和精细件时精度不如 SLA	制件强度低、表面质量差、尺寸精度低；后处理工艺复杂；制件变形大，严重时甚至无法装配；准备时间和冷却时间长	仅能打印结构简单的模型，不适合制作薄壁原型；表面较粗糙，成形后必须打磨；易吸湿膨胀，工件强度差、弹性差	打印时需要支撑，耗材成本相对较高，材料利用率较低，成形件强度较低
原材料类型	光敏树脂、光敏树脂+金属(陶瓷)	石蜡、热塑性塑料、金属、陶瓷	石蜡、热固性塑料、金属等	纸张、塑料、金属箔片、陶瓷带或复合材料	光敏树脂

（续）

材料形态	液态、液态+粉末	熔融态	固体小颗粒粉末	易切割的薄片材料	液态
制件生产	多为单件生产	多为单件生产	多为单件生产	多为单件生产	多为单件生产
成形原理	层层液体固化	层层挤压固化	层层烧结	层层黏结	层层固化
反应形式	光聚合反应	冷却固化	烧结冷却	黏结作用	光聚合反应
设备	昂贵	低廉	昂贵	昂贵	昂贵
使用费用	激光器有损耗，光敏树脂价格昂贵，运行费用较高	无激光器损耗，原材料便宜，运行费用极低	激光器有损耗，原材料便宜，运行费用较高	激光器有损耗，原材料便宜，运行费用较高	无激光器损耗，光敏树脂价格昂贵，运行费用较高
前景	稳步发展	飞速发展	稳步发展	逐渐被淘汰	稳步发展
应用领域	复杂、高精度、艺术用途的精细件	复杂、高精度、艺术用途的精细件	铸造件	大型实心件	复杂、高精度、艺术用途的精细件
适合行业	快速成形服务	科研院校、企业	铸造行业	铸造行业	快速成形服务
代表公司	3D Systems、Envision TEC	Stratasys	3D Systems、Objet、Solidscape	Fabrisonic、Helisys、Kira	Stratasys

5.1.3　3D 打印技术的阶梯效应

1. 阶梯效应产生的原因

从工艺过程来看，3D 打印技术的本质是"分层—叠加"制造，分层的过程就是用一系列相互平行且与分层方向相互垂直的平面将三维模型离散为一系列薄层片的过程。设其中第 i 个薄层片的体积为 V_i，则三维模型的体积为

$$V = \lim_{d \to 0} \sum_{i=1}^{n} V_i \tag{5-1}$$

式中，d 为各个薄层片厚度的最大值。

对于式（5-1），当 $n \to \infty$ 时，$d \to 0$，即薄层片的厚度趋于无穷小。也就是说，当薄层片的厚度趋于无穷小时，成形的零件与三维模型完全一致。但是在实际的成形过程中，由于制造工艺等因素的影响，导致薄层片的厚度不可能趋于无穷小，而是介于成形设备、工艺要求所允许的最大值与最小值之间，那么成形的实体和三维模型就不可能完全一致，则式（5-1）就变为

$$V \approx \sum_{i=1}^{n} V_i \tag{5-2}$$

这就是引起 3D 打印技术原理性误差——阶梯效应（或称为台阶）（图5-9）的根本原因。采用的是直接对三维模型进行分层处理的方法，分层处理所得到的薄层片由上、下水平面及中间的自由曲面组成。而对于 3D 打印技术，仅仅是由上层或者下层的层面信息来完成一个厚度为 d 的薄层片的制作，用柱面来代替任意自由曲面，

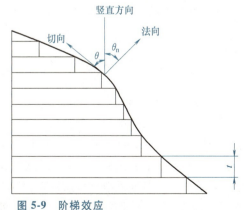

图5-9　阶梯效应

θ—表面构造角　t—单层厚度

141

最后用一系列非连续的柱面来近似地表示三维实体的表面，因此，在 3D 打印过程中必然会产生阶梯效应。阶梯效应是由 3D 打印技术的原理所决定的，因此所产生的误差也称为原理性误差。

2. 阶梯效应模型的建立

原理性误差——阶梯效应的评价指标有阶梯高度 δ 和阶梯面积 S。其中阶梯高度 δ 为沿着三维实体表面法向量方向度量的三维模型原始边界与叠加的薄层片实体边界之间的最大距离；阶梯面积 S 为三维模型的边界与叠加的薄层片实体边界所围成的曲边三角形的面积。

在 3D 打印过程中，由于薄层片的厚度很小，可以把分层处的侧面轮廓曲线当作圆弧来处理。以下层截面信息来制作薄层片，如图 5-10a 所示。曲线 P 为分层处三维模型的一条侧面轮廓曲线；直线 1、2、3 代表的是其中的三个分层平面，分层方向如图 5-10a 中箭头所示，为 z 轴方向；点 O 为曲线 P 曲率圆的圆

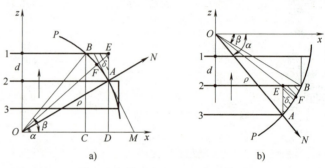

图 5-10 原理性误差与模型表面几何特征的关系

心，曲率半径为 ρ；AM 为曲线 P 在点 A 处的切线，直线 OA 与分层平面的夹角为 α，直线 OB 与分层平面的夹角为 β，其中 $0\leqslant\alpha\leqslant\pi/2$，$0\leqslant\beta\leqslant\pi/2$；向量 N 为点 A 的法向量，其与 x 轴的夹角为 θ。显然，在 3D 打印过程中，是用阶梯形折线 AE、EB 来代替弧线段 AB。

在图 5-10a 中，$\sin\theta=\sin\alpha\geqslant0$，线段 EF 所表示的就是原理性误差中的阶梯高度 δ，阴影部分曲边三角形 ABE 的面积所表示的就是原理性误差中的阶梯面积 S。可以推导得到原理性误差的计算式为

$$\delta=\sqrt{\rho^2+2\rho d\sin\alpha+d^2}-\rho \tag{5-3}$$

$$S=\frac{(\alpha-\beta)\rho^2}{2}+\frac{\rho^2\sin2\alpha}{4}+\rho d\cos\alpha-\frac{(\rho\sin\alpha+d)\sqrt{\rho^2\cos^2\alpha-2\rho d\sin\alpha-d^2}}{2} \tag{5-4}$$

式中，$\sin\beta=\sin\alpha+d/\rho$。

图 5-10b 所示的情况，$\sin\theta=-\sin\alpha\leqslant0$，原理性误差的计算式为

$$\delta=\rho-\sqrt{\rho^2-2\rho d\sin\alpha+d^2} \tag{5-5}$$

$$S=\frac{(\alpha-\beta)\rho^2}{2}+\frac{\rho^2\sin2\alpha}{4}+\rho d\cos\alpha-(\rho\sin\alpha-d)\sqrt{\rho^2\cos^2\alpha+2\rho d\sin\alpha-d^2} \tag{5-6}$$

式中，$\sin\beta=\sin\alpha-d/\rho$。

3. 阶梯效应及其影响因素分析

从式（5-3）～式（5-6）可以看出，3D 打印技术的原理性误差与三维实体表面的法向方向、曲率半径、分层厚度相关。对这些计算式进行分析，可以得到以下结论：

1）在 3D 打印过程中，分层厚度越大，得到的层数越少，成形效率越高，但是成形件表面质量会降低；分层厚度越小，成形件表面质量越高，但是得到的层数越多，成形效率会降低。由此可见，3D 打印成形的效率与成形件表面质量是一对矛盾。

2）在分层厚度和曲率半径不变的情况下，三维模型表面在分层处相对于分层方向倾斜程度大时，成形件表面质量会降低；倾斜程度小时，表面质量会提高。

3）当三维模型表面在分层处的倾斜程度与分层厚度不变时，若三维模型表面的曲率减小，则成形件表面质量会提高；若三维模型表面的曲率增大，则成形件表面质量会降低。

阶梯效应是应用3D打印技术时必然会出现的一个问题，也是在加工过程中避免不了的特征。上述研究在优化方法上虽然不尽相同，但是其优化效果只能满足普通零件的要求，高强度、高精度的零件在使用这种技术时则会受到限制。因此，进一步发掘阶梯效应优化方法是未来发展的一个趋势。

5.1.4　3D打印技术的发展趋势

随着新技术的不断发展，传统制造技术已经不能满足制造业发展的需求，而传统制造技术的低成本优势只有在大批量生产的情况下才能显现出来，制造业未来的发展趋势是个性化定制生产。在这种情况下，3D打印技术的数字化和定制化优势就会凸显出来，在设计生产领域能降低成本，作为技术密集型技术又能增加产品的附加值。对我国而言，3D打印技术将加速制造业转型升级。但是，传统制造技术已经经历了几百年的发展和积累，形成了配套完善、功能齐全的制造体系，所以在未来的十到二十年，3D打印技术即便发展成熟也不可能完全取代传统加工技术，3D打印技术只是传统制造业不断发展过程中的一种补充，又或是刺激制造业不断前进的动力。

目前，3D打印技术存在许多问题，如材料方面的限制、成形精度与成形速度的矛盾、设备及材料的价格昂贵等。在未来的发展中，人们将会在新材料及新工艺、装备与关键器件、与传统工艺相结合等方面对该技术展开更深入的研究。在生物组织制造方面，3D打印技术潜力巨大，应用前景广阔。另外，3D打印技术要克服一些技术瓶颈，实现关键技术环节上的突破，例如：与传统制造结构保持同样的强度；减少成形过程中的变形、细化光斑、优化材料和工艺，以提高制造精度；进行工艺创新与优化，提高光束能量，以提高制造效率等。现阶段，该技术将重点研究陶瓷零件制造、复合材料制造、聚合物喷射快速原型制造、金属直接制造等，其中金属零件3D打印技术作为整个3D打印体系中最为前沿和最有潜力的技术之一，是先进制造技术的重要发展方向，因此本章将着重讨论金属材料的3D打印技术。

5.2　金属材料的主要3D打印技术

传统的铸造成形工艺从铸锭到机加工再到最后的零部件，需要多道工序来完成，材料的利用率较低，并且在铸造过程中对模具的精度要求非常高，而一些复杂程度高的小型零部件甚至无法用铸造的方法进行加工。而3D打印技术不仅可以满足铸造过程中加工困难或无法加工的复杂且几何形状独特的特殊零部件的成形加工需求，还能实现材料的开发与定制化，以及功能梯度材料的开发。目前，应用于3D打印的金属材料主要有铁基合金、钛及钛基合金、镍基合金、钴铬合金、铝合金、铜合金和贵金属等。

金属高性能增材制造技术主要包括以激光选区烧结（SLS）和激光选区熔化（SLM）为代表的粉末床成形技术、以激光近净成形（LENS）为代表的熔覆技术、熔丝沉积技术等。

其中，熔丝沉积方式的金属 3D 打印技术主要分为电子束熔丝沉积和电弧熔丝沉积两类。

金属材料的 3D 打印技术目前主要集中在粉材的研发上，相对于丝材的单一性，粉材可以根据需求随意地搭配所需金属粉材的比例，能够得到更符合工艺要求的成形零件。为了满足 3D 打印的工艺需求，金属粉末必须满足一定的要求。流动性是粉末的重要特性之一，所有使用金属粉末作为耗材的 3D 打印工艺在制造过程中均涉及粉末的流动，金属粉末的流动性直接影响到 SLM、EBSM（电子束选区熔化）中的铺粉均匀性和 LENS 中的送粉稳定性，若流动性太差，甚至会造成打印精度降低甚至打印失败。粉末的流动性受粉末粒径、粒径分布、粉末形状和所吸收的水分等多方面的影响，一般为了保证粉末的流动性良好，要求粉末形状是球形或近球形，粒径为 $10 \sim 100 \mu m$，过小的粒径容易造成粉体的团聚，而过大的粒径则会导致打印精度的降低。此外，为了获得更致密的零件，一般希望粉体的松装密度越高越好，采用级配粉末比采用单一粒径分布的粉末更容易获得高的松装密度。目前 3D 打印所使用的金属粉末的制备方法主要是雾化法。雾化法主要包括水雾化法和气雾化法两种，气雾化法制备的粉末相比于水雾化粉末纯度高、氧含量低、粉末粒度可控、生产成本低且球形度高，是高性能及特种合金粉末制备技术的主要发展方向。

5.2.1　激光选区成形技术

1. SLS 技术

金属粉末材料是 SLS 技术烧结过程最关键的因素之一，可分为直接烧结和间接烧结。直接烧结基于大功率激光直接烧结金属粉末得到成形件；间接烧结则在金属粉末中添加黏结剂，使其熔化后黏结金属粉末，再经后续处理得到金属成形件。两者相比，直接法能够制备出致密度更高的金属件，但耗能相对较大。

直接法一般烧结单一金属粉末，如铜、铅、锡、锌、铝和镁等低熔点金属粉末。直接烧结高熔点的金属材料容易出现球化现象，往往会产生孔洞。目前，主要采用的后处理工艺方法为：①熔渗或浸渍；②热等静压法。熔渗和浸渍都是利用毛细管原理，熔渗是将低熔点金属或合金渗入到多孔烧结零件的空隙中，而浸渍采用的是液态非金属物质浸入。热等静压法是指在高温条件下，通过气体或液体介质，对部件施加各向同等的高压，以增大密度，从而消除部件内部较大的缺陷，如孔洞等，从而提高部件的致密度与强度。热等静压后处理可使零件非常致密，但零件的收缩也比较大。美国得克萨斯大学奥斯汀分校的 Haase 对铁粉的激光选区烧结进行了试验研究，烧结的零件经热等静压处理后，相对密度高达 90% 以上。但直接法的主要缺点是工作速度慢。

间接法成形的坯件必须进行后处理以去除黏结剂，才能形成致密的金属功能件。间接法后处理工艺一般分为三个步骤：①降解黏结剂（聚合物）；②高温焙烧（二次烧结）；③熔渗金属。降解聚合物是指通过加热、保温去除金属粉粒间起联结作用的聚合物。二次烧结是在第一步之后，将坯件加热到更高的温度，建立新的联结，在加热过程中需要保持炉内的温度分布均匀，否则会导致零件的各方向收缩不一致，引起翘曲变形。经高温烧结后，零件内部的孔隙率降低，强度增加，并为其后的金属熔渗做好准备。熔渗金属是指将熔点较低的金属熔化后，在毛细力或重力的作用下，通过成形件内相互连通的孔隙，填满成形件内的所有孔隙，使其成为致密的金属件。间接法的优点是烧结速度快，但主要缺点是工艺周期长、零件尺寸收缩大，而且精度难以得到保证。

为了消除间接法的缺点，用一种低熔点金属粉末替代有机黏结剂，即为双组元法。双组元法烧结金属粉末一般为烧结多组分金属粉末。烧结时，激光将粉末升温至两种金属熔点之间的某一温度（$T_1 < T < T_2$），使黏结金属熔化，并在表面张力的作用下填充结构金属的孔隙，从而将结构金属粉末黏结在一起。为了更好地降低孔隙率，黏结金属的颗粒尺寸必须比结构金属的小，这样可以使小颗粒熔化后更好地润湿大颗粒，填充颗粒间的孔隙，提高烧结体的致密度。此外，激光功率对烧结质量也有较大影响。如果激光功率过小，则会使黏结金属熔化不充分，导致烧结体的残余孔隙过多；反之，如果功率太高，则会生成过多的金属液，使烧结体发生变形。因此对双组元法而言，最佳的激光功率和颗粒粒径比是获得良好烧结结构的基本条件。双组元法烧结后的零件力学强度较低，需要进行后处理（如液相烧结）。经液相烧结的零件相对密度可超过80%，其力学强度也很高。

上述三种金属SLS方法中，一般将直接法和双组元法统称为直接SLS（Direct SLS），而将间接法对应地称为间接SLS（Indirect SLS）。由于直接SLS可以显著缩短工艺周期，因而近年来，其在金属SLS中所占比例明显上升。

由于金属粉末的SLS温度较高，为了防止金属粉末氧化，成形时必须将金属粉末封闭在充有保护气体的容器中。保护气体有氮气、氢气、氩气及其混合气体。烧结的金属不同，要求的保护气体也不同。

2. SLM 技术

SLM技术是在SLS技术的基础上发展起来的，它是为了克服SLS产品所存在的问题而产生的，其工作原理与SLS相类似，都是利用高功率密度的激光束直接熔化金属粉末，实现冶金结合，获得相对密度接近100%、结构复杂、尺寸精度高的金属零件。SLM技术与SLS技术的不同之处在于，后者的粉末材料往往是一种金属材料与另一种低熔点材料的混合物，且成形件表面粗糙、内部疏松多孔、力学性能差，需要进行高温重熔或渗金属填补孔隙等后处理才能使用；SLM技术则要求用激光直接将金属粉末完全熔化，不需要黏结剂，经快速冷却凝固后直接成形出比较致密的金属制件，因此需要高功率密度激光器，并采用光束模式优良的光纤激光器作为加热源，将激光束聚焦到几十至几百微米。之所以能够实现完全熔化，是由于激光加工技术的不断发展，例如激光功率的改变，能够形成更小的聚焦光斑，使用更小的层厚度等。所以采用SLM技术制成的零件具有精度高、致密性好、力学性能良好的优点，只需要一定的精加工即可达到实际应用要求。与SLS相比，SLM在处理有色纯金属的可行性上具有明显的优势。例如，目前无法利用SLS技术制造纯钛、铝、铜等零件，这是由于有色金属有限的液体形成导致了高黏度及其复合球化现象。然而，利用SLM技术则能显著提高有色金属制件的致密性。利用SLM技术可以实现力学性能优于铸件的高复杂性构件的直接制造，但是成形尺寸通常较小，并且只能进行单种材料的直接成形。

图5-11为SLM成形原理示意图。激光束开始扫描前，水平铺粉辊先把金属粉末平铺在成形室的基板上，其厚度为20~100mm，然后激光束按照当前层的轮廓信息选择性地熔化基板上的粉末，加工出当前层的轮廓。此时，成形工作台下降一个层厚度的高度，铺粉辊继续在已加工好的当前层上进行铺粉，激光束按照轮廓信息继续熔化金属粉末，如此逐层堆积，直至完成整个构件的3D打印成形。

整个成形过程中不需要其他工艺和手段，直接加工即可得到所设计的零件。由于是直接成形，为了保障整个成形过程的顺利进行，要求所用的激光能量必须足够大。但由于要求使用功率更高的激光设备，以及烧结过程中使用更薄的金属粉层，从而增加了加工时间，使得生产效率有所下降。同时由于是完全熔化状态，形成的熔池相对较大，导致在液固转化时会发生较明显的收缩，从而产生较大的应力甚至出现开裂的现象。

利用 SLM 技术加工零件时，根据材料和加工要求，可对工作台进行真空处理或充入保护气，这样可

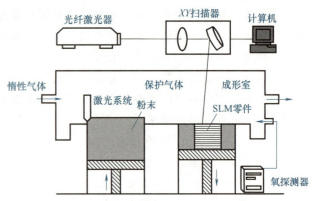

图 5-11　SLM 成形原理示意图

以有效防止金属粉末（尤其是易氧化或燃点比较低的金属粉末）在熔化或凝固过程中被氧化或燃烧，既能确保零件的精度，又能保证加工过程中的安全性。

由于包含铺粉工艺的 SLM 技术是一个合金粉末逐层熔覆沉积的过程，在成形过程中，持续的热输入会对已熔覆沉积层起到类似于循环热处理的作用。因此，在一定条件下，成形件在不同位置可以呈现出不同的微观组织，如图 5-12 所示。SLM 成形过程中的这一特点给梯度功能材料的制备提供了一种可能性。

3. 金属粉末选择性激光成形技术存在的问题

金属粉末选择性激光成形技术是一个比较新的制造领域，在许多方面还不够完善，如目前制造的三维零件普遍存在强度不高、精度较低及表面质量较差等问题。选择性激光成形工艺过程中涉及很多参数（如材料的物理与化学性质、激光参数和烧结工艺参数等），这

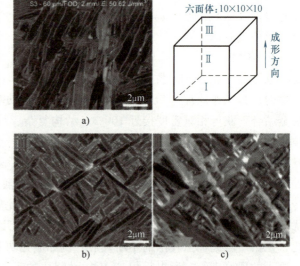

图 5-12　SLM 成形的 TC4 钛合金试样在堆积方向上不同位置处的微观组织

a）底层：Ⅰ　b）中间层：Ⅱ　c）顶层：Ⅲ

些参数影响着烧结过程、成形精度和质量。在成形过程中，由于各种材料因素、工艺因素等的影响，会使烧结件产生各种冶金缺陷（如裂纹、变形、气孔和组织不均匀等）。引起这些问题的主要因素有：

（1）粉末材料性质　粉末材料的物理性质，如粉末粒度、密度、热膨胀系数及流动性等对零件缺陷的形成有重要的影响。粉末粒度和密度对成形件的精度及表面质量也有显著的影响。粉末的膨胀和凝固机制对烧结过程的影响可导致成形件孔隙增加和抗拉强度降低。

（2）工艺参数　激光和烧结工艺参数，如激光功率、光斑直径、扫描速度和方向及间距、扫描方式、烧结温度、烧结时间和层厚等，对层与层之间的黏结，以及烧结体的收缩变形、翘曲变形甚至开裂都会产生影响。此外，预热是金属粉末选择性激光成形过程中的一个

重要环节，对金属粉末材料进行预热，可减小因烧结在工件内部产生的热应力，从而防止产生翘曲和变形，提高成形精度。

（3）后处理影响　利用选择性激光成形技术虽可直接成形金属零件，但成形件的力学性能和热学性能还不能很好地满足直接使用的要求，经后处理后可明显得到改善，对尺寸精度有所影响。

5.2.2　电子束选区熔化技术

根据热源的不同，金属零件增材制造技术可分为电弧型、激光型和电子束型三类。电弧增材制造技术的主要应用目标为大尺寸、形状较复杂构件的高效快速成形，而激光和电子束增材制造主要用于形状复杂的小尺寸构件的精密快速成形。在金属零件制造过程中，对激光器功率的要求越来越高，运行成本随之提高，而电子束因为具有高功率、高能量利用率、无反射及真空环境污染少等优势，得到了广泛关注，科研人员也对其展开了相应的研究。

1. EBSM 技术的工作原理

电子束选区熔化（EBSM）技术的工艺过程与 SLM 技术相类似，只是热源不同。EBSM的工作原理如图 5-13 所示。在真空室内，电子束在偏转线圈的驱动下，根据零件的数字三维文件，按照预先设定的路径进行扫描，熔化预先铺匀的金属粉末，待完成一个层面的扫描后，工作台会下降一个层厚的高度，铺粉器会重新铺上一层均匀的金属粉末，电子束再次扫描熔化，如此反复铺粉、扫描、层层堆积，直至零件成形完成。在完成最后一层粉末的熔化后，成形室中的零件是在水或氦气循环下加速冷却。

相对于目前使用较多的激光来说，电能转换为电子束的效率更高，材料对电子束能的吸收率更高、反射更少。因此，电子束可以形成更高的熔池温度，成形一些高熔点材料甚至陶瓷。并且电子束的穿透力更强，可以完全熔化更厚的粉末层。在 EBSM 工艺中，铺粉层厚超过 $75\mu m$，甚至可以达到 $200\mu m$，在提高沉积效率的同时，电子束依然能够保证良好的层间结合

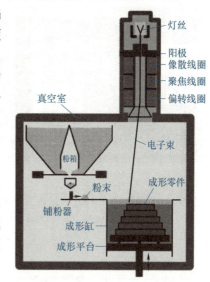

图 5-13　EBSM 工作原理图

质量。同时，EBSM 技术对粉末的粒径要求更低，可成形的金属粉末粒径范围为 $45 \sim 105\mu m$ 甚至更大，降低了粉末耗材成本。

EBSM 工艺利用磁偏转线圈产生变化的磁场，驱使电子束在粉末层上快速移动、扫描。在熔化粉末层之前，电子束可以快速扫描、预热粉床，使温度均匀上升至较高温度（ > 700℃），减少热应力集中，降低制造过程中成形件翘曲变形的风险；成形件的残余应力更小，可以省去后续的热处理工序。

由于 EBSM 技术是在真空环境中完成零件的成形，成形件中没有其他杂质，零件材料的纯度高，这是其他快速成形技术难以做到的（如在 SLM 技术中，即使采用充氩气保护，仍有可能因为成形室气密性不好或保护气纯度不高等而引进新的杂质），惰性真空能有效地防止粉末带静电充电和"烟雾"现象的发生，有效地延长了灯丝的寿命。

2. EBSM 技术的应用

近年来，EBSM 技术因其对材料几乎无反射、预热温度高、成形室为真空环境等优势而被广泛应用于高温难熔脆性金属的成形。EBSM 技术可加工 Ti6Al4V、钛铝合金、钴基合金、镍基合金、铜和 316L 不锈钢等多种粉末材料，研究人员对这些粉末材料 EBSM 成形件的组织与性能进行了大量研究，发现不同材料 EBSM 成形组织结构的共同点是都存在与成形方向平行的能增强材料的蠕变特性和提高其抗疲劳能力的柱状晶粒（图 5-14）。

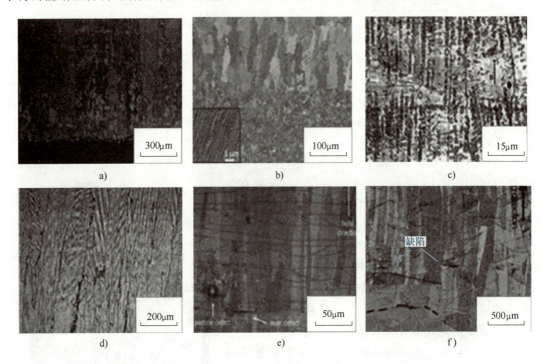

图 5-14　不同材料 EBSM 成形组织中平行于成形方向的柱状晶粒

a）Ti6Al4V　b）Ti48Al2Nb2Cr　c）Inconel 625　d）Co29Cr10Ni7W　e）纯铜　f）316L 不锈钢

3. 粉末溃散

在 EBSM 工艺中，预置的粉末层会在电子束的作用下溃散，离开预先的铺设位置，此即"吹粉"现象（图 5-15）。作为 EBSM 成形过程中特有的现象，"吹粉"的产生会导致成形件的孔隙缺陷，甚至会导致成形中断或失败。

"吹粉"现象的影响因素主要有电子束电流、加速电压、扫描速度、粉末流动性和粉末的大小，其中粉末流动性又是最为关键的因素。3D 打印技术常用的雾化金属粉末中，气雾化粉末为形状规则的球形粉末，由于其流动性好、粉末之间的摩擦系数和运动黏度小，因此极易发生溃散现象，只能在较低的电子束电流和扫描速度下成形。水雾化粉末形状不规则、粉末之间相互搭接、摩擦系数和运动黏度远大于气雾化粉末，所以可以提高电子束电流和扫描速度。

当扫描路径不连续、断续跳越时，由于新起点粉末的温度来不及升高，极易发生"吹粉"现象，因此扫描路径应尽量保持连续。而水雾化粉末在成形过程中不易得到连续扫描路径，其原因是水雾化粉末的表面形状不规则，表面能高。当电子束作用到其上时，不规则

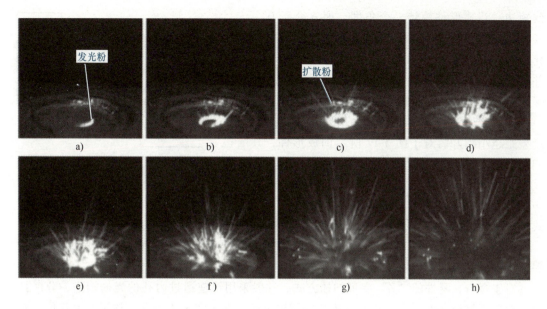

图 5-15 "吹粉"现象

a）$t=5$ms b）$t=10$ms c）$t=15$ms d）$t=20$ms e）$t=25$ms f）$t=30$ms g）$t=35$ms h）$t=40$ms

的尖角部位迅速熔化，将周围的粉末黏结在一起，随着电子束电流的增加和线扫描速度的降低，粉末熔化程度加剧，周围的粉末被熔池大量吸收过来。当电子束扫描下一个点时，由于该点与前一点相邻区域的粉末被吸走了一部分，造成该点周围的粉末数量不够，从而产生聚球和扫描线断开的现象。在较低的电子束电流和线扫描速度下，气雾化粉末也被前一点的熔池吸走了一部分，但其松装密度比水雾化粉末高，当前点仍有足够多的粉末满足熔化需要，所以气雾化粉末能形成连续的扫描线。

研究表明，将气雾化和水雾化两种粉末以不同比例相搭配进行成形试验，可以很好地解决粉末溃散及表面质量差等问题，得到了适合 EBSM 技术的粉末材料。两者的比例：气雾化粉末为 60%～80%；水雾化粉末为 20%～40%。气雾化粉末直径较大，作为"骨架"材料；水雾化粉末直径较小，作为填充材料。

4. 扫描线扫描方式

EBSM 技术中，金属粉末按断面轮廓信息需要完全熔化及无孔洞决定了成形件内部同一条扫描线的数据点之间与相邻扫描线之间都必须有一定的重叠度，扫描线的扫描不仅占据了每层扫描的绝大多数时间，而且扫描线质量的好坏对成形件的内在质量具有直接影响。因此，扫描线的扫描是 EBSM 技术的主要研究对象。在常见的扫描线的扫描方式中，"Z"字形扫描方式克服了单向扫描带来的微观组织各向异性的不足及空行程引起的冗余扫描时间，扫描方式也相对简单，而且偏转线圈对扫描信号改变的响应速度快。

当成形区域温度较低时，若扫描线长度突然发生变化，特别是突然增加，由于长出的部分粉末温度较低，而电子束能量无法及时调整，非常容易造成"吹粉"或熔化不充分，或材料迅速凝固，聚团成球。针对粉末完全熔化成形技术中经常出现的第一条扫描线球化或第一条边不稳定的问题，在零件的 CAD 建模时将其旋转一定角度：对于图 5-16 所示的长方形成形件，当 $\beta=90°$ 时，第一条扫描边为长方形的长边；当 $\beta=0°$ 时，第一条扫描边为长方形的短边；当成形件旋转一个角度，即 β 介于 $0° \sim$ $90°$ 之间时，第一条扫描边长度很小，甚至可以退化为一个点，从而大大减小了第一条线的长度，并有效避免了"吹粉"或球化现象的发生，从而保证了扫描起始区间的成形质量。

从工艺稳定性的角度出发，相邻扫描线的长度差距越小越好。对于图 5-17 所示的成形件，其相邻扫描线的长度差距为

$$\Delta s = \frac{2\Delta h}{\sin 2\beta} \tag{5-7}$$

图 5-16 成形件旋转的填充线扫描方式示意图

式中，Δh 为相邻扫描线的间距；β 为成形件的旋转角度。

当旋转角度 $\beta = 45°$ 时，相邻扫描线的长度差距最小，这样大大减少了不良现象的发生，保证了扫描区域的成形质量。

对于含内孔零件的"Z"字形扫描方式，一般采用快速通过内孔的光栅扫描、分区扫描和轮廓偏置扫描三种形式。轮廓偏置扫描需要电子束在 x 和 y 两个方向频繁发生变化，对松散粉末造成了很大的扰动，不利于熔化成形。当采用 EBSM 技术成形内部完全致密的金属零件时，其扫描线间距很小，如果采用通过内孔的光栅扫描方式进行熔化成形，则会产生很多空行程，影响成形效率，如图 5-17a 所示。分区扫描将零件分成多个子区域，相邻的子区域首尾相连（1→2→3→4），形成连续的扫描路径，如图 5-17b 所示。分区扫描方式能减少空行程，成形效率高，但分层软件的程序编制复杂。

为此，在对含内孔零件进行 CAD 建模时，采用薄层切割法将内孔零件切成单连通区域，具体做法如图 5-17c 所示。切片为一个没有厚度的薄层，将零件分成 1 和 2 两个单连通区域，依次进行"Z"字形扫描，切缝部位依靠熔池进行"缝合"。薄层切割法的好处：①能够避免复杂的数据处理，将复杂的多连通区域简化成多个单连通区域；②能够将填充线长度变短，相邻填充线的扫描时间间隔缩短，从而在扫描当前线段时，上一条扫描线不仅保持了较高的温度，而且对当前熔化粉末有预热作用，粉末抗溃散能力与成形性都有极大的提高。

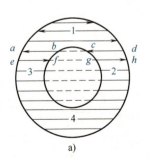
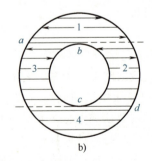
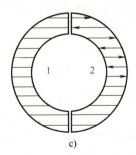

a)   b)   c)

图 5-17 含内孔零件的"Z"字形扫描方式示意图

a) 光栅扫描 b) 分区扫描 c) 薄片切割

5. 工艺参数对成形件的影响

EBSM 成形过程中，引入体能量密度这一概念来解释工艺参数对成形件的影响。体能

量密度是指电子束选区熔化每层粉末时，单位体积粉末获得的能量。体能量密度可表示为

$$E = \frac{P}{\pi htv} f \tag{5-8}$$

式中，P 为功率；v 为扫描速度；h 为扫描间距；t 为粉末层厚；f 为修正系数。对于确定的粉末，当扫描间距一定时，功率和扫描速度的比值 P/v 直接反映体能量密度的变化趋势。

（1）体能量密度（P/v）对成形质量的影响　成形零件的质量主要受成形过程工艺参数的影响，理想的成形件表面平整且表面粗糙度值小，扫描线光滑连续，内部组织致密，无气孔、裂纹和未熔合等缺陷。对 Ti6Al4V 粉末进行构造时发现，工艺过程对表面质量和内部结合影响较大，若能量输入不足，则容易导致扫描线不连续，从而使表面粗糙，如图 5-18a、c 所示。

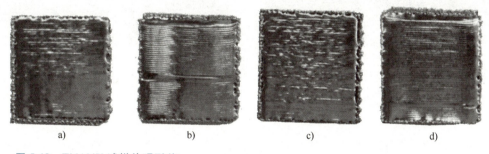

a)   b)   c)   d)

图 5-18　Ti6Al4V 试样外观形貌

a）P/v = 0.24、0.48、0.72　b）P/v = 0.48、0.96、1.44　c）P/v = 0.3、0.6、0.9

d）P/v = 0.6、1.2、2.4

注：P/v 的单位为 J/mm。

151

提高能量输入，扫描线将变得光滑连续，但成形试样两侧有凸起。这是由于能量密度输入高、熔池作用时间长、流动性好，电子束扫描时将液相金属推向两侧，如图 5-18b、d 所示。EBSM 在真空条件下进行，有效避免了氧、氮、氢等气体对试样的不良影响，若成形件内部存在孔隙，则可能是由于 Ti6Al4V 粉末为气雾化粉末，当能量密度低时，熔池存在时间短，不利于气体的逸出，如图 5-19 所示。采用能量渐增的扫描方式，使粉末形成预烧结，可以有效防止粉末的球化，但如果能量输入不足，则仍不能避免未熔合缺陷的产生。有试验结果表明，增加体能量密度能够明显改善内部结合情况，提高成形件的致密性。

（2）体能量密度（P/v）对微观组织的影响　体能量密度（P/v）对细针状马氏体区和片状 α 相均有显著的影响。随着体能量密度的升高，熔池获得的热量增加，熔池变深变宽，快速凝固后马氏体区的高度增加，如

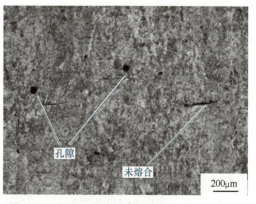

孔隙

未熔合

200μm

图 5-19　Ti6Al4V 试样内部缺陷

图 5-20 所示。熔池凝固时，沿高度方向的温度梯度远大于其他方向，晶粒呈柱状晶生长，柱状晶在体能量密度提高时发生粗化。钛合金中细针状马氏体处于亚稳定状态，在加热温度高于 300℃ 会发生强烈的分解。体能量密度越大，不稳定细针状马氏体区在热循环中得到的热量越多，细针状马氏体向魏氏组织和网篮组织转变得越充分，细长片状 α 相也粗化。在体能量密度相当时，扫描速度越快，冷却速度也越快，马氏体区越高。

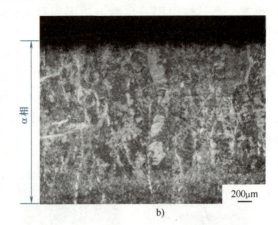

图 5-20　不同成形条件下的马氏体区
a）*P*/*v* = 0.3、0.6、0.9　b）*P*/*v* = 0.6、1.2、2.4
注：*P*/*v* 的单位为 J/mm。

目前，EBSM 使用的原材料大多为不锈钢金属粉末和钛合金粉末，所制造零件的力学性能可以达到并超过使用传统成形工艺制备的金属零件，而且可以制造一些传统工艺很难加工的复杂形状构件。但是随着科技发展，使用单一材料制备的零件很难满足某些极端特殊环境条件下的应用，所以今后电子束增材制造应该向复合材料和功能梯度材料等方向发展，这必将促进电子束增材制造技术在航空航天等领域的应用。

5.2.3　激光熔覆技术

激光熔覆技术属于金属及其复合材料的 3D 打印技术，是激光强化制造、激光再制造及激光 3D 制造技术的重要支撑技术。激光熔覆技术是可以满足成形、成性一体化需求的增材制造技术，可兼顾精确成形和高性能成性，集激光技术、计算机技术、数控技术及材料技术等诸多现代先进技术于一体，已逐渐发展成可实现智能制造的先进技术。

1. 激光近净成形技术

粉末熔覆技术是现在最常用的金属 3D 打印技术，其中最具代表性的是激光近净成形（Laser Engineered Net Shaping，LENS）技术。激光近净成形技术可以实现金属零件近净成形，尺寸误差小，成形后的产品只需要简单的精加工或不需要任何处理就可以使用。通过调整加工工艺参数，可在零件任意部位获得所需成分和功能，进行梯度功能材料制造。成形零件致密度高、成分均匀、组织细小、性能好，因此，LENS 技术被广泛应用于航空航天、核能与汽车制造等领域，成为国内外增材制造领域的研究热点。与传统制件相比，在塑性没有损失的情况下，采用 LENS 工艺制造的金属件的强度显著提高。

该技术综合了激光熔覆与快速成形两项技术的优点，属于一种全新的制造技术，其成形系统组成如图 5-21 所示。这种技术使用高能激光作为热源，并以金属粉末作为填充材料。首先通过高能量激光聚焦后所形成的光斑在其熔覆区域形成一个小的液态金属熔池，并利用惰性气体将定量的粉末运送到液态金属熔池中，粉末在熔池中熔化，凝固后形成一个致密的金属点，固定在数控设备上的基板会沿着设定的路线移动并产生一道凝固的金属，当熔覆路线重合时，一道道的金属进行搭接熔覆，一个完整的熔覆层就完成了，实现了熔液由点到线、由线到面的顺序凝固。这时熔覆头和金属粉末喷嘴会向上移动一个熔覆层厚度的距离并开始下一个熔覆层的工作。

图 5-21　激光近净成形系统组成示意图

这一过程不断重复，层层叠加，最后制造出近净成形的零部件实体。

　　LENS 按照加工材料的供应方式可分为预置送粉和同步送粉两种类型，其中以同步送粉为主要技术特征的激光冲击成形（Laser Shock Forming，LSF），是在 LENS 的基础上发展起来的，被认为是实现高性能复杂结构致密金属零件快速无模自由成形的新型激光加工技术。该技术的原理与 LENS 类似，与 LENS 不同的是，LSF 所使用的激光器功率、沉积速率及数控机床的可动轴数不同。LSF 不仅可以实现力学性能与锻造相当的复杂高性能零部件的高效率制造，同时制件成形尺寸基本不受限制。由于该技术所具有的材料同步送进特征，还可以实现同一制件上多材料的任意复合和梯度结构制造，方便进行新型合金设计，并可用于损伤构件的高性能成形修复。同时，LSF 技术还可以与传统加工技术，如锻造、铸造、机械加工或电化学加工等等材或减材加工技术相结合，充分发挥各种增材与等材或减材加工技术的优势，形成金属结构件的整体高性能、高效率、低成本成形和修复的新技术。

　　预置送粉激光近净成形是预先将金属粉末铺在待熔覆基体上，然后再进行熔化。从传热学角度分析，预置送粉方式是激光照射铺在基体上方的粉末，预置层表面经过激光束扫描后吸收大量能量并快速升温发生熔化，同时表面热量又通过热传导向基体传导，进而使整个预置层粉末和基体表面薄层熔化，经激光扫描熔化后的金属粉末与基体的熔化薄层快速凝固，形成了结合紧密的熔覆涂层。在热传导过程中，由于粉末疏散，导热系数较低，基体加热较慢，基体与粉末之间产生温度差，为使基体形成良好的熔池，不得不提高激光的功率，在熔覆过程中可能会烧损某些金属元素，同时预置的粉末层还会反射更多的激光，降低激光利用率。

　　同步送粉方式是在激光熔覆的整个过程中采用特定的送粉系统，将金属粉末不断地同步送到激光扫描区，在激光的照射下，金属粉末和基体表面的少量薄层同时发生熔化，激光扫描后，被熔化的金属粉末和基体表面薄层迅速冷却结晶形成熔覆涂层。采用同步送粉方式，激光可以直接照射到基体表面，具有操作灵活、送粉均匀、导热系数高等特点，是目前激光熔覆的主流送粉方式。

　　对于同步送粉激光近净成形技术，粉末的喷出方式可分为侧向送粉和同轴送粉，其原理如图 5-22 所示。作为传统送粉方式的侧向送粉因其操作简单被广泛使用，但这种方式是将粉末从激光束的一侧送入熔池之中，成形时每层平面上不同方向上的工艺条件不同，成形量

153

激光束

粉末喷嘴

激光束

喷嘴

粉末流

熔覆层

基体

熔覆层

基体

a)

b)

图 5-22　侧向送粉和同轴送粉原理图

a）侧向送粉原理图　b）同轴送粉原理图

和形状尺寸的各向异性较强，难以形成复杂形状零件，而且这种送粉方式的送粉聚中性较差，加工方向较为单一，激光束不能得到很好的控制，容易与送给粉末的重合作用区发生偏离；在激光熔覆过程中不易保证制件的质量，金属粉末利用率较低，同时送粉器的侧向结构也会影响加工时的方便性和灵活性。同轴送粉方式中，激光束与送粉设备喷出的粉末束的中轴线平行，平面内各个方向的出粉量差别不大，因此构件同层各方向的形状和尺寸差异小，加工精度更高，适用于激光快速成形及构件的修复和再制造。

　　LENS 技术主要用于打印比较成熟的商业化金属合金粉末材料，包括不锈钢、钛合金、镍基合金等。该技术具有能够实现非均质和梯度材料零件的制造、复杂曲面的修复等功能，如图 5-23 所示。目前该技术主要应用于航空航天、汽车、船舶等领域。

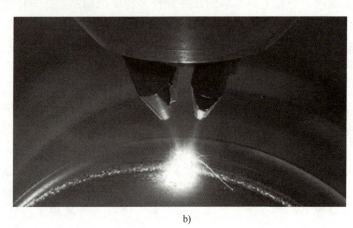

a)

b)

图 5-23　利用 LENS 技术对零部件进行制造和修复

a）LENS 制造发动机叶片　b）LENS 对破损的零件进行修复

　　LENS 技术实现了金属零件的无模制造，节约了成本，缩短了生产周期。同时该技术还解决了复杂曲面零部件在传统制造工艺中存在的切削加工困难、材料去除量大、刀具磨损严重等一系列问题。LENS 生产的金属件组织晶粒细小、致密，能够避开采用传统锻造技术所产生的宏观缺陷和组织缺陷所导致的较差的力学性能。同时该方法利用材料和激光相互作用时可以快速熔化和凝固，使其可以得到常规加工方法无法得到的组织，如高度细化的晶粒、晶内亚结构、高度过饱和固溶体等。但是，该工艺在成形过程中会产生很大的热应力，制件容易开裂，精度较低，制件多为简单的薄壁金属件，且不易制造带悬臂的零件，粉末材料利用率偏低，对于价格昂贵的钛合金粉末和高温合金粉末，制造成本是一个必须考虑的因素。同时由于受到激光斑点大小和工作台运动精度的影响，使得制件的质量较差，需要进行后续的机加工才能满足使用要求。

采用 LENS 技术制备梯度功能材料，不仅可以获得成分呈梯度变化的材料，还可以根据材料实际的工作环境和所需要满足的使用性能，来设计三维空间内材料成分的变化和分布，并在成形过程中通过合理控制工艺参数来获取所需的组织和性能。但是与制备一种合金材料相比，利用 LENS 技术制备梯度功能材料容易产生熔化不均匀的现象或气孔、裂纹等缺陷，这是由不同材料的物理性质（如密度、热胀系数、熔点、激光的吸收率等）各不相同导致的，因此在实际操作中要求成分设计更加合理，工艺参数的选择更加精确。另外，由于粉末材料的熔点、密度、球形度、尺寸等因素，在送粉时，粉末的行动轨迹与熔化情况不一定满足理想状况，有些粉末会出现熔化不完全或不在熔池之内等现象，相比于制备单一材料，这些现象产生的问题更加严重，会造成实际成分与设计成分的差异，难以满足所应达到的性能标准。因此，需要物理性质更优异的原始粉末、更合理的成分设计、更先进的送粉系统、更优化的 LENS 工艺及对于成形构件更科学的性能评价体系。

2. 直接金属沉积技术

直接金属沉积（DMD）技术与 LENS 技术相似，区别在于 DMD 技术能够实时反馈控制熔覆层的高度、化学成分和微观组织。DMD 成形材料的种类范围很广，包括不锈钢、工具钢、镍基合金及其他高温合金等，材料沉积速度可以达到 $4cm^3/min$。在成形精度控制方面，DMD 成形系统（图 5-24）专门配备了光学反馈控制系统，通过三个夹角为 120° 的过程传感摄像机，从构建件的不同角度来监控熔池信息（包括熔池的形状、温度等），并将实际尺寸和理想尺寸进行对比与计算，如果零件的几何形状与指定的几何形状发生偏离，则可由系统检测出来。同时，

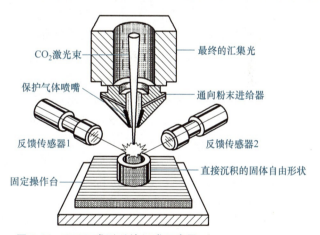

CO_2 激光束　最终的汇集光
保护气体喷嘴　通向粉末进给器
反馈传感器1　反馈传感器2
固定操作台　直接沉积的固体自由形状

图 5-24　DMD 成形系统组成示意图

也实时监控熔池的大小。根据生产过程中的产品质量和尺寸稳定性，对过程变量（如粉末流速、数控速度、激光功率）进行调整，保证了构建件质量和精度的稳定性。

DMD 技术集成了激光熔覆技术和快速成形技术的优点，具有以下特点：①不需要模具，可实现复杂结构的制造，但悬臂结构需要添加相应的支撑结构；②成形尺寸不受限制，可实现大尺寸零件的制造；③可实现不同材料的混合加工与梯度功能材料的制造；④可对损伤零件实现快速修复；⑤成形组织均匀，具有良好的力学性能，可实现定向组织的制造。

DMD 技术为航空航天、工模具等领域高附加值金属零部件的修复提供了一种高性能、高柔性技术。由于工作环境恶劣，飞机结构件、发动机零部件、金属模具等高附加值零部件往往因磨损、高温气体冲刷烧蚀、高低周疲劳和外力破坏等因素导致局部破坏而失效。另

外，零件制造过程中的误加工损伤是其被迫失效的另一重要原因。若这些零部件被迫报废，则将使制造厂方蒙受巨大的经济损失。与传统热源修复技术相比，DMD 技术因激光的能量可控性高、位置可达性高等特点而逐渐成为关键修复技术。

3. 激光熔覆技术的技术关键

激光熔覆技术的技术关键包括：精密高质量同轴送粉熔覆系统；激光熔覆的工艺优化与稳定性；激光熔覆过程的检测与闭环控制。

（1）精密高质量同轴送粉熔覆系统　激光熔覆本身是一种涂层技术，将激光熔覆层沿垂直方向进行空间多层叠加便可以制造出三维金属零件。激光熔覆作为一种制造技术，必须要求熔覆层的尺寸和性能沿各个方向保持一致，在涂层熔覆中所用的侧向送粉系统无法满足要求，因而需要发展高性能的同轴送粉喷嘴；制造过程中要求送粉量保持很高的均匀性，一般的送粉器也难以达到低速、均匀性要求，这就要求发展高质量的精密送粉器。

（2）激光熔覆的工艺优化与稳定性　激光熔覆作为层叠添加式制造过程，首先需要保证单道熔覆层的质量。熔覆层整体质量包括熔覆层厚度、宽度、稀释率、缺陷率、成分、冶金结合状况及微观组织和性能等。熔覆层质量受许多因素影响，包括激光参数（激光功率、光束模式、光斑直径、光波波长）、材料特性［熔覆材料和基体材料的物理特性（导热系数、熔点、热胀系数等）、熔覆材料对基材的浸润性、熔覆材料与基材的固溶度、熔覆材料对光束的吸收率等］、加工工艺参数（光束扫描速度、同步送粉速率、多道搭接时的搭接率）和环境条件（保护气体、预热、缓冷条件等）。

为得到良好的熔覆层，上述条件均需要优化，其中激光功率、光斑直径、扫描速度和送粉速度是关键的影响因素，它们共同作用确定了熔覆层的宽度和厚度，从而影响激光制造的形状、制造精度和效率。稀释率也是需要注意的因素，当稀释率高时，熔覆层凝固后较平，与基层结合较好；而稀释率太低时，熔覆层凝固后为球形，与基层结合较差。稀释率与激光功率成正比，而与扫描速度和送粉速度成反比。由此，在熔覆制造过程中，为保证质量，必须保证以下三点：①激光功率必须能够熔化基层；②稀释率必须能够使上层与下层紧密结合；③激光束在穿过熔覆粉末后，必须有足够的剩余能量到达基层。要保证以上三点，必须调整好激光功率 P、扫描速度 v 和送粉速度 M。

激光熔覆直接制造不仅要求激光熔覆工艺的优化，更重要的是要保证激光熔覆过程的稳定性，这是影响激光熔覆直接制造精度的关键因素，主要包括熔池温度的稳定性、熔池形状的稳定性、喷嘴与熔池距离的稳定性、零件形状的影响和单层熔覆层的厚度稳定性及其多层叠加特性带来的温度累积效应等。

要确保上述各因素的稳定性从而保证制造精度，首先需要对激光熔覆制造系统的硬件设备的性能指标提出较高的要求，其中包括：激光输出功率、光斑模式、光束指向的稳定性；激光工作头聚焦镜片的热透镜效应要低；同轴送粉喷嘴的对中性和粉末流的均匀性；送粉器的送粉精度要高、可控制性要好。

（3）激光熔覆过程的检测与闭环控制　激光熔覆制造过程包含成百上千次层叠循环，单道熔覆过程中上述诸多因素中任何一项因素的不稳定和层叠循环过程中可能产生的扰动会直接影响制造结果，一旦扰动因素循环增强，制造过程将出现不可控的结果，使得后续层叠过程无法进行。因此，除保证上述硬件设备条件的稳定性外，熔覆制造过程的检测与闭环控制也是极为重要的。

目前，国际上DMD技术的研究发展重点是熔覆过程中检测与闭环控制系统的研制。通过对熔覆过程中某些关键因素的实时检测，反馈闭环控制激光器输出功率、光束扫描速度、送粉速度和喷头升高高度，来补偿制造过程中的外部环境变化和主要输入参数不可预料的随机变化。图5-25所示为某DMD制造系统的闭环控制回路，该系统通过数控机床、CAD/CAM及反馈控制器等，将DMD制造过程中各硬件装备和工艺软件均包含在一个控制回路中。国际上，各研究机构对检测与闭环控制的研究发展各有特色，其中美国的研究较为深

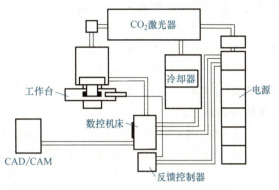

图 5-25 某 DMD 制造系统的闭环控制回路

入，密歇根大学已申请了闭环控制的一项专利；德国的几个研究机构也有较多的研究结果；我国清华大学机械系在国内率先进行了激光制造过程的检测与控制研究，已取得良好的进展。

DMD技术在新型汽车制造、空间、航空、新型武器装备中的高性能特种零件和民用工业中的高精尖零件的制造领域，尤其是在常规方法很难加工的梯度功能材料、超硬材料和金属间化合物材料的零件快速制造及大型模具的快速直接制造方面将具有极好的应用前景。DMD技术的应用范围主要包括：特种材料复杂形状金属零件直接制造；模具内含热流管路和高导热系数部位制造；模具快速制造、修复与翻新；表面强化与高性能涂层；敏捷金属零件和梯度功能金属零件制造；航空航天重要零件的局部制造与修复；特种复杂金属零件制造；医疗器械零件制造等。

5.2.4 熔丝熔覆技术

金属粉末熔覆是目前应用和研究最广的3D打印技术，这些技术在制造复杂的小型零件时体现了良好的适应性。但是，粉末熔覆技术存在熔覆效率低、产出低、表面质量差及残留气孔等问题，同时会给加工后的处理，如粉末的回收、存储等带来很大的麻烦。为了消除上述问题，可以改变填充材料，其中一个解决办法就是使用丝状填充材料。

熔丝熔覆3D打印技术在制造尺寸精度要求较高的大型零件方面有很好的应用前景。加工时，先使用合适的能源在基体上加工一个尺寸较小的熔池，然后以可控的速度将焊丝送入熔池中，利用能量源将其熔化，控制送丝机和能量束在设定好的路径上移动并形成金属焊道，经过多条焊道的重叠熔覆，完成一个熔覆涂层，如此反复操作，最终完成零件的加工。

相对于填粉，送丝对于金属3D打印有很多优点，其中最为显著的是送丝速度较快。由此可以看出，高能束熔丝熔覆技术有较高的熔覆速度。然而，熔丝熔覆对于一些特定参数极其敏感，如能量源的种类、热输入、送丝速度和送丝位置，以及焊丝尖端在熔池中的位置和横向速度等，在加工过程中应小心控制这些参数。熔丝熔覆3D打印所使用的能源主要有激光、电子束和电弧，其中将激光和电子束作为能源的熔丝熔覆技术相对较多。

1. 激光熔丝熔覆技术

相对于激光粉末熔覆技术，激光同步送丝熔覆技术中的金属丝材为刚性输送，无发散，

材料利用率几乎为100%，节能环保。此外，丝材易于获得，制作成本相对较低，而且丝材刚性送入更容易实现精确控制，因此送丝熔覆具有很好的发展前景。

激光熔丝熔覆增材制造的基本形成过程：激光与送丝机构为同轴运动，激光束与金属丝材在基体上聚焦为一点，并形成熔池，随着制造过程的进行，由于金属液体表面张力的作用，熔池移动方向和激光束移动方向一致，之前被熔化的熔液快速凝固形成熔覆层，激光束移动的轨迹即熔覆层的形成轨迹。激光熔丝熔覆是通过"点→线→面→体"的形成方式来实现构件的制造的。

在激光熔丝熔覆过程中，熔丝过渡到基材表面有两种基本形式——熔滴模型和熔池模型。熔滴模型是指金属丝末端受到激光束的加热后熔化而形成熔融金属液滴，这些液滴在重力和表面张力的综合作用下滴落到基体表面，冷却后凝固成熔覆道。该模型下得到的熔覆层表面形貌不平整、断续。熔池模型是指当激光功率足够大时，熔池就会在已凝固熔道和金属基体表面之间形成，金属丝被送入熔池吸收其热量而熔化，冷却后凝固成熔覆道。该模型下得到的熔覆层表面较为平整、光滑。

目前激光熔覆的送丝方式一般采用侧向送丝，即将丝材从激光束外侧送入激光在基材上所形成的熔池中，丝材相对聚焦光束轴线倾斜布置，其工作原理如图5-26所示。这种方法存在的主要问题包括：光斑周向和丝材相对位置不同，进行二维和三维扫描时将呈现熔道形貌与质量各向异性；不同离焦量下光斑和丝材位置关系会发生变化，无法实现精确的光、丝耦合；丝材受到激光束单边照射，受热不均匀。这些缺陷限制了侧向送丝激光熔覆技术的推广应用。

图 5-26　侧向送丝激光熔覆增材制造技术

侧向送丝激光熔覆过程中，熔池的大小是衡量成形条件是否合理的主要因素。熔池过大，会导致先前的熔覆层熔化过度而变形，甚至流陷，严重影响成形质量；熔池过小，则会导致先前的熔覆层熔化不足，使熔覆层之间的结合力不足而产生缝隙，从而对零件的力学性能产生恶劣影响。熔池大小由输入的激光功率及激光与材料的交互作用共同决定，所以控制激光功率和弄清激光和材料之间的交互作用就显得十分必要。

目前，激光熔丝熔覆技术被广泛用于制造 Ti 和 Ti6Al4V 合金，如图 5-27 所示。国内外

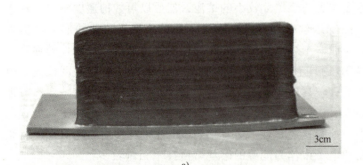

a)　　　　　　　　　　　　　　　　b)

图 5-27　熔丝熔覆加工的模型

a) 采用 Ti6Al4V 熔丝熔覆加工的薄壁熔覆物　b) 机械加工后的推进器

很多研究都对其组织结构和力学性能进行了评估，研究结果表明，激光熔丝熔覆中的激光功率和熔覆速度对组织结构的影响与其在粉末激光熔覆中的影响相类似，熔覆加工后的Ti6Al4V屈服强度为679~884MPa，伸长率在5%~12%之间。值得说明的是，激光熔丝熔覆加工后的Ti6Al4V满足航空航天材料的相关要求，其力学性能也符合AMS 4928的相关要求。

较高的送丝速度、熔覆速度及较低的激光功率会导致熔池中的稀释率较低，同时送丝位置、送丝角度和熔丝尖端在熔池中的位置（前端、中间部位和后端）都会对熔覆物的总体质量（孔洞、表面质量、尺寸精度等）有很大的影响。为了使熔覆过程更稳定，熔丝尖端在熔池中的位置应尽量避开凝固的起始点。

2. 电子束熔丝沉积成形技术

电子束熔丝沉积成形技术以高能量密度和高能量利用率的电子束作为加工热源，其工作原理如图5-28所示。由于电子束特殊的能量传递和转换原理，使其能量利用效率一般为75%以上，最高可达97%，能量密度高达$107~109W/cm^2$。如此高的能量密度使得电子束足以使任何材料迅速熔化或汽化，特别适用于超高熔点合金（钨、钽、铌）等的增材制造，并且利用电子束熔丝沉积成形方法，能够达到很高的沉积效率（22.68kg/h），适用于大型构件的增材制造。由于电子束独特的钉形熔池形貌，穿透力强，可对多（>2）层沉积体进行重熔，消除或减少内部孔洞等缺陷，提高沉积体的致密度。电子束熔丝沉积成形的金属零件，无损探伤内部质量可以达到相关标准的Ⅰ级。目前，电子束熔丝沉积成材丝材主要以钛合金、镍基合金、碳钢和不锈钢为主。

高功率、小束斑的特点虽然能够以很高的效率进行超高熔点金属的熔丝沉积增材制造，但是由于其功率高、加热温度高、合金元素烧

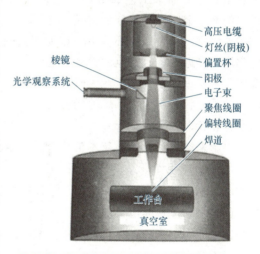

棱镜
光学观察系统

高压电缆
灯丝（阴极）
偏置杯
阳极
电子束
聚焦线圈
偏转线圈
焊道

工作台
真空室

图5-28　电子束熔丝成形技术工作原理图

损大，材料受热快，一些高导热系数、低弹性模量丝材（如纯铜等）存在较大温度梯度，容易受热变形，且电子束斑点小，无法像电弧一样有足够的热源作用范围来承受丝材偏离的影响，这就导致一旦丝材受热变形或受外部影响等，很容易造成沉积过程中断。

电子束熔丝沉积过程在真空条件下进行，由于真空环境洁净、无污染，因此适用于钛、铝等活泼金属的增材制造。但由于真空环境缺少气体散热，热量只能通过与之接触的工作台传导出去，这就使得电子束熔丝沉积过程散热慢，并且随着沉积层数的增加，工作台的散热作用越来越不明显，导致热量积累过多，容易产生沉积体组织上下不均匀或液态金属过多、沉积层熔池侧漏等问题。

电子束熔丝沉积成形技术是基于"离线-堆积"原理发展起来的一种高效率金属结构直接制造技术，该技术的基本单元是熔积"焊缝"，所制造的三维构件均由若干条熔积"焊缝"根据规划的路径堆积而成，每一条熔积"焊缝"的成形和质量都会对实体造成影响，而丝材的高速、稳定熔凝是电子束熔丝沉积快速制造的关键问题，要求熔池形状宽而浅，以提高丝材熔化的工艺裕度，降低孔隙率。对于薄壁结构成形件，单道熔积体横截面呈扁平

状，不具有常规电子束焊接的大深宽比特征。适合电子束熔丝沉积快速制造的焊缝外观及横截面形状如图 5-29 所示。

图 5-29　单道熔积焊缝外观及横截面形状

电子束单道多层熔丝沉积成形的工艺原理如图 5-30 所示。当沉积层数较多时，熔池两侧并没有固态金属的约束，熔池边界为自由状态。如果工艺参数不合适，过热的液态金属将沿着壁面流淌，导致熔池侧漏，且在真空环境下，熔池外部压力接近于零，熔池内大量液态金属很容易蒸发至真空区域，真空内熔池的受力状态与常压下熔池的受力状态存在较大区别。

电子束熔丝沉积成形技术的影响因素较多，如电子束流、加速电压、

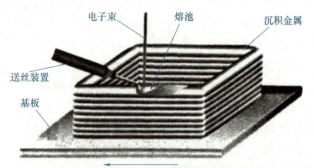

图 5-30　电子束单道多层熔丝沉积成形的工艺原理图

聚焦电流、偏摆扫描、工作距离、工件运动速度、送丝速度、送丝方位、送丝角度、丝端距工件的高度和丝材伸出长度等，这些因素共同作用影响着熔积体横截面几何参数，准确区分单一因素的作用十分困难。针对主要影响因素，有研究发现，当电子束焦点位于工件表面附近时，焊缝横截面呈"钉"形，对于多层熔积工艺而言，这种形状的熔积层进入前一熔积层过深，即熔池过大、过深，不利于成形过程稳定进行。增大或减小聚焦电流，熔积体横截面形状趋于扁平化。进一步的研究表明，横截面面积随构件运动速度的增大而呈双曲函数减小，随电子束流的增大而线性增大；送丝速度有一临界值，低于这一临界值，横截面面积随送丝速度的增大而呈线性减小，而高于这一临界值，横截面面积则随送丝速度的增大呈线性增大。

根据激光快速成形中的柱状晶/等轴晶转变（CET）模型，薄壁结构电子束熔丝沉积快速制造过程中，熔池温度梯度较高，因此其沿高度方向的热分量远大于其他方向的热分量，热量将朝基体方向散失，所以晶粒向上呈柱状晶生长。另一方面，整个过程处于真空环境中，薄壁结构两侧仅靠热辐射散热，而由于冷却速度很快，熔池后方金属已经凝固，加快了热量向熔池移动的反方向散失。这种热量散失的不均匀性导致了柱状晶与沉积高度方向成一定角度。多层熔积中，熔积形成新层时，电子束将会把前一熔积层甚至前两层的金属全部重熔掉，与新送入的焊丝一起熔入熔池，凝固时又将逆着热流方向延续前一层柱状晶的晶粒取向继续向上生长。该外延生长特性不仅保证了各层之间形成致密的冶金结合，还保证了熔积生长晶粒的延续性。图 5-31 所示为通过电子束熔丝沉积后的 TC4 薄壁结构沉积态试样及其

宏观形貌。

与薄壁结构不同，在电子束熔丝沉积快速制造实体结构时，需进行多道搭接以覆盖整个表面，液态金属向熔池的过渡方式对实体结构成形过程的稳定性及成形质量有重要影响。当丝端距工件表面的高度 h' 趋近于零，且熔化位置处于束斑中心与熔池前缘之间时，易形成"搭桥"过渡，成形过程稳定，表面光滑美观；而当 h' 过大时，则可能导致

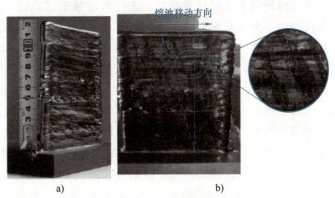

图 5-31　TC4 薄壁结构沉积态试样及其宏观形貌
a）试样　b）宏观形貌

大滴过渡现象，熔积体表面呈"串珠"状，在进行下一层面加工时，熔池时大时小，成形过程很不稳定，在串珠状凸起的根部，极易出现串状未熔合缺陷。当送丝嘴距离工件表面过近或送丝速度过快时，丝端可能撞击熔池底部或边缘，导致送丝不稳定，严重时，丝材可能偏离熔池；两者的刚性接触还会增大送丝系统的负载，有可能导致送丝机电动机停转。当前一层熔积层面比较平整时，进行下一层面堆积时，丝端距工件表面的高度比较一致，堆积过程也更稳定；如果前一层面有较大起伏，在下一层面堆积时，起伏程度有进一步增大的趋势。因此，选择合理的工艺参数和相邻两道熔积体的间距对保证成形过程顺利进行与成形质量十分重要。试验研究认为，当多道熔积间距＝单缝半宽＋丝材半径时，层面具有较为理想的平整度。熔积间距的选择如图 5-32 所示。

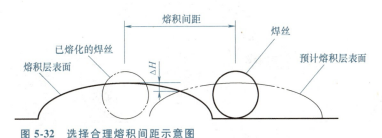

图 5-32　选择合理熔积间距示意图

电子束自由成形制造可以利用多种金属和合金生产复杂工件，各种金属材料对电子束都有稳定的高吸收率。相对于激光熔丝熔覆技术，电子束自由成形制造非常适用于对激光有较高反射率的金属（如铝、铜等），并且对于实现所需要的表面质量和组织尺寸都具有较高的灵活性。同时，电子束自由成形技术可以在外太空制造零件，并且制造出的零件具有较低的表面粗糙度值。但是，电子束熔丝沉积快速制造技术还有内部冶金缺陷形成机制及力学行为、移动熔池约束凝固行为及构件晶粒形态演化规律、非稳态瞬时循环固态相变行为及微观组织形成规律、内应力演化规律及构件变形开裂预防控制等材料、工艺基础理论问题尚未完全解决，零件的性能、精度和效率尚不能令人满意，使其无法实现大规模工程应用。

3. 丝材电弧增材制造技术

丝材电弧增材制造（Wire and Arc Addictive Manufacturing，WAAM）简称电弧增材制造，它使用惰性气体保护焊技术来生产致密零件，特别适用于难加工、贵金属零件的增材制造。

与电子束熔丝沉积成形技术类似，该技术也基于"离线-堆积"的制造思想，只是热源和成形条件与电子束沉积成形技术不同。WAAM 技术是以电弧作为成形热源，采用逐层堆焊的方式制造金属实体构件，其成形系统如图 5-33 所示。与其他高能束流工艺相比，WAAM 技术具有熔覆速率较高、可以低成本获取高能量密度和应用脉冲电弧提供额外微观结构控制等优势，适用于大尺寸复杂构件的快速成形。该技术主要基于钨极氩弧焊、熔化极气体保护焊、等离子弧焊等焊接技术发展而来，成形零件由全焊缝构成，化学成分均匀、致密度高。多重堆焊过程中，构件经历多次加热，得以充分淬透和回火，消除了大型铸件的不易淬透、宏观偏析等缺陷。近年来，WAAM 技术正日益受到国内外的高度重视，但高成形效率也导致其制造的零件表面波动较大，成形件表面质量较差，一般需要进行二次表面机加工。

WAAM 不仅具有沉积效率高，丝材利用率高，整体制造周期短、成本低，对零件尺寸限制少，以及零件易于修复等优点，还具有原位复合制造及成形大尺寸零件的能力。较传统的铸造、锻造技术和其他增材制造技术具有一定先进性，与铸造、锻造工艺相比，它不需要模具，整体制造周期短，柔性化程度高，能够实现数字化、智能化和并行化制造，对设计的响应快，特别适用于小批量、多品种产品的制造。WAAM 技术比铸造技术制造材料的微观组织及力学性能优异；比锻造技术产品节约原材料，尤其是贵金属材料。与以激光和电子束为热源的增材制造技术相比，它具有沉积速率高、制造成本低等优势。与以激光为热源的增材制造技术相比，它对金属材质不敏感，可以成形对激光反射率高的材质，如铝合金、铜合金等。与 SLM 技术和电子束增材制造技术相比，WAAM 技术还具有制造零件尺寸不受设备成形缸和真空室尺寸限制的优点。

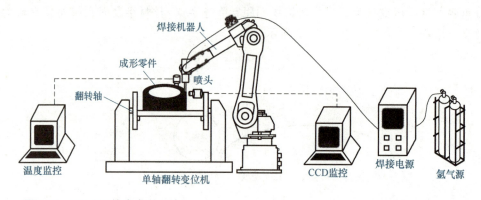

图 5-33　WAAM 技术成形系统

在几何形状成形能力方面，WAAM 技术成形几何形状的能力比以激光为热源的增材制造技术低，这是由于电弧的成形位置由焊枪、焊丝及机器人的位置共同确定，激光的成形位置由振镜控制，电弧的可达性及精度比激光差。但有研究表明，WAAM 技术对几何形状（尤其是角度）不敏感，制造过程中不需要添加辅助支撑。这相比于需要添加辅助支撑的 SLM 等快速成形技术，具有一定的技术优势。在组织特征方面，采用 WAAM 技术制造的材料经历多次复杂热循环，与铸造或锻造材料的热历史相差甚大。这导致材料的微观组织与铸造或锻造材料的相差较大。就 WAAM 技术制造钛合金的微观组织而言，它一般为外延生长的长柱形 β 晶，而铸造、锻造材料较难形成该组织。在力学性能方面，有研究表明，WAAM 技术制造的 TC4 沉积态的力学性能与锻造材料相比，具有疲劳寿命较长、延伸率相当、屈服强度和断裂强度略低、力学性能的方向性不明显等特点。图 5-34 所示为采用 WAAM 技术制造的倾斜角度为 0°及封闭结构的薄壁件。

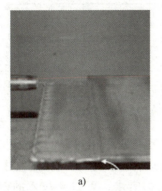 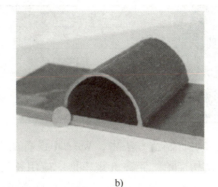

图 5-34　WAAM 技术成形几何形状的能力

a）水平薄壁结构件　b）封闭结构薄壁件

WAAM 技术有两种形式，图 5-35a 所示为基于熔化极电弧的同轴送丝形式，采用的工艺方法为常规的熔化极惰性气体保护电弧焊（Melted Inert Gas Arc Welding，MIG）或冷金属过渡焊（Cold Metal Transfer Welding，CMT）；图 5-35b 所示为基于等离子弧（Plasma Arc Welding，PA）的旁轴送丝形式，其中等离子弧焊也可换作钨极氩弧焊（Tungsten Inert Gas Arc Welding，TIG）。

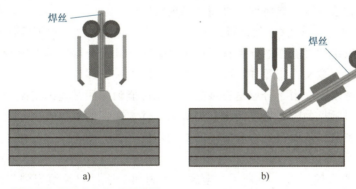

图 5-35　WAAM 技术原理图

a）熔化极电弧同轴送丝　b）等离子弧旁轴送丝

目前，大部分能够焊接的金属都可以用 WAAM 技术加工，如钛合金、钢和镍基合金等。在打印铝、不锈钢、铜、碳钢等金属丝材时，由于电弧成形喷嘴本身有氩气保护，所以不需要专门的保护腔。但是，在打印钛及其合金等金属丝材时，由于钛合金熔点高且化学性质活泼，在熔化状态下能与大部分的耐火材料和气体发生反应，因此需要氩气或其他气体保护腔。

与其他增材制造技术相比，WAAM 技术具有设备投资少、运行成本低、沉积效率高、材料利用率高等特点，使大型金属构件的高效、低成本制造成为可能，越来越受到国内外航空航天等制造业的重视。但与 SLM、LENS 技术相比，WAAM 成形构件的晶粒一般更为粗大，力学性能略差，表 5-3 列出了三种不同增材制造技术成形的 TC4 力学性能对比，可见

WAAM 成形的 TC4 强度最低，SLM 成形的 TC4 强度最高。

表 5-3　不同增材制造技术成形的 TC4 力学性能对比

增材制造技术	SLM(沉积态)		LENS(沉积态)		WAAM(沉积态)	
	X-Y	Z	X-Y	Z	X-Y	Z
屈服强度/MPa	1111~1138	1118~1173	1060	920	950	803
抗拉强度/MPa	1191~1227	1191~1201	1130	1050	1033	918
断后伸长率(%)	8.0~8.5	3.5~6.5	9.5	15.0	9~12	12~17

　　虽然在众多增材制造方法中，WAAM 设备的自动化水平相对较低，缺乏完善的相关数据库，成形件结构简单，距离大规模推广应用还较远。但随着人们的高度关注、研究的进一步深入、技术的不断成熟，以及对提高产品竞争力的需求，WAAM 技术的前景十分广阔。可以通过合理的工艺及软、硬件系统的配合来制造高质量结构件。在钛合金成形件组织性能方面，如何优化成形工艺及后期热处理制度，以获得细小均匀的等轴晶组织和 α 相仍是重点研究内容。

5.2.5　形状沉积制造技术

　　形状沉积制造（SDM）技术可以直接应用 CAD 数据产生功能性金属原型。连续的硬金属层沉积在一个平台上，不需要成形罩形成功能部件，它是一种替代传统的制造模具全规模生产的方法，这种方法不因需要特别模具而增加成本。

　　SDM 技术采用独特的添加/去除材料的方法，其添加材料的过程根据零件的材料可采用不同的方法，并用三维的具有任意厚度且不一定是平面的几何分层来制造零件。这一明显的差别在以下几方面很有意义：①零件精度与分层的厚度无关，因此可以采用较大厚度的材料来提高零件的制造速度；②由于分层是三维的，因此可能消除用常规的快速成形方法制造带有倾斜表面的零件时常见的阶梯效应而得到光滑的零件表面；③可以直接采用零件设计所要求的材料进行沉积制造，从而得到符合实际需要的功能零件，使得该方法在工业生产中得到了更广泛的应用。

　　SDM 技术的工作原理如图 5-36 所示。金属丝作为加工原材料被填充到密闭的加热器中熔化成热滴状。其中图 5-36a 所示为沉积添加材料；图 5-36b 所示为采用数控加工方法去除多余的材料来成形表面；图 5-36c 所示为直接用金属材料成形时，采用喷丸的方式消除由于逐层熔融金属材料的堆积和冷却而产生的残余应力，避免成形件的开裂。完成一层的沉积后，工作台返回图 5-36a 所示步骤，开始下一层的沉积。所形成每一层的金属液滴保留其热量的时间要足够，以利于重新熔化层与之前层的黏结成形。这三个步骤反复进行，直到完成构建件的加工。待构建

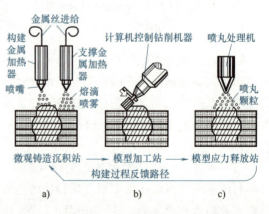

图 5-36　SDM 技术工作原理图

件完成后，可以使用酸性液去除支撑金属使部件显现出来。应用 SDM 技术较为成功的金属混合材料是不锈钢与铜，其中构建金属为不锈钢，支撑金属为铜。在图 5-36a 所示的材料沉积中，可以根据功能零件的实际要求采用对应的材料；在图 5-36b 所示的材料沉积数控加工中，可以采用 5 轴或 3 轴数控机床，采用 5 轴时的加工效果比 3 轴的要好，但对设备的要求相应地要高很多；在图 5-36c 中，如果功能零件的材料为非金属材料，则可以省去该过程。

SDM 技术是一个复杂的生产工艺过程，而不是一种单一的快速成形工艺，其中材料的沉积是整个过程的关键，可根据构建件所要求材料的不同，采用不同的沉积方法。目前所采用的沉积方法，用于沉积金属材料的主要有微法铸造、热喷法、惰性气体保护焊和激光涂覆；用于沉积非金属材料的主要有热喷法、挤出法、多组分混合系统法、光固化环氧树脂分配法和热蜡分配法。

与 SDM 技术成形的零件表面比较，LENS 等技术得到的零件表面质量直接取决于分层厚度，要得到较高的表面质量，就必须增加分层的数量，从而延长制造时间；SDM 技术得到的零件表面质量与加工的刀具相关，可以根据需要更换刀具、增加切削轨迹的数量或者采用 5 轴加工，表面质量可以在制造工艺过程中得到很好的控制。由于消除了对分层厚度精度的约束，在大多数情况下，允许采用更厚的分层来大幅度提高沉积制造的速度。当加工金属零件时，通常使用铜作为支撑结构，在成形完毕后，可以很容易地用硝酸去除铜等支撑结构。同时，支撑结构使得 SDM 技术在加工全装配结构和具有复杂内部特征的零件等方面表现出独特的优势。

5.2.6 固态金属 3D 打印技术

固态金属 3D 打印技术用于直接金属熔覆和定型金属熔覆等熔化技术难以加工的金属材料的复杂三维结构成形。其中超声增材制造（UAM）是目前唯一实现商业化的基于超声金属固结（UC）的固态金属 3D 打印技术。UAM 技术采用大功率超声能量，以金属箔材为原材料，利用金属层与层振动摩擦产生的热量，使材料局部发生剧烈的塑性变形，从而达到原子间的物理冶金结合，实现同种或异种金属材料间的固态连接。它具有温度低、速度快、绿色环保等优点，适用于复杂叠层零部件成形、加工一体化智能制造，是一种新型的增材制造技术。超声固结设备通常包括超声发生器、薄金属箔传送系统和数控铣削加工中心。这种技术能够使铝合金、铜、不锈钢和钛合金达到高密度的冶金结合。与切削加工相比，UAM 技术可以加工出深缝、空穴、格架和蜂巢式内部结构，以及其他传统切削加工无法加工的复杂结构。

所谓 UAM 技术，其实是一个用大功率超声波焊接金属的过程。在金属连接成形过程中，既不需要向工件输送电流，也不用向工件施以高温热源，只需在静压力作用下，将弹性振动能量转换为工件界面间的摩擦功、形变能及有限的温升，使固结区域的金属原子瞬间被激活，通过金属塑性变形过程中界面处的原子相互扩散渗透，即可实现金属间的固态连接。换言之，所谓超声焊接，就是利用超声波的振动能量使两个需焊接的表面产生摩擦，形成分子间熔合的一种焊接方式。

虽然超声金属焊接技术的发现比超声塑料焊接技术要早，但目前应用较广的还是超声塑料焊接，这是因为超声塑料焊接对焊头质量和换能器功率的要求要比超声金属焊接低得多。受超声换能器功率的限制，多年来，超声焊接技术在金属焊接领域没有得到很好的应用和发展，主要局限于金属点焊、滚焊、线束和封管四个方面。超声增材制造装备的关键是大功率超声换能器，美国采用推-挽（push-pull）技术，通过将两个换能器串联，成功制造出 9kW 大功率超声换能器，其结构示意图如图 5-37 所示。大功率超声换能器的出现使得超声焊接技术能够对一定厚度

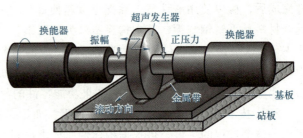

图 5-37　推-挽（push-pull）式超声换能器结构示意图

的金属箔材实现大面积快速固结成形，为 UAM 技术的发展奠定了技术基础。

UAM 技术的加工过程及结合原理如图 5-38 所示。首先送入金属箔，金属箔会被通过超声发生器施加的竖直载荷压在基板上。超声发生器在竖直载荷下以 20kHz 的频率横向振动，并沿着零件的长度方向运动，实现金属箔与基体的冶金结合。金属箔在紧密排列熔覆后形成金属层，并通过数控铣削得到最终的形状或轮廓。之后，使用压缩空气清洁金属层表面的机械加工残渣，并重复这一运动直至零件成形完成。

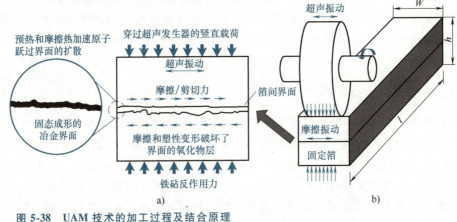

图 5-38　UAM 技术的加工过程及结合原理

a）固结过程中金属箔间冶金结合的产生原理　b）金属箔的几何参数示意图

超声固结中的重要参数包括竖直载荷（500~2000N）、超声发生器的质地（表面粗糙度 Ra 值为 4~15μm）、超声振幅（5~150μm）、超声发生器的行进速度（10~50mm/s）及预热温度（93~150℃）。振幅过低或者竖直载荷过小会形成脆弱的连接，而参数值过高又会导致金属箔过度变形及金属层的错位。因此，针对不同材料和零件几何形状进行参数优化，对形成牢固连接和制造大型零件十分重要。近期有研究发现，超声发生器的材质对使用超声固结加工铝合金有较大的影响，建议的表面粗糙度 Ra 值为 6μm。随着超声发生器表面质量的变好，由于更高能量的输入，金属箔折叠和产生褶皱的概率会大大降低，同时剥离强度和焊接密度会随之提高。但是，超声发生器表面粗糙度值的提高会增加熔覆金属的表面粗糙度值，这会影响之后的金属箔熔覆。过高或过低的超声发生器的表面粗糙度值都可能引起线性焊接密度的降低。最佳的超声发生器的表面粗糙度值可以确保能效并控制金属箔的内部变形，从而确保超声固结加工连接的稳定和高效。

基于已经形成的系列超声固结金属箔材的最优工艺参数，研究发现，超声固结金属箔材

与基板界面和固结压头与金属箔材界面微观结构受固结工艺影响，但最主要的是受超声能量影响。固结试样界面微观结构包含四个特征区——连续氧化层区、非连续氧化层区、微孔和金属箔材结合区（图5-39）。在固结过程中，未去除的箔材表面氧化物及被超声波打碎的氧化物分散在层间而形成了连续和非连续氧化层区。而微孔是由于超声波压头表面纹路转移至金属箔材表面后，在后续固结过程中，超声能量不足以使箔材表面纹路压合而形成的（图5-40）。微孔和氧化层的存在将严重影响界面结合强度，因此合理选择固结工艺参数和去除箔材表面氧化层工序至关重要。金属箔材结合区界面一般为直形界面（部分反应）和波形界面（冶金结合）。波形界面区是由于界面及近界面区材料严重塑性变形而引起的动态再结晶形成的等轴晶区，为理想结合界面；而界面及近界面区材料塑性变形和流动形成了直形截面，但其界面处无再结晶发生，为机械结合界面。

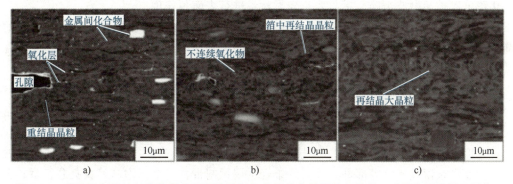

图5-39　利用超声增材制造获得的沿固结箔材与基板结合界面的氧化物、孔隙和再结晶区图像

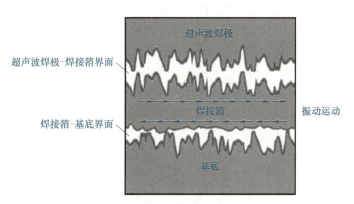

图5-40　压头、固结箔材和基板的相对位置及其表面纹路

迄今，关于超声金属快速固结成形原理的主流解释有三种：①表面氧化物去除机制；②界面塑性变形机制；③界面金属原子扩散机制。关于这三种机制目前仍存在诸多争议，而在相关机制解释中，塑性变形机制下的界面再结晶占主要优势。由此可见，虽然目前国外已经掌握了超高功率超声固结成形技术，并且在工程上应用了这种新型的金属快速增材成形与制造技术，但对于超声波能场下金属原子的低温扩散、界面固结成形的原理目前仍众说纷纭，至今尚未得出普遍接受的结论，仍然需要进行进一步的深入研究。

与高能束金属零件快速成形技术相比，超声固结成形与制造技术具有以下优点：

1) 原材料采用具有一定厚度的普通商用金属带材，如铝带、铜带、钛带和钢带等，而

167

不是特殊的增材制造用金属粉末，所以原材料来源广泛、价格低廉。

2）超声固结过程是固态连接成形，温度低，一般是金属熔点的 25%～50%，因此材料内部的残余内应力低，结构稳定性好，成形后不必进行去应力退火。

3）节省能源，所消耗的能量只占传统成形工艺的 5%左右；不产生任何焊渣、污水、有害气体等废物，因而是一种节能环保的快速成形与制造方法。

4）该技术与数控系统相结合，易实现三维复杂形状零件的叠层制造和数控加工一体化，可制作深槽、孔洞、网格、内部蜂巢状结构，以及形状复杂的传统加工技术无法制造的金属零件，还可根据零件不同部位的工作条件与特殊性能要求实现梯度功能。

5）超声固结不仅可以获得接近 100%的物理冶金界面结合率，而且在界面局部区域可发生晶粒再结晶，局部生长纳米簇，从而使材料结构性能提高。此外，固结过程中，箔材表面氧化膜可以被超声波击碎，不需要事先对材料进行表面预处理。

6）该技术不仅可用于金属基复合材料和结构、金属泡沫和金属蜂巢夹芯结构面板的快速铺设成形与制造，而且由于其制造过程是低温固态物理冶金反应，因而可把功能元器件植入其中，制备出智能结构和零部件。

7）除了可用于制造大型板状复杂结构零部件以外，超声固结成形装备还可用于制造叠层封装材料、叠层复合电极、叠层薄材，并且可以采用这些材料及后处理工艺制作出精密电子元器件封装结构和复杂的叠层薄壁结构件。

作为增材制造技术的一种，UAM 技术具有诸多优点，其在多个领域内有很大的发展前景，如大型复杂薄壁板状零部件、连续纤维轻金属预制带材、金属泡沫蜂巢夹芯板材、智能复合材料与结构和复合材料叠层电极等的快速成形和制造。但就目前而言，UAM 技术还存在一些不足，如目前的超声波功率只能对厚度小于 0.4mm 的铝箔进行快速成形，对于钛合金可实施固结的厚度则更小。这是因为当超声固结技术应用于较大厚度和较高强度金属板材时，需要大幅提高超声换能器的输出功率，这给加载系统声学设计及制造带来了一系列难以解决的问题。所以，如何拓宽 UAM 技术的工艺适用范围和加工能力，以满足大厚度和高强度金属板材的增材制造是目前国内外研究的热点。

5.2.7　金属 3DP 技术

基于均匀金属微滴喷射的 3DP 技术是基于喷墨打印的原理，采用"离散-叠加"的成形方式，通过液滴喷射器产生均匀金属微滴，同时控制三维基板运动，使金属微滴精确沉积在特定位置并相互熔合、凝固，逐点逐层"堆积"，从而实现复杂三维结构的快速打印。该技术具有喷射材料范围广、无约束自由成形和不需要昂贵专用设备等优点，在微小复杂金属件制备、电路打印与电子封装及结构功能一体化零件制造等领域具有广泛应用前景。

目前，非金属材料（如墨水、聚合物溶液）微滴喷射技术已有成熟应用，但在金属材料喷射和三维实体结构打印方面，还有较多的技术难题需要解决。一方面，金属材料熔点高、黏性和表面张力大，部分金属还具有较强的腐蚀性，以往成熟的非金属材料喷射装置及控制方法很难直接用于金属材料的喷射和打印成形，需要开发新型耐高温、耐腐蚀的喷射装置；另一方面，在金属微滴喷射沉积过程中，金属微滴的铺展、凝固等受到微滴飞行速度、微滴温度、基板温度等多因素的耦合作用，需要从试验和理论两方面研究各参数对微滴熔合状态、内部微观组织演变规律等的影响，以保证成形件的外部形貌、内部质量及力学性能。此外，杂质过滤、成形过程监控等也是需要解决的关键技术问题。

1. 金属微滴喷射技术原理及分类

根据均匀金属液滴产生原理和控制方式的不同，金属液滴喷射技术可分为连续式喷射（Continuous-Ink-Jet，CIJ）（图5-41a）和按需式喷射（Drop-on-Demand，DOD）（图5-41b）两大类。

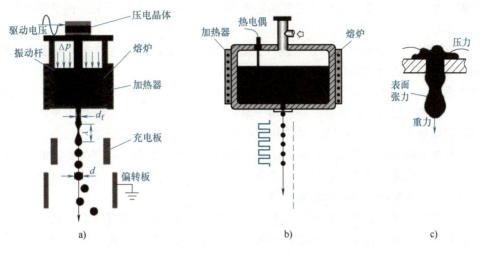

图5-41 均匀金属微滴产生与喷射原理图

连续式均匀金属微滴喷射是在持续压力的作用下，使喷射腔内流体经过喷孔形成毛细射流，并在激振器的作用下断裂成均匀液滴流。该技术最早是由美国麻省理工学院和美国加州大学欧文分校在20世纪90年代基于Rayleigh射流线性不稳定理论提出的。图5-41a所示为典型的连续式微滴产生装置，坩埚内的熔体先在气压作用下流出喷嘴形成射流，并同时由压电陶瓷产生周期性扰动。当施加扰动的波长λ大于射流径向周长πd_j（d_j为射流初始直径）时，射流内部产生压力波动，结合表面张力的作用，射流半径发生变化。射流表面扰动η随时间呈指数变化，$\eta(t) = d_j \varepsilon e^{\beta t}/2$（其中$t$为时间，$\varepsilon$为施加扰动的初始振幅，$\beta$为表面波增长率）。当扰动幅度等于射流初始半径 $[\eta(t) = t d_j]$ 时，射流断裂形成微滴。研究表明，当对射流施加波数$k(k = \pi d_j/\lambda)$约为0.697的正弦波扰动时，可实现均匀金属液滴的产生。由于微滴产生速率较高，需要在射流断裂后，经过充电、偏转电场来控制其飞行轨迹与沉积位置。

按需式金属微滴喷射是利用激振器在需要时产生压力脉冲，改变腔内的熔体体积，迫使流体内部产生瞬时的速度和压力变化，驱使单颗熔滴形成。相比于连续式微滴喷射技术喷射频率高、单颗熔滴飞行沉积行为不易控制的特点，采用按需式喷射时，一个脉冲仅对应一颗熔滴，因而具有喷射精确可控的优点，但喷射速度远低于连续式喷射。图5-41c所示为按需式喷射金属微滴形成的过程，驱动器按需产生脉冲压力挤压腔内熔液，熔液受迫向下流动形成液柱，在腔内压力、表面张力作用下，更多的熔液流出，液柱伸长，逐渐形成近似球形。当腔内压力减小后，喷嘴出口处流体的速度将小于先期流出流体的速度，导致液柱发生颈缩，并断裂成单颗熔滴。

金属微滴喷射技术受到国内外学者的高度关注，目前的研究主要集中在均匀金属微滴产生原理、轨迹控制装置及其装备开发、锡铅和铝液滴喷射沉积成形原理、微滴精准控制与应用和成形质量控制等方面。

2. 3DP 工艺过程的研究

在金属微滴喷射 3DP 过程中，保持均匀金属微滴的稳定喷射是该技术得以应用的基础。针对不同形式的微滴产生原理和应用领域，需要开发相应的微滴喷射装置与控制系统。此外，喷射参数、液滴温度、基板温度等的协调匹配对于成形件外部形貌、内部组织等均有很大影响。

（1）连续式金属微滴喷射装置　连续式金属微滴喷射装置应能产生持续压力而形成射流，并施加扰动使射流受激断裂成均匀液滴流。典型的喷射系统主要包括压力控制子系统、扰动产生子系统、充电偏转子系统、金属熔炼子系统和沉积、回收子系统等。其中扰动产生装置和充电偏转装置是关键部件，前者用于驱动均匀液滴的产生，后者用于控制微滴的飞行轨迹与沉积位置。连续喷射技术通常采用压电陶瓷作为扰动产生装置的驱动源，由于驱动源产生的机械振动较微弱，可采用阶梯轴结构的激振杆来放大振幅，以产生足够的扰动使射流断裂。此外，压电陶瓷的工作温度一般应保持在其居里点一半以下，当喷射锡铅、铝、铜等金属材料时，需要解决隔热和防腐等问题。

连续式喷射过程中，微滴的均匀性主要受扰动频率和扰动幅度等参数影响。在每一喷射压强下，均对应有最优扰动频率和扰动振幅，且最优扰动频率随喷射压强的增大而增大。但是，由于断裂后的各熔滴具有相对速度，飞行一定距离后相互间会发生熔合，使微滴尺寸发生变化，导致均匀性变差。通过对液滴施加不同振幅调制扰动，可以控制液滴按需熔合，提高其尺寸均匀性，但同时会增大熔滴直径，不利于后期应用。如果在均匀微滴发生熔合之前，对微滴进行充电，使微滴间具有排斥力而阻止微滴的熔合，则可以提高熔滴尺寸的均匀性。连续式金属微滴喷射会持续产生高速液滴流，必须利用电场偏转技术将不需要的液滴偏转回收，从而实现所需液滴的精确沉积。液滴的充电电量对偏转距离有很大影响，基于圆柱射流充电电容模型，采用平均充电电量递推算法可有效预测液滴的充电电量，在此基础上，通过调节偏转电压、沉积距离等，实现对微滴飞行过程和沉积位置的精确控制。

（2）按需式金属微滴喷射装置　按需式喷射技术是通过驱动器产生脉冲压力挤压熔体流出喷嘴形成微滴。根据脉冲压力产生的方式不同，按需式喷射主要有气压驱动式、压电驱动式、机械振动式和应力波式等类型。

美国麻省理工学院在 20 世纪 90 年代中期开发出压电驱动式按需喷射装置。在喷射过程中，压电陶瓷产生位移，挤压膜片改变腔体内熔液体积，迫使其流出喷嘴形成微滴。但该结构存在供给流道小、容易发生堵塞和喷射腔内热量高易导致压电陶瓷失效等问题。对喷头进行改进设计后的压电驱动活塞式喷射装置采用环状流道，在活塞头和喷射腔体之间留有空隙，在熔液上部施加气压，可确保熔液能及时地补充到喷嘴口处。此外，在压电陶瓷上安装较长的振动杆可有效减少热量的传递，保护压电陶瓷，使其能应用于更高熔点的金属喷射。

机械振动式的原理和压电驱动活塞式类似，其驱动源采用电磁阀，使振动杆能够获得更大位移，且驱动控制装置更简单，但喷射频率较低。

气压驱动式喷射装置是目前使用较多的一种喷射装置，其结构简单、稳定性高、无热敏感元件，更适用于熔点较高的金属材料的喷射。如图 5-42 为气压驱动式按需喷射系统原理图，通过控制电磁阀的开关，使腔内产生脉冲气压，挤压熔体流出喷嘴而形成微滴。加拿大多伦多大学开发了气压驱动式按需喷射装置，实现了液滴直径为 $100\sim300\mu m$ 的锡铅合金的喷射。西北工业大学开发了高熔点金属气动喷射装置，采用石墨坩埚和感应加热炉，实现了铝、铜等金属的按需喷射，熔滴直径在 $0.5\sim2mm$ 之间。

由于流出喷嘴的射流不能及时断裂，液柱直径在表面张力、润湿性等因素的影响下将增大，导致断裂后形成的液滴直径一般都大于喷嘴直径，这限制了沉积件表面精度的提高。西北工业大学开发的基于应力波驱动的新型喷射装置，可以产生小于喷嘴直径的微液滴喷射，目前已实现直径为喷嘴直径 60% 的金属熔滴的喷射，其原理如图 5-43 所示。喷射过程中，冲击杆 B 加速前进，与传振杆 A 上端发生碰撞，并在传振杆内产生应力波，应力波传递到喷嘴下方自由液面处迫使其"凸起"。随着应力波能量的继续增加，自由液面上的"凸起"继续伸长，射流前端在表面张力作用下发生缩颈，当应力波消失后，射流前端液面在表面张力和惯性力的综合作用下断裂为单颗液滴。

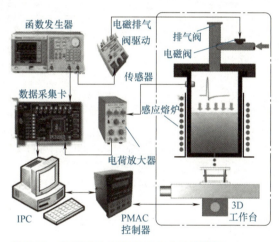

图 5-42　气压驱动式按需喷射系统原理图

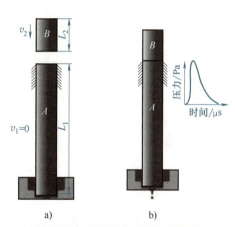

图 5-43　应力波驱动微滴喷射原理图

按需式喷射由于驱动方式不同，工艺参数控制方法也不同。本小节主要对气压式按需喷射过程的影响因素进行探讨。

在气压式按需喷射技术中，熔滴的产生受到喷射压力、喷嘴直径、金属熔液自身物理性质等因素影响，通过熔滴产生过程静力学分析，可获得产生熔滴的最小压力 $P_1 = 4\delta/dt\rho gh$（其中 ρ、δ、d、h 分别为熔液密度、表面张力、喷孔直径、腔内熔液高度），可以用于不同材料、不同喷嘴直径下喷射压力的初步选取。为进一步研究工艺参数对微滴尺寸、飞行速度等的影响，研究者基于流体体积（Volume of Fluid，VOF）两相流模型，建立了微滴按需式喷射过程流场的计算模型并验证了其有效性。研究结果表明，熔滴直径随着喷射压力和脉冲宽度的增大而增大，但当喷射压力和脉冲宽度过大时，会使喷射过程变得不稳定，并产生多颗微型熔滴。熔滴尺寸通常在喷嘴直径的 $1.2\sim2.5$ 倍范围内变化，改变喷嘴直径可有控制熔滴尺寸。然而随着喷嘴直径的减小，表面张力的影响将更为显著，当韦伯数 We<0.05 时，熔滴尺寸会迅速增加（图 5-44）。其主要原因是当喷嘴直径较小时，表面张力作用增大，出口处射流断裂时间延长，在润湿等因素作用下液柱直径增大，进而增大了熔滴直径。基于此，加拿大多伦多大学

的 Amirzadeh 等人通过对腔内气压波形的控制，实现了尺寸为喷嘴直径的 65% 的微滴喷射。其喷射过程为首先在腔内施加负压，使液面往内缩回；随后施加正压，液柱中心区域由于受到较小的黏性力作用，中心处液面具有较高的速度，向前运动并凸起；随即腔内又形成负压，已凸起的液柱由于惯性继续运动，并脱离液面形成小于喷嘴直径的微滴。

金属微滴精确沉积是按需式喷射打印中另一个需要解决的问题。与连续式喷射过程中的充电偏转过程不同，按需式喷射过程中微滴在飞行时只受自身重力作用，因此其离开喷嘴时的初始速度、沉积高度等对最终沉积精度均有较大影响。微滴离开喷嘴时，因受到喷孔内杂质、缺陷、喷嘴口不对称润湿等因素的影响会产生水平分速度，从而导致沉积位置产生偏差。由于金属微滴喷射使用的喷嘴直径较小，上述不确定因素不能完全消除，因此研究者多采用调节沉积距离的方式来控制确保沉积精度。如图 5-45 所示，当沉积高度小于 20 mm 时，沉积偏差半径小于熔滴直径，研究者认为该条件下可有效成形制件。在沉积距离为 10 mm 时沉积点阵，经测量，所有点中的最大位置误差为 0.05 mm。

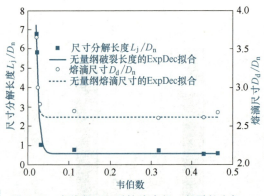

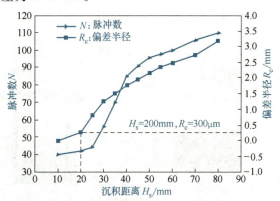

图 5-44　韦伯数 We 对熔滴直径、断裂长度与喷嘴直径比值的影响

图 5-45　沉积距离对沉积偏差半径的影响

3. 均匀金属微滴沉积成形影响因素研究

均匀金属微滴喷射沉积成形质量主要包括制件尺寸精度、表面质量、内部质量等，分层厚度、扫描步距、熔滴温度和基板温度等工艺参数对成形件质量有较大影响。零件沉积方向上的尺寸精度主要受分层厚度的影响，分层切片厚度越小，零件模型分层切片后获得的层面数越多，零件沉积方向上的尺寸越大；相反，分层切片厚度越大，零件分层切片后获得的层面数越少，进而导致零件沉积方向上的尺寸缩小。通过试验和理论推导，在确定单颗熔滴铺展高度后，可对最优分层厚度进行预测。

扫描步距是影响制件外观形貌和内部质量的重要因素之一。图 5-46 和图 5-47 所示为不同扫描步距下，微滴间可能产生的搭接现象。当扫描步距过大时，熔滴间无法有效搭接成形实体；当扫描步距过小时，熔滴间则会发生过度搭接而隆起。对在不同扫描步距下成形的制件内部进行观察，当搭接率过大或过小时，内部均会产生孔洞。可以采用基于体积恒定法的最优化步距算法来确定合适的扫描步距。

微观孔洞和冷隔是微滴喷射沉积件内部常见的微观缺陷，主要受熔滴温度、基板温度等的影响。熔滴温度较低时，液相所占比例较小，熔滴间的搭接间隙难以填充完全，从而形成间隙孔洞。当基板温度过低时，熔滴在较短时间内就会完全凝固，可供熔滴铺展及填充搭接

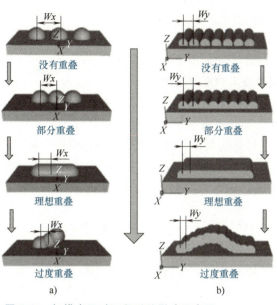

图 5-46 扫描步距对沉积形貌影响示意图

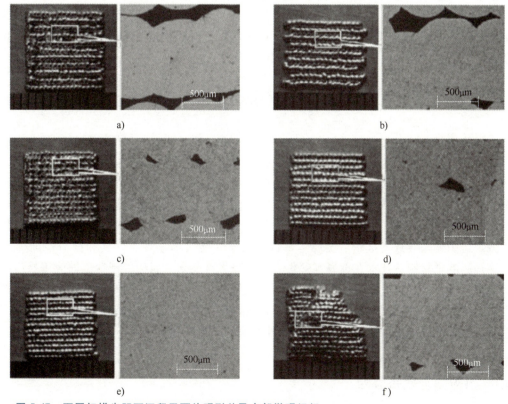

图 5-47 不同扫描步距下沉积平面外观形貌及内部微观组织

a) 1000μm　b) 850μm　c) 750μm　d) 700μm　e) 620μm　f) 600μm

间隙的时间较短，也会引起间隙孔洞。除间隙孔洞外，在熔滴最后凝固的区域还会存在凝固收缩孔洞，此类孔洞通常难以完全消除，但因其尺寸小、数量少，对整体性能影响不大。此外，熔滴温度与基板温度的合理匹配也是保证熔滴间良好重熔及冶金结合的必要条件。西北工业大学采用有限单元法和单元生死技术对沉积过程进行动态模拟，获得了铝合金沉积过程中熔滴温度和基板温度的最佳匹配值。

4. 均匀金属微滴喷射技术的应用现状

基于均匀金属微滴喷射的 3D 打印技术目前已有应用，主要集中在以下两个方面：

（1）金属件直接成形　微滴喷射技术产生的金属熔滴尺寸均匀、飞行速度相近，通过对工艺参数的有效控制，可以实现沉积制件形状和内部组织控制，因此在复杂金属件直接成形方面具有独特优势。美国加州大学的 Orme 等人率先将金属微滴连续喷射技术应用于铝合金管件的直接成形，其内部晶粒尺寸均匀细小（10μm 量级），抗拉强度和屈服强度与铸态相比提高约 30%。

（2）电子封装/电路打印　连续式微滴喷射技术可高效率地制备均匀细小金属颗粒，在充电偏转装置的控制下，沉积精度可达 ±12.5μm。但是，由于其不能按需产生液滴，所以多用于焊球制备和简单形状电路打印。而按需式喷射技术可实现微滴定点沉积，因此在焊球打印、电子封装、复杂结构电路打印方面更具优势。美国 Microfab 公司已实现焊点打印商业化应用。

基于均匀金属微滴喷射的 3D 打印技术具有喷射材料范围广、无约束自由成形和不需要昂贵专用设备等优点，是一种极具发展潜力的增材制造技术。目前，该技术已应用于金属件直接成形、微电子封装和焊球制备等领域，在非均质材料及其制件制备、结构功能一体化制造及航空航天等高技术领域也具有重要的应用前景。

5.3　3D 打印成形件基体组织缺陷原理

金属的增材制造过程经历了复杂的物理冶金过程，零件成形时经历的材料熔化、凝固和冷却都是在极短的时间内进行的，不可避免地会导致熔池与基体间存在很大的温度梯度，从而产生热应力和残余应力，易产生微裂纹而降低材料的韧性。同时，材料内部的金属组织为铸态，呈现出树枝状。另外，受增材制造过程中多种成形工艺因素的影响，在金属沉积层中易形成球化效应、孔隙、裂纹、夹杂、层间结合不良和变形与翘曲等缺陷（图 5-48）。材料内部微观组织缺陷导致增材制造金属零部件的力学性能（如韧性、强度和疲劳性能等）劣化，这是影响增材制造技术在金属零部件，特别是大型复杂金属构件制造方面应用推广的最主要的技术瓶颈。因此，如何改善材料内部微观组织、减少材料内部缺陷、提高金属零部件的力学性能、降低和消除增材制造金属零部件内部残余应力、防止变形及开裂和实现大型金属构件控形控性增材制造是目前金属增材制造领域的重要研究方向。为了提高成形件的质量，需要对这些缺陷进行深入分析。

5.3.1　热应力与残余应力

激光快速成形属于材料热加工过程，它以高能激光束作为移动热源，局部热输入产生的局部热效应将导致一定的残余应力和变形。这主要是因为激光束与材料相互作用形成的熔池经历了快速加热、熔化和快速冷却、凝固变化，必然产生不均匀热应力和相变应力，结果引起不均匀塑性变形而形成残余应力。具体是激光快速成形过程能量非常集中，熔池及其附近

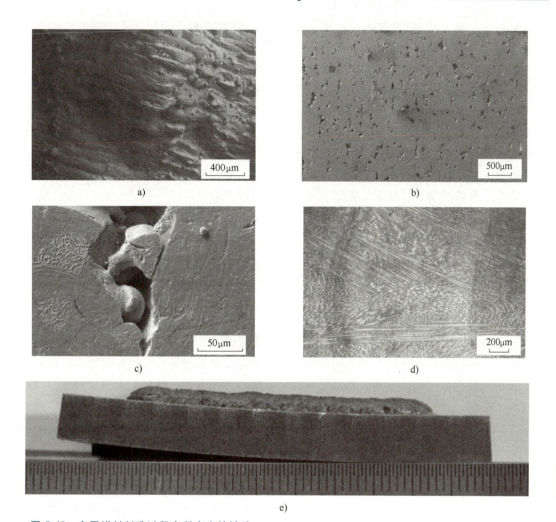

图 5-48 金属增材制造过程中所产生的缺陷

a）球化效应 b）孔隙 c）不完全熔化颗粒 d）组织粗大 e）变形与翘曲

部位以远高于周围区域的速度被急剧加热，并局部熔化。这部分材料因受热而膨胀，而热膨胀受到周围较冷区域的约束，产生了（弹性）热应力。同时，由于受热区域温度升高后屈服极限下降，部分区域的热应力值会超过其屈服极限，因此，熔池部分会形成塑性的热压缩，冷却后就比周围区域相对缩短、变窄或减小，同时由于熔覆层凝固冷却时受到基材冷却收缩的约束，从而在熔覆层中形成残余应力。因此，激光快速成形过程产生残余应力的原因主要归结于以下两种：

1）由于局部热输入造成温度分布不均匀，使得熔池及周围材料产生热应力，在冷却和凝固时相互制约而引起局部热塑性变形，进而产生残余热应力。

2）由于熔凝区存在温度梯度且冷却速度不一致，熔池材料在凝固时因相变体积变化不均及相变的不等时性产生了相变应力，进而引起不均匀塑性变形而形成残余相变应力（组织应力）。

成形件最终的残余应力往往是上述两种原因的综合结果。激光快速成形过程是一个非常复杂的物理冶金过程，残余应力的形成受诸多因素的影响同样非常复杂，应力大小和分布与熔覆粉材（种类、状态）、基体（材料、状态）、成形路径和成形尺寸及工艺参数的选取等密切相关，一般为三维残余应力。

激光快速成形过程由于不均匀温度场引起残余应力，其对成形件的影响主要表现在力学性能、尺寸稳定性、使用性能和组织稳定性等方面。

（1）对力学性能的影响　高能激光束产生的极端条件使成形件具有优越的组织和性能，但由于残余应力的存在使得这一优越性受到影响，主要是对材料静载强度、疲劳强度、断裂韧性等性能的影响。残余拉应力将降低材料的屈服强度、极限强度及疲劳强度等，当然，在一定条件下，残余拉应力有利于提高稳定性；残余压应力降低了材料的稳定性，但其能减缓应力集中，有效抑制、延缓裂纹扩展而延长材料的疲劳寿命。

（2）对尺寸稳定性的影响　激光快速成形实现了零件的近净自由成形，经过少许后处理即可实际使用。残余应力是一种不稳定的应力状态，它的存在必然影响成形件的结构尺寸。原因在于残余应力在外界因素或时效作用下会发生变化（松弛或衰减），其平衡状态受到破坏，导致结构产生二次变形和残余应力的重新分布，从而降低了成形件的刚性和尺寸稳定性。

（3）对使用性能的影响　激光快速成形技术目前主要面向国防高科技领域，成形件的服役环境特殊，残余应力的存在将影响成形件的服役寿命。一方面，成形件在服役期间承受载荷所引起的应力和残余应力的共同作用，若两种应力叠加使零件工作应力增大，势必降低成形件的承载能力，造成受载失稳而过早发生断裂；另一方面，残余应力引发破坏的周期往往较长，受服役过程工作温度、工作介质和残余应力的共同作用易引起结构失效，如在高温下由于热应力和残余应力的综合作用而引起热裂，而在腐蚀介质中使用时，残余拉应力的存在会引起应力腐蚀开裂，最终导致结构破坏，缩短成形件的使用寿命。

（4）对组织稳定性的影响　激光快速成形技术主要进行合金的成形，成形组织多为多相组织，在一定条件下残余应力会引起相变，使材料微观组织发生变化，从而改变材料在某些特定条件下的使用要求。另外，残余应力在一定的环境下也会影响激光快速制备材料的电学、磁学等物理性能。

5.3.2　球化现象

在成形过程中，经激光熔化后的金属液滴不能均匀地铺展于前一层上，而是形成大量彼此隔离的金属球，这种现象称为球化现象，也称为球化效应。球化现象在3D打印技术中普遍存在，由于金属粉末熔化形成球状凸起，并且球体之间还分布着大小不同的间隙，使得新成形表面非常粗糙，阻碍了铺粉装置的运动，并且极易刮伤金属表面，还易使成形件内部出现孔隙和倾斜脱皮等问题，影响成形件的致密度和力学性能。本小节以SLM技术为例，探讨成形过程中球化现象的形成原理。

（1）形成原理　有学者用光纤激光器对316L不锈钢粉末进行了研究，根据成形试样表面的微观形貌，将球化现象从形状和尺寸上分为两类：①椭球形，尺寸较大，直径在500μm左右，形状不规则且具有非平整固结块特征；②球形，尺寸较小，直径在10μm左右，形状规则且球形度高。不同的学者根据不同的分类标准对于球化现象的分类都有过描述，如第一线球化、自球化等，但结论与大尺寸球化和小尺寸球化相似。

1）大尺寸球化的形成原理。大尺寸球化现象的产生原因可以归结为熔融液态金属与固态表面（基板和前一层加工表面）的润湿问题。图5-49为液态金属与固态金属的润湿示意图。当熔融金属液能均匀地铺展在前一层上，即润湿角 $\theta<90°$ 时，固、液金属润湿性良好，不会形成球化；当金属液很难铺展于固态表面上，即 $\theta>90°$ 时，固、液金属润湿性差，将发生球化反应。加工过程中，熔融金属在金属液表面张力的作用下，表面

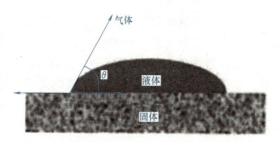

图5-49　液态金属与固态金属的润湿示意图

积呈现缩小趋势。因为在体积相同时，球形的表面积是最小的，表面能也最低、最稳定。从热力学角度来看，该过程符合吉布斯自由能的能量最低原理。由于激光扫描速度相对较快，金属粉末的熔化与凝固时间仅为数毫秒，液态金属尚未收缩至体积最小的球形时已经凝固。所以当固、液金属的润湿性较差时，液态金属倾向于形成大尺寸球。通过调整工艺参数改变熔池温度、预热基板等方式来改善液态金属与基板的润湿性，可以避免大尺寸球化的产生。

2）小尺寸球化的形成原理。有少部分小尺寸球化的形成，是因为在加工过程中发生了液体飞溅，在熔道上或熔道周围凝固成球，由于飞溅的金属液量较少，所以球的尺寸也比较小。大部分小尺寸球化的形成是由于高能激光束对熔池的冲击作用所致，高速传播的激光束会冲击熔池，激光束的部分能量及动能转化为金属液的表面能。此时的金属液同样只受重力作用，根据能量最低原理，只有形成球形才最稳定。同时，由于激光动能有限，受到冲击并吸收能量转化为球形的金属液很少，所以形成了小尺寸球。这部分小尺寸球是由于加工过程中的能量转化而形成的，难以避免。在大尺寸球化过程中，也伴有这类小尺寸球化的产生。

（2）形成过程　光纤激光器激光束的能量呈高斯（正态）分布，当激光能量密度不足以穿透粉层时，形成的熔池横截面接近碗状。SLM加工过程是一个瞬间熔化并凝固的过程，热量以热传导为主。由于松散粉末对熔池的约束力很小，几乎可以忽略不计，所以熔池形状主要由表面张力决定，根据能量最低时最稳定原理，在激光未能穿透粉层时，熔池凝固会倾向于收卷成球，从而产生严重的球化现象。图5-50为激光未穿透粉层时球化形成示意图。

177

当激光能量密度足以穿透粉层并能熔化一定的固体基底时，可以沿着固体基底上表面将熔池划分为两部分：上部金属粉末熔化熔池和下部固体基底熔化熔池，如图5-51所示，图中⊗表示激光束的扫描方向垂直于纸面向里。此时，整个熔池上共有液-固界面、气-液界面和液-液界面三种界面。其中，液-液界面是熔池上、下部的分界线，如果基底材料与金属液是同种材料，或两种材料能够相溶，则液-液界面会迅速消失，整个熔池中的液相成为一个整体，这对抑制球化现象有重要作用。

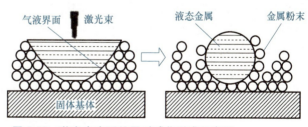

图5-50　激光未穿透粉层时球化形成示意图

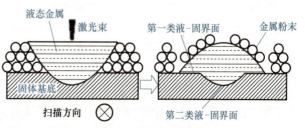

图5-51　激光穿透粉层时球化形成示意图

对于上部金属液而言，由于熔池温度较高，可以吸附周围金属粉末进入熔池并将其熔化。在重力作用下，部分金属液会不断向下流动，直至与固体基底接触形成新的液-固界面（第二类液-固界面），其余未与固体基底接触的金属液则倾向于向表面积最小（球形）方向发展。如果新形成的液-固界面上的液态金属与固体润湿性良好，则新形成的液-固界面就会固定在固体基底上并有可能继续铺展；若润湿性不好，则液-固界面很不稳定且很难继续铺展。在 SLM 的第一层加工过程中，由于基板表面一般都附有一层氧化膜，此时的液-固界面为液态金属/氧化膜，该界面属于异质材料润湿，润湿性很差，因此原来因重力作用黏附到基板上的金属液就可能在表面张力的作用下重新脱离基板，上部熔池形状倾向于向球形转变。对于第二层及以后各层的加工而言，其成形的固体基底为已凝固的同类金属凝固层。如果成形过程在保护气氛中进行，则当前层与前一层的液-固界面的润湿性会比较好，能够在已凝固层上稳定下来，进而抑制球化反应的进行。下部固体基底的熔池的液-固界面（第一类液-固界面）温度相近且为同质金属，液-固界面模糊，熔池在黏附作用下很难发生球化。

如上所述，熔池上下部之间的液-液界面对阻碍上部熔池的球化作用明显。因此，在采用 SLM 技术加工零件时，应尽量采用与金属粉末材质相同或能与金属液相溶材质的基板。可以通过调整工艺参数，保证对上一层有足够的重熔量，以及增大液-液界面的方式来抑制或弱化球化现象的发生，使熔池稳定地固定在固体基底上。

5.3.3 孔隙

孔隙是激光增材制造构件中普遍存在的缺陷，它能直接影响构件成形的致密度和力学性能等，决定实体构件的使用性能。通常性能要求较高的构件对孔隙率的要求也较高，但是某些构件也需要具有一定的孔隙率，这种多孔构件的制造不属于本小节讨论的范围。

孔隙的形成是在材料成形的过程中，材料的熔化和凝固的速度极快，使熔池内的气体没有充足的时间释放出去，残存在冷却构件内形成气孔，而气孔形状较为规则，一般为球状，且尺寸较小。此外，在激光增材制造构件时，粉体材料本身就存在气孔，尤其是对于雾化制备的粉体材料，制备过程均处在氩气保护下进行，在凝固过程中，内部不可避免地会包含微量的氩气。在激光增材制造构件中，金属粉末在熔化的同时会融入少量的气体或金属粉末中含有少量的气体，若这些气体不能及时得到释放，则将在构件内形成气孔，进而产生孔隙。孔隙在不同材料中出现的密度也会随着工艺参数的变化而变化。另外，在构件内产生的气孔、球化、裂纹与热应力及扫描间距都是影响孔隙形成的因素。采用规则、无气孔和干燥的类球形粉末可以避免成形件中出现气孔缺陷。图 5-52 所示为采用不同特征粉末激光立体成形 Inconel718 合金的组织形貌。采用旋转电极制备的无气孔 Inconel718 粉末，完全消除了成形件中的气孔缺陷。

国内外科研工作者提出了一些减少和控制孔隙的方法。研究发现，合理控制材料体能量密度有利于提高构件致密度，减少和避免孔隙等缺陷产生。除选用适当工艺参数降低构件的孔隙率外，还可采用热等静压（HIP）技术对构件进行处理，通过对构件加压使内部的气体溢出，达到降低构件孔隙率的目的。有研究采用 HIP 方法对构件进行处理，得到经 HIP 处理后的构建在不同温度和压力下的孔隙率，如图 5-53 所示。HIP 可以在一定范围内使构件的致密度提高到 99.985%~99.989%，并且可以提高构件的拉伸伸长率。多次重熔的方法能够将熔入构件中的杂质气体排出并熔合一些残缺的孔洞，从而显著改善金属激光增材制造中

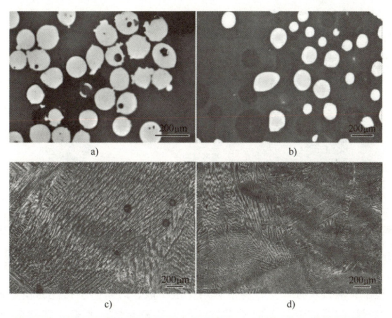

图 5-52　采用不同特征粉末激光立体成形 Inconel718 合金的组织形貌

a）气雾化 Inconel718 粉末　b）旋转电极 Inconel718 粉末　c）气雾化 Inconel718
粉末的成形组织　d）旋转电极 Inconel718 粉末的成形组织

产生的孔隙缺陷，大幅度提高构件成形的质量。对基板的底部或周围进行预热处理，可以降低熔池的冷却速度，使熔池中的气体排出，从而有效减小构件的孔隙率。目前，对激光增材制造构件孔隙率的控制还需要进行深入研究，从而有针对性地探索不同材料孔隙率的处理方法。

5.3.4　裂纹

内部裂纹也是典型的激光增材制造构件缺陷，其主要是由热应力引起的，对构件的性能影响极大，也是制约激光增材制

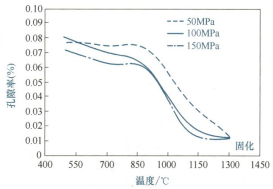

图 5-53　经 HIP 处理后 Inconel718（SLM）在不同温度和压力下的孔隙率

造产品应用的一个因素。因此，对裂纹的产生进行控制十分重要。

国内外已有很多科研工作者对激光增材制造过程中裂纹的形成机制、裂纹产生的影响因素，以及减少与消除裂纹的处理方法进行了研究。研究表明，在热影响区晶界上连续和半连续液膜的形成及构件内形成的拉应力是导致裂纹产生的主要原因。在激光增材制造中，工艺参数是影响构件中裂纹产生的因素，构件内晶粒的方向决定裂纹的生长方向。有学者通过模拟的方法对裂纹的形成机制进行了研究，发现构件在冷却过程中，新兴的颗粒沿着垂直方向以某种方式生长，由于冷却速度很快，在临界温度范围内，液态合金不能完全均质化，从而产生了裂纹，裂纹的生长原理如图 5-54 所示，图中 T 为温度，T_{sol} 为固相线温度，T_{liq} 为液线温度，CTR 为临界温度范围。裂纹由快速凝固所致，固相线温度降低到一定程度后会出

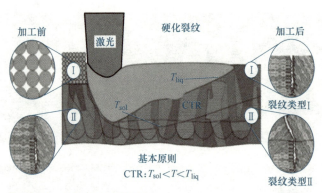

图 5-54 裂纹的生长原理

现明显的 CTR，其边界用液相线和固相线温度来描述。由于冷却速度快，液态合金在临界温度范围内不可能完全均质化，因此在本构冷却作用下，浓度高的低熔融膜覆盖了新兴晶粒。

在制造过程中，裂纹一旦产生，将沿着熔化层扩散，严重影响构件的各项力学性能，甚至会造成构件的报废。目前最简单的减少裂纹的方法就是调整制造工艺参数，采用 HIP 技术对构件进行后处理，能够显著改善构件的疲劳强度和减少裂纹。另外，采用喷丸处理可以提高构件的表面性能，减少或消除构件表面裂纹。图 5-55 所示为裂纹敏感性较强的粉末冶金高温合金 Rene88DT 在激光立体成形过程中形成的裂纹形貌。裂纹出现在道与道之间的搭接区，大体沿道与道之间平行分布，如图 5-55a 所示。同时裂纹主要集中在试样中上部区域。大尺寸裂纹贯穿多个沉积层，如图 5-55b，但裂纹没有贯穿试样表面，基本上包覆在试样内部。图 5-56 所示为激光立体成形 Rene88DT 合金经过 HIP 处理后所得到的微观组织。可以看到，经过 HIP 处理的扩散连接，成形过程中的裂纹得到了很好的愈合，同时在裂纹修复愈合后形成了明显的 MC 型碳化物迹线（图 5-56d）。

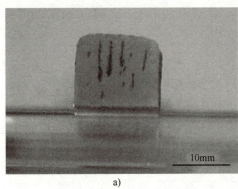
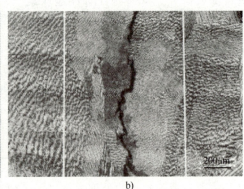

图 5-55　激光立体成形块状试样横截面上的裂纹

a）裂纹的宏观分布特征　b）激光沉积道与道搭接区裂纹

在激光增材制造过程中对基板进行预热，提高成形时的周围环境温度，可以降低构件成形时的冷却速度，减小温度梯度，从而减少裂纹的产生。另外，在激光增材制造所采用的粉末材料中加入合金元素，可以改善材料特性，减少成形件的裂纹。这些处理技术虽能减少和消除内部裂纹，但不易控制且操作复杂。

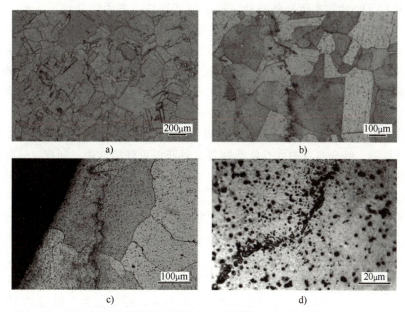

图 5-56　HIP 处理后激光立体成形 Rene88DT 合金裂纹的修复愈合

a）搭接充分试样的典型组织　b）试样中部的大尺寸裂纹愈合　c）试样边缘的
大尺寸裂纹愈合　d）裂纹愈合后的析出物

5.3.5　改善金属增材制造材料组织与性能的方法

1. 工艺参数优化

不同的金属增材制造技术包含各自不同的工艺参数，工艺参数的调节对金属增材制造技术来说是第一步，也是至关重要的一步。大量的研究证明了工艺参数的优化对减少增材制造过程中材料内部缺陷、改善材料内部组织和提高材料力学性能的可行性。

以 SLM 技术为例，其工艺参数包括激光功率、扫描速度、铺粉厚度、扫描间距、基板预热温度、扫描策略和粉末粒径等。通过对层厚、焦偏距及能量密度的调整，最终所打印 Ti6Al4V 合金的性能可以与传统的固溶加时效后的 Ti6Al4V 合金性能相媲美，比传统的轧制退火态的 Ti6Al4V 合金性能更优异，同时能够有效降低熔池的不稳定性并改善表面质量，从而可以消除材料内部的缺陷。

2. 后处理技术

金属增材制造材料在特殊的条件下进行快速制造，经常会导致材料内部存在微孔洞和较大的残余应力；同时，熔化道和熔池的存在使所制备的材料同样存在明显的中尺度结构，这使得所制备出材料的性能存在明显的各向异性。工艺参数的优化过程较为复杂，需要进行大量的试验摸索，目前仅有少量材料体系得到了证实，因此，科研工作者在选择相对较优的参数制备所需材料后，会采用传统的后处理技术对所制备材料进行去应力和均匀化处理，以改善材料的性能。后处理技术除了金属热处理领域中传统的淬火、回火、退火、正火外，还包括热等静压（HIP）处理、表面热处理及化学热处理等。传统热处理改性技术在各材料体系中的应用都较成熟，这也为增材制造材料的改性提供了一定的理论依据。因此，在金属增材制造领域，通常采用"工艺参数优化+后处理改性"技术来改善材料的组织和性能。

对于 SLM 和 EBSM 技术所制备的材料或小型结构件,采用后处理技术较为方便,能较好地控制温度、时间、压力等来改善材料的组织和性能;对于 WAAM、LENS 等技术所制备的大型结构件来说,若采用后处理技术,则需要较大的热处理设备或热等静压设备,而大型设备所需要的成本较高,并且对于大型结构件,热处理过程中温度场、应力场的控制较为困难。因此,需要找到更加简便、高效的方法来改善增材制造大型结构件的组织和性能。

3. 颗粒引入

(1) 复合材料设计思想 在复合材料设计过程中,可引入增强体和其他合金元素等到金属或合金材料中,结合两者的优点使所制备材料获得更好的性能。同样,这种设计思想在金属增材制造领域也可以得到很好的应用,而且由于送粉、送丝增材制造技术的便利性,这种思想更能够得到发挥和应用。

通过将复合材料设计思想运用到金属增材制造领域,运用快速制造的便利性,能够加快推进复合材料的发展。同样,运用该思想也能够制备出复杂形状的梯度复合材料,并具有理想的性能梯度,以适用于广泛的实际应用。

(2) 纳米颗粒形核剂 在金属增材制造领域,目前仅有 AlSi10Mg 合金、Ti6Al4V 合金、CoCr 合金及 Inconel718 合金等几种合金能可靠地打印。目前工业上应用的 5500 多种合金中,由于增材制造过程中产生的粗大柱状晶及周期性的裂纹,使得绝大部分合金都不能应用于增材制造。为了解决上述问题,有学者基于晶体学理论,选择合适的纳米颗粒形核剂,将其加入 7075 和 6061 铝合金粉末中。结果发现,原本用 SLM 技术成形较困难的高强铝合金,当纳米形核剂产生效用时,可成功制备出无裂纹、细小等轴晶组织的铝合金,而且所制备的铝合金强度可与锻造铝合金相媲美。通过将 TiB2 纳米颗粒加入 AlSi10Mg 合金中,运用 SLM 技术所制备的铝合金,其屈服强度、塑性及显微硬度等性能指标都比传统的锻造铝合金和回火铝合金高得多。

在金属增材制造领域,这种方法也广泛适用于其他的合金体系,如焊接镍基高温合金和金属间化合物,并且可以使用不同的增材制造技术来实现,其中包括电子束熔融、激光选区熔化等。

4. 超声干扰技术

超声波在液态金属中传播时,其高频振动和辐射压力对媒介产生机械作用、热作用、空化作用和声流作用等,对液态金属结晶过程造成的影响有细化晶粒、组织均匀化、组织净化(去气、除渣、提纯)等。金属增材制造过程本身也是金属丝材或粉体的冶金凝固过程,因此,在金属增材制造过程中引入超声振动,在原有工艺参数的基础上,能够达到细化晶粒、均匀组织成分、减小试件残余应力的目的。有研究表明,超声振动的引入可以减少熔覆层裂纹、均化熔覆层化学成分、细化熔覆层组织晶粒,从而改善熔覆层性能,提高成形件的表面质量和降低残余应力。

熔覆过程中超声振动的引入,不能直接将超声振动杆置于熔池内,只能通过间接传递的方式引入(图 5-57),而超声波在传播途中的反射和衰减,会使超声振动的作用随着熔覆层厚度的增加而减弱,最终将无法达到预期目的。因此,如何改进超声振动装置或超声振动的引入方式还需进行进一步的研究。

5. 超声冲击强化(高频微锻造)技术

超声冲击强化技术属于表面强化技术,在通过表面强化来延长零件疲劳寿命的技术中,

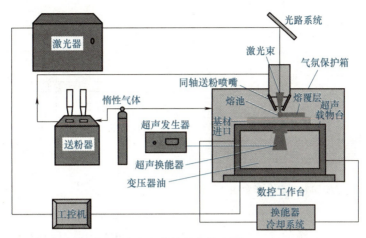

图 5-57　超声振动辅助金属增材制造原理图

喷丸强化技术的应用最为广泛。该技术采用超声发生器，能够发出 15~40kHz 的高频电振荡信号，然后由换能器转换为高频机械振动，与换能器相连的变幅杆将机械振动幅值放大传输到振动工具头上。其工具头为图 5-58 所示的冲击针。

超声冲击（高频微锻造）技术利用高频次运动的冲击头冲击金属材料表面，超声冲击装置的高频次机械冲击能量及超声应力波均传递到金属表面，使金属表面发生一系列变化。一方面，冲击头的机械作用导致金属材料表面的塑性变形，会产生一定的加工硬化，改善材料表面综合力学性能；另一方面，剧

图 5-58　常用冲击针

烈的变形会导致材料表面晶粒变形、破碎。虽然超声冲击强化技术对于改善熔覆层表面组织和性能有较好的效果，但由于该装置的作用深度有限（大约为 150μm），随着离表面越来越远，微锻造的影响越来越小，因此，其对改善金属增材制造大型结构件的组织和性能并不能取得好的效果。

6. 滚压轧制技术

在焊接领域，由于超声冲击技术只能使有限的深度范围内的残余拉应力转变成压应力，在一定程度上限制了该技术的发展。因此，有人提出在焊接接头上施加连续的高压滚动来使其产生塑性变形的方案，该技术的应用使残余应力发生了很大的改变，焊缝处产生了很大的压应力。与超声冲击技术不同，滚压轧制技术能够使整个横截面产生塑性变形，而不仅仅是表层。因此，在金属增材制造过程中对沉积层进行滚压处理，对于改善材料内部组织和消除残余应力是一种有效的方法。

有人通过高压滚动的方式，采用两种滚筒对电弧熔丝增材制造的材料进行滚压处理（图 5-59）。研究结果表明，两种滚筒都减少了材料的变形并改善了表面质量，其中开凹槽的滚筒消除变形的能力更强；滚压过后试样内部的残余应力比未经过处理时的残余应力要

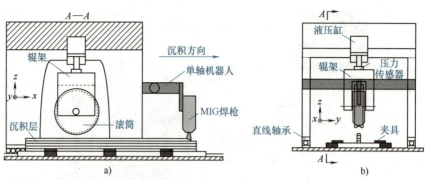

图 5-59 焊接和轧制设备示意图

a）整体结构示意图   b）轧制装置细节图

小，并且越靠近基板效果越明显。同时，在随后的沉积过程中，对被滚压过的材料再次加热，从而诱发了材料内部的晶粒细化。

滚压轧制技术由于具有较大的作用深度和变形量，引入后使增材制造过程中细化晶粒的效果较为明显，但其对材料内部残余应力只能达到减小的目的，不能将材料内部的拉应力有效转化为较为有利的压应力，也不能完全消除结构件的变形。滚压轧制技术的细化晶粒、降低材料内部残余应力和减少成形件变形的优势，也证明该技术为改善金属增材制造大型结构件的组织和性能提供了一种有效的工具。

7. 超声微锻造技术

通过对目前已有的几种改善增材制造微观组织和提高金属零部件力学性能的方法进行分析可以发现，这些方法和技术能够在一定程度上改善金属增材制造材料的微观组织和提高金属零部件的力学性能，但每种增材制造辅助方法都存在一定的局限性，必须在一定的条件下使用。有人提出一种能够解决金属增材制造所制备材料内部残余应力引起的开裂、材料内部缺陷及材料内部微观组织粗大和不均匀导致的零部件力学性能差等问题的超声微锻造复合装置，该装置综合了超声冲击频率高和机械滚压产生塑性变形大的优点，实现了超声冲击与连续滚压微锻造的复合作用，大大提高了微锻造的作用效率和有效深度，可消除增材制造成形件特有的规则枝状结晶组织，使其每一层的微观组织由铸态转变成为锻态，大幅细化了晶粒和提高了力学性能，从而通过逐层叠加制造出组织和性能优化的金属零部件。

5.4 金属材料3D打印技术的应用及当前面临的挑战

近些年来，随着国内外研究的深入，金属增材制造技术进步飞快，在诸多制造领域都有着广泛应用。

1. 金属材料3D打印技术的应用

（1）复杂结构制造 对于复杂结构件，传统加工方法往往需要复杂的工艺和大量的后续机械加工，不仅需要很高的制造工艺与加工成本，材料在机械加工过程中也会被大量损耗，造成资源浪费。而且在将金属材料加工成复杂构件的过程中，对加工器具及机械也会造成较大损伤。而金属增材制造技术，尤其是铺粉熔化沉积方法，加工过程中不受构件尺寸与形状的限制，具有强大的柔性制造能力，且材料利用率高，因此能够实现零件超复杂结构的近净成形制造。

（2）一体化制造　金属增材制造具有一体化制造的优点，用传统方法制造复杂零件时，在对目标构件进行制造之前，都要进行大量前期设计，如图样设计、材料研究等；而对于无法一次性制造的构件，传统制造中间往往需要经过大量的加工步骤，采用配合连接等方式，既消耗了大量的时间与人力成本，又要考虑对材料及构件质量本身的影响。在复杂结构构件的制作上，传统制造方法无法高效率地完成任务，而金属增材制造技术可以通过将构件逐层的数据传导至计算机而形成三维数据模型，一次性实现对零件的直接成形，这对制造一体化要求高的构件具有很大优势。

（3）轻量化制造　对于传统制造工业进行轻量化制造，一方面考虑到难以一次性加工而导致中间步骤要经过铣、削、焊等操作，对材料浪费较多；另一方面加工周期较长，其实现轻量化制造的成本并不低。金属增材制造技术可以利用增材制造技术结合建模与仿真技术进行轻量化设计，不仅可以实现模型最优化设计，达到高质量、轻量化制造，而且轻量化设计结构增材制造由于柔性结构特性，不需要考虑制造工艺难度，且材料越少制造成本就越低，在轻量化制造中具有得天独厚的优势。

2. 面临的挑战

尽管增材制造技术具有上述诸多优势，但目前其所制造零件的质量普遍略低于传统锻造工艺水平，且存在表面质量不高、内部成分不够均匀等问题。通过后期热处理与材料成形及控制工程研究，可有效减少这些缺陷对构件性能的影响，达到理想零件的水平，做到高质量、高精度生产。从研究问题中抽象出数学理论式，通过计算建立数学模型，结合结构模型具体分析操作方案，从而使传统制造的具体化操作转为虚拟化制造。通过仿真模拟技术规避构建过程中产生的残余应力和变形，或出现气孔等难以通过在现实操作而产生的纰漏，让加工产品更加贴近期望效果，达到以较少的人工及时间成本完成预计加工任务的目的。同时，结合计算机技术与金属增材制造技术，数字化是金属增材制造面向更快、更有效、更个性化发展的必然趋势。开发一套数字化响应系统可以使操作更加智能化、合理化，实现完整产业链制造，做到高效生产。金属增材技术发展到现在，仍有许多学者做着从理论模型到实际操作的研究。目前，将金属增材制造技术投入产业化生产、提升增材制造速度、开发新型加工材料及金属增材制造智能化是现在人们主要研究的目标。人们希望能解决金属增材制造表面质量差、材料性能劣化、大批量生产效率较低等问题，并将金属增材制造技术应用于更多领域。

3D打印技术是目前国际上的新型先进制造技术，它将对传统制造工艺提出挑战，对制造业产生深远影响。例如：它将对航空发动机的发展产生巨大推动作用，搭建发动机零部件研制新平台，能实现航空发动机研制过程快速反应加工，解决关键复杂零部件的制造、修复与再制造问题，并为大型发动机批量生产及后续维修、维护奠定基础；可以实现传统方法难以加工的复杂结构零部件的成形，并大大减少加工工序，缩短加工周期，降低制造成本，减小发动机质量。

但3D打印技术存在下列缺点，限制了其在某些情况下的应用：

1）材料种类的限制。由于大多数快速成形制造技术依赖于特殊材料的物理性能，能用于每种快速成形制造技术的材料范围通常是很有限的。在许多情况下，具有良好工程性能的材料却满足不了快速成形制造技术的工艺要求，使得不能用零件设计所要求的材料直接进行制造，只能得到零件的实体模型。

2）难以保证零件表面质量。在大多数情况下，零件由一系列2.5D的薄层材料构造而成，这导致在所有倾斜的零件表面上产生了阶梯形效应。减小分层的厚度可以减小阶梯形的尺度，但却增加了制造的时间。如果要求零件表面光滑，需要采用人工精整的方法，这通常会导致零件精度的丧失。零件的内表面通常是不可接近的，因此无法进行精整。

3）材料的质量问题。快速成形制造技术除了存在可用材料种类的限制外，还存在由分层制造所引起的材料质量问题。如果在层间存在黏结缺陷，零件的性能就会降低。由于在构造方向与构造平面内的各正交方向缺乏对称性，零件的性能还存在各向异性。

4）零件尺寸的限制。大多数快速成形制造方法只能制造小尺寸的零件模型，较大尺寸的零件需要按比例缩小后进行制造。

第6章

机床技术的发展及应用

6.1　先进制造装备技术

6.1.1　加工制造技术的发展趋势

加工制造技术是对被加工对象状态的改形和改性技术的总称。当代加工制造技术的重要特征是与计算机、微电子和信息技术相融合，其主要发展趋势包括新一代机械制造装备技术、虚拟制造技术、精密和超精密加工技术、特种加工技术、微纳尺度制造技术、超高速切削磨削技术、少无夹具制造技术和制造过程设计技术等。

1. 新一代机械制造装备技术

金属切削机床是机械制造装备的主体，也是迄今国内外研究最多的机械制造装备。早在20世纪30年代，西欧就开展了机床精度和切削振动机理的研究工作；20世纪70年代国际上的研究达到高峰，在机床的动态性能、加工性能、振动和噪声、热稳定性、精度保持性、可靠性、性能试验、故障诊断与维修等方面都达到相当高的水平。近年来，新一代制造装备技术有了较大的发展和突破，主要体现在以下几个方面：

1）新型加工设备的研究开发。近年来已取得不少进展，如多轴联动加工中心、控制车削高效曲轴加工机床、点磨机床、加工与装配作业集成机床等。近年来出现的并联机床（虚轴机床）突破了传统机床的结构方案，在国内外有了快速发展。

2）在数控化基础上朝智能化方向发展。充分利用精度补偿技术，应用技术软件、传感器和控制技术的最新科技成果，研制出加工质量高、效率高且消耗少的智能加工中心及智能化加工单元。

3）采用新材料和新结构，提高制造装备的刚度、抗振性、热稳定性，提高精度和精度保持性，减小质量等。

4）新型部件的开发应用。需要研究高精度大载荷主轴轴承、主轴冷却、刀具配置与夹紧可靠性、电主轴调速可行性等关键技术，以及大功率交流直线电动机技术等。

5）发展先进的机床和数控系统性能检测、诊断方法与技术；多品种小批量生产条件下的先进在线加工质量检测技术；柔性工艺装备和柔性夹具等。

2. 精密和超精密加工技术

精密和超精密加工技术的发展趋势，一方面是提高极限加工精度，另一方面是从小批量生产走向大批量生产。精密和超精密加工体现在加工工艺、加工机床、测量技术和作业环境等方面，具体包括以下几个方面：

1）超高精密切削技术，如金刚石刀具的超精密车削，刃口半径已达纳米级，能实现纳米级厚度的稳定切削。

2）超精密磨削加工技术，加工硬脆性材料时采用新型结合剂的金刚石砂轮，能提高磨削表面质量。

3）近来又发展了机械化学抛光、浮动研磨及磁流体精密研磨等实用技术。

4）精密和超精密特种加工，主要指集成电路芯片的微细加工，包括电子束和离子束刻蚀加工。

5）精密加工机床向超精结构、多功能、机电一体化方向发展，并广泛采用各种测量、控制技术实时补偿误差。

3. 少无夹具制造技术

在常规制造系统中，需要对大量使用的夹具进行设计、制造和装配调试工作，不仅耗费资金，还延长了生产准备时间，成为制造过程中的瓶颈，是造成制造柔性差、响应速度慢、生产成本高和企业竞争能力差的主要原因之一。打破传统的"定位—加工"模式，以新的"寻位—加工"模式为基础，将信息、控制与制造工艺及设备相结合，研究开发不需要使用夹具或使用少量通用夹具的新一代少无夹具制造技术。

6.1.2　机械制造装备类型

机械制造过程是一个十分复杂的生产过程，所使用装备的类型很多，总体上可分为加工装备、工艺装备、储运装备和辅助装备四大类。机械制造装备的基本功能是保证加工工艺的实施、节能、降耗，优化工艺过程，并使被加工对象达到预期的功能和质量要求。

1. 加工装备

加工装备是机械制造装备的主体和核心，是采用机械制造方法制作机器零件或毛坯的机器设备，又称为机床或工作母机。机床的类型很多，除了金属切削机床之外，还有锻压机床、冲压机床、注塑机、快速成形机、焊接设备和铸造设备等。

金属切削机床是采用切削、特种加工等方法，主要用于加工金属，使其获得所要求的几何形状、尺寸精度和表面质量的机器。使用金属切削机床可获得较高的零件精度和表面质量，完成 40%~60%以上的加工工作量。金属切削机床品种繁多，为了便于区别、使用和管理，需要从不同角度对其进行分类。

锻压机床是利用金属塑性变形进行加工的一种无屑加工设备，主要包括锻造机、冲压机、挤压机和轧制机四大类。锻造机使坯料在工具的冲击力或静压力作用下成形，并使其性能和金相组织符合要求。按成形方法的不同，锻造可分为自由锻造、胎模锻造、模型锻造和特种锻造。冲压机是借助模具对板料施加外力，迫使材料按模具形状、尺寸进行剪裁或变形的机械。冲压工艺具有省工、省料和生产率高的优点。挤压机借助于凸模对放在凹模内的金属材料进行挤压成形，根据挤压时温度的不同，可分为冷挤压、温挤压和热挤压。轧制机使金属材料在旋转轧辊的作用下变形，根据轧制温度不同可分为热轧和冷轧，根据轧制方式不同可分为纵轧、横轧和斜轧。

2. 工艺装备

工艺装备是产品制造过程中所用各种工具的总称，包括刀具、夹具、模具、测量器具和辅具等。它们是贯彻工艺规程、保证产品质量和提高生产率等的重要技术手段。

刀具是能从工件上切除多余材料或切断材料的带刃工具。工件的成形是通过刀具与工件之间的相对运动实现的，因此高效的机床必须与先进的刀具相配合才能充分发挥作用。切削加工技术的发展，与刀具材料的改进及刀具结构和参数的合理设计有着密切联系。刀具的类型很多，每一种机床都有其代表性的刀具，如车刀、钻头、镗刀、砂轮、铣刀、刨刀、拉刀、螺纹加工刀具和齿轮加工刀具等。刀具大体上可分为标准刀具和非标准刀具两大类。标准刀具是按国家或部门制定的有关"标准"或"规范"制造的刀具，由专业化的工具厂集中大批量生产，占所用刀具的绝大部分。非标准刀具是根据工件与具体加工的特殊要求设计制造的，也可将标准刀具加以改制而实现。过去我国的非标准刀具主要由用户自行生产。根据生产的发展需求，非标准刀具也应由专业厂根据用户要求提供，以利于提高质量、降低成本。

夹具是机床上装夹工件或引导刀具的装置，对于工艺规程、保证加工质量和提高生产率有着决定性的作用。夹具一般由定位机构、夹紧机构、导向机构和夹具体等部分构成。按照其所应用机床的不同，可分为车床夹具、铣床夹具、钻床夹具、刨床夹具、镗床夹具和磨床夹具等；按照其专用化程度不同，又可分为通用夹具、专用夹具、成组夹具和组合夹具等。通用夹具是已经规格化、标准化的夹具，主要用于单件小批生产，如车床夹盘、铣床用分度头和机用虎钳等；专用夹具是根据某一工件的特定工序专门设计制造的，主要用于有一定批量的生产中。

测量器具是以直接或间接方法测出被测对象量值的工具、仪器及仪表等，可分为通用量具、专用量具和组合测量仪等。通用量具是标准化、系列化和商品化的量具，如千分尺、千分表、量块，以及光学、气动、电动量仪等。专用量具是针对特定零件的特定尺寸而专门设计的，如量规、样板等，某些专用量规通常会在一定范围内具有通用性。组合测量仪可同时对多个尺寸进行测量，有时还能进行计算、比较和显示，一般属于专用量具，或在一定范围内通用。数控机床的应用大大简化了生产加工中的测量工作，减少了专用量具的设计、制造与使用。测试技术与计算机技术的发展，使得许多传统量具向数字化和智能化方向发展，适应了现代生产技术的发展。

模具是用来限定生产对象的形状和尺寸的装置。按填充方法和填充材料不同，可分为粉末冶金模具、塑料模具、压铸模具、冲压模具和锻压模具等。数控技术和特种加工技术的发展，促进了模具制造技术的发展，促进了少屑、无屑技术在生产制造中的广泛应用。

3. 储运装备

物料储运装备是生产系统必不可少的装备，对企业生产的布局、运行与管理等有着直接影响。物料储运装备主要包括物料运输装置、机床上下料装置、刀具输送设备和各级仓库及其设备。

物料储运装置的作用主要是使坯料、半成品及成品在车间内各工作站间的输送满足流水线或自动生产线的要求，它主要有传送装置和自动运输小车两大类。传送装置种类繁多：由辊轴构成流动滑道，靠重力或人工实现物料输送；由刚性推杆推动工件做同步运动的步进式输送带；在两工位间输送工件的输送机械手；带动工件或随行夹具做非同步输送的链式输送机。自动线中的传送装置要求工作可靠、定位精度高、输送速度快、能与自动线的工作协调等。自动运输小车由计算机控制，可方便地改变输送路线及节拍，主要用于柔性制造系统中，可分为有轨和无轨两大类。前者载重量大、控制方便、定位精度高，一般用于近距离直线输送；后者一般靠埋入地下的制导电缆进行电磁制导，也采用激光制导等方式，输送线路控制灵活。

将坯料送至机床加工位置的装置称为上料装置，加工完毕后将工件从机床上取走的装置称为下料装置，它们能缩短上下料时间，减轻工人劳动。机床上下料装置类型很多，一般由料仓、步进喂料机、上下料机械手等构成。在柔性制造系统中，对于小型工件常采用上下料机械手或机器人，大型复杂工件采用可交换工作台进行自动上下料。

在柔性制造系统中，必须有完备的刀具准备与输送系统，包括刀具准备、测量、输送及重磨刀具回收等，常采用传输链、机械手等，也可采用自动运输小车对备用刀库等进行输送。

机械制造生产中离不开不同级别的仓库及其装备。仓库用来存储原材料、外购器材、半成品、成品、工具、夹具等，分别进行厂级或车间级管理。现代化的仓储装备不仅要求布局合理，而且要求有较高的机械化程度，减小劳动强度，采用计算机管理，能与企业生产管理信息系统进行数据交换，能控制合理的库存量等。自动化立体仓库是一种现代化的仓储设备，具有布置灵活、占地面积小、便于实现机械化和自动化、方便计算机控制与管理等优点，具有良好的发展前景。

4. 辅助装备

辅助装备包括清洗机、排屑设备、测量设备和包装设备等。

清洗机是用来对工件表面的尘屑油污等进行清洗的机械设备，能保证产品的装配质量和使用寿命，可采用浸洗、喷洗、气相清洗和超声清洗等方法。排屑装置用于自动机床、自动加工单元或自动线，包括切屑清除装置和输送装置。清除装置常采用离心力、压缩空气、冷却液冲刷、电磁或真空清除等方法；输送装置有带式、螺旋式和刮板式等多种类型，保证将金属屑输送至机外或线外的集屑器中，并能与加工过程协调控制。

6.2 高速切削加工技术

高速切削加工的巨大吸引力在于实现高速切削的同时，保证了高速切削的高精度。高速加工是制造工业史上继数控加工之后的又一项重大创新，促进和带动了一系列相关技术的发展，如高速电主轴、直线进给直接驱动、高性能数控、高动态机床结构和高速切削刀具系统等。自从德国 Carl. J. Salomon 博士提出高速切削概念以来，高速切削技术的发展经历了高速切削的理论探索、应用探索、初步应用和逐步成熟等阶段。

6.2.1 高速切削的概念

高速切削是一个相对的概念，不同的加工方式、不同的工件有不同的高速切削范围，所以很难对高速切削的速度范围给出确切的定义。目前沿用的高速切削加工的定义主要有以下几种：

1）1978 年，CIRP 切削委员会提出以 500~7000m/min 的切削线速度进行加工为高速切削加工。

2）对铣削加工而言，以刀具夹持装置达到平衡要求时的速度来定义高速切削加工。

3）根据 ISO 1940 标准，主轴转速高于 8000r/min 为高速切削加工。

4）德国达姆施塔特工业大学生产工程与机床研究所（PTW）提出将高于普通切削速度 5~10 倍的切削加工定义为高速切削加工。

5）从主轴设计的观点，以 Dn 值（主轴轴径或主轴轴承内径尺寸 D 与主轴最大转速 n 的乘积）来定义高速切削加工。Dn 值达到 $(5 \sim 2000) \times 10^5 \, mm \cdot r/min$ 时为高速切削加工。

高速切削加工不能简单地用某一具体的切削速度值来定义。切削条件不同，高速切削速度范围也不同。根据目前的实际情况和可能的发展趋势，不同工件材料的大致切削速度范围如图 6-1 所示。

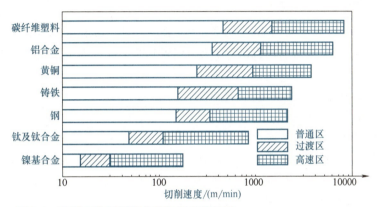

图 6-1　不同工件材料的大致切削速度范围

6.2.2　高速切削的特点

高速切削速度比常规切削速度几乎高出一个数量级，其切削原理与常规切削加工的不同。由于切削原理的改变，高速切削加工表现出许多自身的优势，同时也就对应有自身的适用范围。

（1）切削力低　由于切削速度高，导致剪切变形区狭窄、剪切角增大、变形系数减小和切屑流出速度加快，从而使切削变形减小、切削力降低。尤其是垂直于被加工表面的切削力，比常规切削力低 30%~90%。刀具使用寿命可延长 70%，特别适用于细长件与薄壁类刚性差的工件的加工。

（2）热变形小　在高速切削时，90%~95% 以上的切削热来不及传给工件就被高速流出的切屑带走，工件累积热量极少，工件基本上保持冷态，因而不会由于温升导致热变形，特别适合加工易产生热变形的零件。

（3）材料切除率高　由于切削速度的大幅度提高，进给速度可提高到普通切削速度的 5~10 倍，这样单位时间内的材料去除率可以大大增加。故高速切削适用于材料切除率要求大的场合，如汽车、模具和航空航天等制造领域。同时机床快速空行程速度大幅度提高，这大大减少了非切削的空行程时间，从而极大地提高了机床的生产率。

（4）加工精度高　由于高切削速度和高进给率，使机床的激振频率远高于"机床-工件-刀具"系统的固有频率，工件处于平稳振动切削状态，这就使零件加工能够获得较高的表面质量。高速切削加工获得的零件表面质量几乎可与磨削相比，且残余应力很小，故可以省略铣削后的精加工工序。

（5）降低加工成本　高速切削可以降低加工成本的主要原因包括：单件零件加工时间缩短；许多零件在常规加工时需要分粗、半精、精加工工序，有时加工后还需进行手工研磨，而使用高速切削可使工件加工集中在一道工序中完成，这样可以使加工成本大为降低，加工周期大为缩短。

（6）可以加工难加工的材料　例如，航空和动力部门大量采用的镍基合金，这类材料强度大、硬度高、耐冲击、加工中容易硬化、切削温度高、刀具磨损严重。如果采用高速加工，不仅可以大幅度提高生产率，而且可以有效地减少刀具磨损，提高零件加工的表面质量。

6.2.3　高速切削的发展

高速切削的起源可以追溯到 20 世纪 20 年代末，德国的切削物理学家 Carl. J. Salomon 博士于 1929 年进行的超高速切削模拟试验。他于 1931 年 4 月发表了著名的超高速切削理论，提出了高速切削的设想。Salomon 指出：在常规的切削范围内，切削温度随着切削速度的增大而提高（图 6-2 中的 A 区）；对于某工件材料，存在一个速度范围，在这个速度范围内，由于切削温度太高，任何刀具都无法承受，切削加工不可能进行（图 6-2 中的 B 区）；但是当切削速度进一步提高，超过这个速度范围后，切削温度反而降低，同时切削力也会大幅度降低（图 6-2 中的 C 区）。他认为对于一些工件材料，应该有一个临界的切削速度，在该切削速度下切削温度最高。在

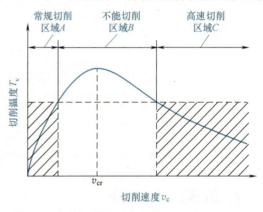

图 6-2　高速切削的概念说明

高速切削区进行切削，有可能用现有的刀具进行，从而大大减少切削工时，成倍地提高机床的生产率。几乎每一种金属材料都有临界切削速度，只是不同材料的速度值不同。

根据 Salomon 的高速切削理论，高速切削加工应为当切削速度超过被切削材料的临界切削速度时，切削温度不再随切削速度的提高而上升，切削抗力减小，刀具使用寿命延长，且以高切削速度、高切削精度、高进给速度与加速度为主要特征的切削加工。

美国于 1960 年前后开始进行超高速切削试验，试验将刀具装在加农炮里，从滑台上射向工件，或将工件当作子弹射向固定的刀具。1977 年，在一台带有高频电主轴的加工中心上进行了高速切削试验。1984 年，德国国家研究技术部组织了以达姆施塔特工业大学的生产工程与机床研究所为首，包括 41 家公司参加的两项联合研究计划，全面而系统地研究了超高速切削机床、刀具控制系统及相关的工艺技术，取得了国际公认的高水平研究成果，并在德国工厂广泛应用，获得了较好的经济效益。日本于 20 世纪 60 年代就着手超高速切削原理的研究，日本学者发现在超高速切削时，绝大部分切削热被切屑带走，工件基本保持冷态，其切屑比常规切屑热得多。日本工业界善于吸收各国的研究成果并及时应用到新产品开发中，在高速切削机床的研究和开发方面后来居上，现在已经跃居世界领先地位。

我国在 20 世纪 50 年代就开始研究高速切削原理，但由于受到各种条件的限制，进展比较缓慢。近些年来成果显著，至今仍有多所大学、研究所开展高速加工技术及设备的研究，主要研究单位及研究内容见表 6-1。

表 6-1 国内研究高速切削的单位及主要研究内容

单位名称	主要研究内容
北京理工大学	.高速切削的刀具寿命与切削力
山东大学	模具高速切削加工技术、高速加工使用的陶瓷刀具
沈阳工业大学、重庆大学	高速切削原理
天津大学、大连理工大学	高速硬切削原理
上海交通大学	钛合金高速铣削、薄壁件高速铣削精度控制、硅铝合金高速钻铣数据库、铝合金高速铣削表面温度动态变化规律
广东工业大学	高速主轴和快速进给系统
成都工具研究所有限公司	高速切削刀具研究及产业化
南京航空航天大学	难加工材料的高速铣削、航空薄壁件铣削的变形控制、高速切削的刀具磨削原理
同济大学	高速机床床身的制造、精密高速数控加工及计算机辅助技术

6.3 高速机床关键技术和应用

6.3.1 高速机床关键技术

高速机床技术主要包括高速单元技术和机床整机技术。高速加工机床能否达到理想加工状态，主要取决于高速加工机床的关键单元。高速加工机床单元技术的研究内容主要包括高速主轴单元、高速进给系统和高速 CNC 系统等。高速机床整机技术的研究内容主要包括机床床身、冷却系统、安全措施和加工环境等。

1. 高速主轴单元

高速主轴部件是高速机床最为关键的部件之一，同时高速主轴单元的设计是实现高速加工的关键技术。早期的主轴单元结构简单，主轴由两套轴向预紧的面对面安装的圆锥滚子轴承来支承，因此具有较大的轴向和径向承载能力。该种主轴单元的速度性能受到一定的限制，Dn 值可以达到 $0.6 \times 10^6 \, \text{mm} \cdot \text{r/min}$。随着空心圆锥滚子轴承和液压挡边圆锥滚子轴承的出现，主轴单元的 Dn 值可以达到 $1.5 \times 10^6 \, \text{mm} \cdot \text{r/min}$。1955 年 SKF 公司提出了著名的主轴单元支承结构，径向载荷采用内锥面双列圆柱滚子轴承来承受，轴向载荷采用双向推力角接触球轴承来承受，Dn 值可以达到 $1.0 \times 10^6 \, \text{mm} \cdot \text{r/min}$。进入 20 世纪 80 年代，出现了工作端采用三套主轴轴承支承的结构，Dn 值可以达到 $1.8 \times 10^6 \, \text{mm} \cdot \text{r/min}$，但是主轴支承刚度有所降低，可以采用多组轴承组合的方法来改善。近年来主轴单元的结构不断改进，Dn 值可以达到 $2.5 \times 10^6 \, \text{mm} \cdot \text{r/min}$。

目前，国内外主轴轴承的结构类型主要有内、外圈都是单挡边结构，以及内圈采用单挡边结构+外圈采用双挡边结构。高速轴承采用外圈引导保持架，双挡边能够使保持架受力均衡，有利于转速的提高。在设计上普遍采用小直径球，材料采用氮化硅陶瓷来提高轴承的速度、刚度和精度。陶瓷轴承具有更长的滚动疲劳寿命，Dn 值可以超过 $4.5 \times 10^6 \, \text{mm} \cdot \text{r/min}$。

高速主轴在离心力作用下产生振动和变形，高速运转时产生的摩擦热和大功率内装电动机产生的热量会引起温升和热变形，将直接影响机床最终的加工性能。高速主轴单元的类型

193

主要有电主轴、气动主轴和水动主轴。不同类型的主轴输出功率相差较大。高速主轴要在极短的时间内完成升降速，并在指定的位置快速准停，这要求主轴具有很高的角加速度。主轴的驱动如果通过传动带等中间环节，不仅会在高速状态下打滑、产生振动和噪声，而且增加了转动惯量，机床主轴快速准停非常困难。高速加工机床主轴系统在结构上几乎都是采用交流伺服电动机直接驱动的集成结构类型。集成化主轴有两种形式：一种是通过联轴器将电动机与主轴连接起来；另一种是将电动机转子与主轴做成一体。

目前，多数高速机床主轴采用内装式电动机主轴（Build-in Motor Spindle），简称电主轴。电主轴采用无外壳电动机，将带有冷却套的电动机定子装配在主轴单元的壳体内，转子与机床主轴的旋转部件做成一体，主轴的变速完全通过交流变频控制实现，将变频电动机与机床主轴合二为一。电主轴系统主要包括高速主轴轴承、无外壳主轴电动机及其控制模块、润滑冷却系统和主轴刀柄接口等。

电主轴系统取消了高精密齿轮等传动件，消除了传动误差；减小了主轴的振动和噪声，提高了主轴的回转精度。电动机内置于主轴两支承之间，可以较大地提高主轴系统的刚度，也就提高了系统的固有频率，从而提高了其临界转速。电主轴可以确保正常运行转速低于临界转速，保证高速回转时的安全；电主轴采用交流变频调速和矢量控制，具有输出功率大、调速范围宽和功率-转矩特性好的特点；电主轴机械结构简单，转动惯量小，快速响应性好，能实现很高的速度和加速度，以及定角度快速准停。在高速主轴单元中，机床由于既要完成粗加工，又要完成精加工，因此对主轴单元提出了较高的静刚度和工作精度要求。高速机床主轴单元的动态性能在很大程度上决定了机床的加工质量和切削能力。

国外关于电主轴的研究开展得较早，现已逐渐应用到机械制造业中。美国福特公司和Ingersoll公司联合推出的HVM800卧式加工中心的大功率电主轴，其最高转速达15000r/min，由静止升至最高转速仅需15s。瑞士DIXI公司生产的WAHLIW50型卧式加工中心采用电主轴结构，主轴转速为30000r/min。日本三井精机公司生产的HT3A卧式加工中心采用陶瓷轴承支承的电主轴，主轴转速达40000r/min。目前，一些主轴电动机厂商可提供专门作为电主轴用的电动机定子和转子，由机床厂装配到主轴配件上以实现高速主轴单元。

我国对电主轴的研制和开发始于20世纪60年代，主要种类是内表面磨削电主轴。这种电主轴功率小、刚度低，由于采用无内圈式向心推力球轴承，限制了高速电主轴生产的社会化和商品化。20世纪70年代后期至20世纪80年代，在成功开发出高速主轴轴承的基础上，研制了高刚度、高速电主轴，应用于各种内圆磨床和各机械制造领域。我国高速电主轴由磨削用转向铣削用是从20世纪80年代末开始的，铣削用高速电主轴不仅能加工各种复杂模具，而且开发了木工机械用的风冷式高速铣削电主轴，推动了高速电主轴在铣削中的应用。高精度硅片切割机用电主轴的出现，促进了电子工业的设备更新和进步。

2. 高速进给系统

在进行高速切削时，一方面，为了保证零件的加工精度，随着机床主轴转速的提高，进给速度必须大幅度提高，以保证刀具每齿进给量不变；另一方面，由于大多数零件在机床上加工的工作行程不长，一般只有几十毫米到几百毫米，要求进给系统在很短的时间内达到高速和实现准停。为了实现高速进给，除了可以继续采用经过改进的滚珠丝杠副外，又出现了采用直线电动机驱动和基于并联机构的新型高速进给方式。从结构、性能到总体布局来看，这三种方式之间都有很大的差别，形成了三种截然不同的高速进给系统。

（1）滚珠丝杠副传动系统　从1958年美国K&T公司生产出世界上第一台加工中心以来，"旋转电动机+滚珠丝杠副"至今仍然是加工中心和数控机床进给系统采用的主要形式。滚珠丝杠副传动系统采用交流伺服电动机驱动，进给加速度可以达到$1g$，进给速度可以达到$40\sim60m/min$，定位精度可以达到$25\mu m$以上。相对于采用直线电动机驱动的进给系统，采用旋转电动机带动滚珠丝杠副的进给方案，因为受工作台的惯性及滚珠丝杠副结构的限制，实现的进给速度和加速度都比较小。

对于采用滚珠丝杠副的传动系统，为了提高进给加速度，可以采取以下措施：

1）加大滚珠丝杠的直径以提高其刚度，且丝杠内部做成空心结构，这样可以强制通冷却液来降低丝杠温升。高速滚珠丝杠在运转时，由于摩擦产生温升，造成丝杠的热变形，将直接影响高速机床的加工精度。采用滚珠丝杠强行冷却技术，对于保持滚珠丝杠副温度的恒定有非常重要的作用。该项措施对于提高大中型滚珠丝杠的性能有非常重要的作用。

2）选用大额定转矩的伺服电动机。为了更加合理地利用伺服电动机，应采用多头大导程滚珠丝杠。

3）对于关键轴采用双伺服电动机和双滚珠丝杠同步驱动。

另外，为了减小高速下滚珠的自旋速度和公转速度，可以采用小直径的氮化硅陶瓷球，并且采用特殊树脂材料制成的保持架将滚珠分离开，减少滚珠之间的摩擦、碰撞和挤压，从而减少丝杠的发热和引起的噪声；也可采用丝杠固定、螺母旋转的工作方式，避免高速运转受临界转速的限制。改进后的滚珠丝杠，其进给速度一般为$60\sim80m/min$，加速度小于$1.5g$。

（2）直线电动机进给驱动系统　直线电动机驱动实现了无接触直接驱动，克服了滚珠丝杠、齿轮和齿条传动中的反向间隙、惯性、摩擦力和刚度不足等缺点，可获得高精度的高速移动，并具有极好的稳定性。直线电动机的实质是把旋转电动机径向剖切开，然后拉直演变而成。通常情况下，直线电动机的转子与工作台固连，定子则安装在机床床身上。在机床进给系统中采用直线电动机后，可以把机床进给传动链的长度缩短为零，从而实现所谓的"零传动"。

从1845年Charles Wheastone发明世界上第一台直线电动机以来，直线电动机在运输机械、仪器仪表、计算机外部设备及磁悬浮列车等各行各业得到了广泛应用。国外第一台采用直线电动机的数控机床是1993年德国Ex-cell-O公司在汉诺威机床展览会上展出的HSC240高速加工中心。该加工中心采用了德国Indramat公司开发成功的感应式直线驱动电动机，最高进给速度可以达到$60m/min$，进给加速度可以达到$1g$。美国Ingersoll公司在其生产的HVM8加工中心的三个移动坐标轴的驱动上使用了永磁式直线电动机，最高进给速度可达$76.2m/min$，进给加速度达$1g\sim1.5g$。意大利Vigolzone公司生产的高速卧式加工中心，三轴采用直线电动机，三轴的进给速度均达到$70m/min$，加速度达到$1g$。在1997年的中国国际机床展览会上，德国西门子公司曾做了$120m/min$直线电动机高速进给表演，该公司生产的直线电动机最大的进给速度可达$200m/min$，最大推力可达$6600N$，最大位移为$504mm$。目前直线电动机的加速度可达$2.5g$以上，进给速度可以达到$160m/min$以上，定位精度高达$0.5\sim0.05\mu m$。

使用直线电动机驱动具有以下优点：由于系统取消了各种响应时间常数较大的机械传动件，整个闭环控制系统的动态响应性能大为提高，反应灵敏快捷；避免了起动、变速和换向时，因中间传动环节的弹性变形、摩擦磨损和反向间隙造成的运动滞后现象，同时提高了传

195

动刚度；从根本上取消了由机械机构引起的传动误差，减少了插补时因传动系统滞后带来的跟踪误差。直线电动机驱动系统一般以光栅尺作为位置测量元件，采用闭环反馈控制系统，工作台定位精度达 $0.1 \sim 0.01 \mu m$；由于系统的高响应性，其加减速过程大大缩短，可以实现起动时瞬间达到高速，高速运行又能瞬间停止，可获得较高的加速度，一般可以达到 $2g \sim 10g$。直线电动机的次级连续铺在机床床身上，次级铺到哪里，初级（工作台）就可以运动到哪里，使行程距离不受限制，而且无论有多远，对整个进给系统的刚度都没有任何影响。

直线电动机的结构本身也存在一些不利因素，如直线电动机的磁场是敞开的，尤其是采用永磁式直线电动机时，要在机床床身上安装一排磁力强大的永久磁铁。因此必须采取适当的隔磁措施，否则对其磁场周围的灰尘和切屑有吸收作用。与同容量的旋转电动机相比，直线电动机的效率和功率因数较低，尤其是在低速时比较明显，但从整个装置和系统来看，由于采用直线电动机后省去了中间传动装置，系统的效率有时还是比采用旋转电动机的高。另外，直线电动机特别是直线感应电动机的起动推力受电源电压的影响较大，故需要采取措施来保证电源的稳定或改变电动机的特性来减小或消除这种影响。

（3）基于并联机构的高速进给系统　传统机床的结构一般都是由床身、工作台、立柱、导轨、主轴箱等部件串联而成的非对称式布局，因此机床结构要承受拉压载荷，还要承受弯扭载荷。为了保证机床的整体刚度，必须采用结构比较笨重的支承部件和运动部件，这制约了机床进给速度和加速度的进一步提高。刀具和工件之间的相对运动误差是由各坐标轴运动误差线性叠加而成的，机床结构的非对称还导致受力和受热的不均匀，这些都影响了机床的加工精度。

近年来出现了一种全新概念的机床进给机构——并联虚拟轴结构，它的基本工作原理建立在 1964 年由英国人 Steward 设计并获得专利的六杆结构的基础上，一般称为 Steward 平台。具有这种进给机构的机床也称为并联运动机床。1994 年在芝加哥国际机床展览会上，由这种机构实现的多坐标进给运动的数控机床和加工中心首次展出，引起了国际机床界的轰动，被认为是机床结构的重大革命。

和传统的串联式机床相比，并联机床具有以下优点：

1）承受切削力的动平台由完全对称的多根杆件支承，杆件只承受拉压载荷，不承受弯扭应力。

2）机床运动部件质量小，对运动速度反应快，能够实现高进给速度和高加速度的加工运动。

3）采用独特的简单杆系结构，各杆的结构完全相同，而其他部件均为外购的标准部件；而且采用开放式控制系统，只要更换平台上的工作部件，就可以实现多种不同类型的加工。

由于并联机床结构上的限制，其在应用过程中也存在一定的问题，如有效工作空间比较小，六轴完全并联的机床运动范围很小，很难同时实现立卧加工，做出的机床往往体积大而实用工作空间小。近年来各国都在大力发展混联机床，这种结构的机床可以在很大程度上解决工作空间小的问题。并联机床另一个比较严重的问题是加工精度不高，其原因主要是杆件的热变形及铰关节制造精度的提高十分困难。研究开发结构尺寸小、承载能力强、精度高的复合滚动关节部件是发展并联机床的关键基础技术问题。并联机床的数控编程和误差补偿比较复杂，并联机床的自动编程，特别是自动补偿的难度和工作量都比较大。

3. 高速 CNC 系统

用于高速切削的数控装置必须具备很高的运算速度和精度。采用快速响应的伺服控制，以满足复杂型腔的高速加工要求。目前，主轴电动机仍然采用矢量控制技术的变频调速交流电动机，但必须优化现有的技术，如采用性能更好的半导体器件和处理速度更快的处理器，以及进一步优化矢量控制技术。

在高速机床中使用的主轴数字控制系统和数字伺服驱动系统应具有高速响应特征。对于主轴单元控制系统，不仅要求控制主轴电动机时有很好的快速响应特性，主轴支承系统也应该有很好的动态响应特性。采用液压或磁悬浮轴承时，应能够根据不同的加工材料、不同的刀具材料及加工过程的动态变化自动调整相关参数。加工精度检测装置应选用具有高跟踪特性和分辨率的检测组件。

在高速加工中输入的控制程序一般仍是 ISO NC 代码。但在高速条件下，传统的 NC 程序存在很多问题，诸如：应采用特殊的编程方法，使切削数据适用于高速主轴的功率特征曲线的问题；如何解决高速加工时 CAD/CAM 高速通信时的可靠性问题等。

4. 高性能刀具系统

对于高速旋转类刀具来说，刀具结构的安全性和动平衡精度是至关重要的。当主轴转速超过 10000r/min 时，一方面由于离心力的作用，主轴传统的 7∶24 锥度产生扩张，刀具的定位精度和连接刚性下降；另一方面，常用的刀片夹紧机构的可靠性下降，刀具整体不平衡量的影响加强。为了满足高速机床的加工要求，德国开发出 HSK 连接方式、对刀具进行高等级平衡及主轴自动平衡的系统技术。HSK 连接方式能够保证机床在高速旋转的情况下具有很高的接触刚度，夹紧可靠且重复定位精度高。主轴自动平衡系统能把由刀具残余不平衡和配合误差引起的振动降低 90% 以上。

工程领域开发了不少适用于高速切削的刀具，它们采用强度高的刀体材料和零件少、简单、安全的刀体结构，同时具有较短切削刃、较大刀尖角、较强断层能力和经过优化设计的切削几何角度。高速切削加工要求刀具材料与被加工材料的化学亲和力小，并具有优异的力学性能、热稳定性、抗冲击性和耐磨损性。目前在高速切削中常用的刀具材料有单涂层或多涂层硬质合金、陶瓷、立方氮化硼和聚晶金刚石等。

5. 机床支承技术

高速机床设计的关键是如何在降低运动部件惯量的同时，保持基础支承部件的高静刚度、动刚度和热刚度。通过 CAD，特别是应用有限元分析及优化设计理论，能获得质量小、刚度高的机床床身、立柱和工作台结构。对精密高速机床，国内外都有采用聚合物混凝土来制造床身和立柱的，也有的将立柱和底座采用铸铁整体铸造而成，还有的采用钢板焊接件，并将阻尼材料填充到其内腔中以提高抗振性，这些均取得了很好的效果。

6. 辅助单元技术

辅助单元技术包括快速工件装夹、安全装置、高效冷却润滑液过滤、切屑处理和工件清洁等技术。高速切削会产生大量的切屑，因此需要高效的切屑处理和清除装置。高压大流量的切削液不仅可以冷却机床的加工区，而且还是一种行之有效的清除切屑的方法，但它会对环境造成严重污染。切削液并不是对任何场合的高速切削都适用。机床部件的高速运动、大量高速流出的切屑及高速喷射的切削液等都要求高速机床有一个足够大的密封工作室。工作室的仓壁一定要能吸收喷射的能量。防护装置必须有灵活的控制系统，以保证操作人员在不直接接触切削区情况下的操作安全。

6.3.2 高速机床的应用

因为航空工业中多数零件都是从原材料上切除 80% 的多余材料而制成的，所以高速加工技术首先在航空航天工业中得到了广泛应用。如今汽车工业和模具工业也越来越多地采用了高速加工技术。例如，用小直径立铣刀对模具型腔进行高速铣削，因为效率高、精度高和表面质量好，故可省去后续的电加工和手工研磨等工序，大大缩短了新产品的开发周期。

军事工业已成为高速切削加工的重点应用行业。大批量生产的汽车行业面临着产品快速更新换代而形成的多品种生产，柔性生产线代替了组合机床生产线，高速加工中心则将柔性生产线的效率提高到组合机床生产线水平。

在模具行业中，采用高转速、多速进给和小切削深度的加工方法，在淬硬钢模具加工方面取得了惊人效果，使得高速切削加工在模具工业的应用前景十分广阔。由于它可以取代传统的磨削、电火花加工及光整加工，因此无论是在减少加工准备时间、缩短工艺流程，还是在缩短切削时间、提高生产率方面，都具有极大的优势。

高速机床加工已在航空航天、汽车及超精密微细加工领域得到了广泛应用。据调查，一般模具和工具有 60% 的机加工量可用高速机床来完成。高速机床主要应用于以下几个领域：

（1）大批量生产领域 代表领域是汽车工业。美国福特汽车公司与 Ingersoll 公司合作研制的 HVM800 卧式加工中心，其主轴功率达 65kW，主轴转速为 15000r/min，进给速度达 76.2m/min。进给系统中采用了永磁式直线电动机，使进给加速度达到 1.5g。

（2）薄壁零件加工领域 在航空航天工业产品及其他一些产品中，为了最大限度地减小质量，增加可靠性，常采用整体薄壁构件。但这些零部件的刚度极差，不允许采用较大的切削深度。为了提高生产率、降低生产成本、缩短制造周期，其主要途径是采用高速切削。

（3）难加工材料领域 工件材料的特性对加工方法的选择有重要的影响，一些难加工的材料（如镍基合金、钛合金和纤维增强塑料等）在高速切削条件下将变得易于切削，不仅如此，刀具的使用寿命和工件表面质量也都得到了提高。

（4）超精密微细加工领域 超精密微细加工技术是使用刀具对包括金属在内的各种材料进行微细切削的加工技术。由于使用的是微型刀具，故要求主轴必须以极高的转速旋转。

6.3.3 高速机床的发展趋势

随着制造观念的更新和制造技术的全面进步，高速切削和高速机床将在以下几个方面取得新发展：

（1）在干切削或准干切削状态下实现绿色高速切削 采用干切削或最小量雾化润滑的准干切削方式，会从根本上改善切削的环境状态，达到工业生产的有关环保标准的要求，同时可节省对切削液的直接投资和废液处理及环保费用。先进的刀具技术是达到这一目的的关键。

（2）在重切削工艺中进行高速切削 这对提高我国大中型设备制造的生产效益有十分重要的作用，如日本某公司的车床高速加工大型轧辊，比普通加工的效率提高了 5 倍。

（3）开发和完善各种高速切削工艺 如高速孔加工，高速车床有更好、更可靠的动态特性和自动平衡能力。

（4）基于新型检测技术的加工状态监控系统　工况监控可提高加工过程的稳定性和安全性，但检测方法对监控系统灵敏性、瞬时响应性和可靠性提出了更高的要求。例如，采用质量小、体积小和灵敏度高的新型传感器，以及开发具有多项检测功能的高速切削监控系统。

6.4　超精密机床发展概况和关键技术

超精密加工目前尚没有统一的定义，在不同历史时期、不同科学技术发展水平的情况下，有不同的理解。通常认为一定尺寸的被加工零件的尺寸精度和几何精度达到零点几微米，表面粗糙度 Ra 值小于百分之几微米的加工技术为超精密加工技术。被加工零件的尺寸大小不同，超精密加工的级别也会不同，通常认为精度与加工尺寸之比（精度比）达到 10^{-6} 量级时为超精密加工。超精密加工的主要手段包括超精密切削、超精密磨削、研磨和抛光等。

6.4.1　超精密机床发展概况

美国为了满足国防工业的需要，首先开展了对超精密机床的研究，并开发出了采用空气轴承主轴的超精密车床。几十年来，美国在超精密机床的研究与开发方面投入了巨额的资金和大量的人力与物力。

现代光学确定性加工技术的核心是数控超精密加工机床，其中最具有代表性的是单点金刚石车削（Single Point Diamond Turing，SPDT）机床。20 世纪 80 年代，美国为了解决天基高能激光武器、惯性约束核聚变点火、太空探测、高能粒子加速器等国家重大工程中的光学系统加工技术难题，专门组织在劳伦斯利弗莫尔国家实验室（LLNL）开展了多种尺寸和立、卧不同类型 SPDT 机床系统研究。在 LLNL 研发的 SPDT 机床中，最具技术代表性的为大型光学金刚石车床（Large Optic Diamond Turning Machine，LODTM）。LODTM 投资巨大、设计方案周详，关键技术解决方案采用了当时的最新技术手段。迄今，LODTM 的某些技术指标都难以超越。LODTM 在超精密加工技术与机床系统发展史上具有里程碑式的示范作用。

日本研究超精密切削技术和研制超精密机床虽起步较晚，于 20 世纪 70 年代中期才开始，但由于得到了有关方面的重视和协同努力，其发展很快，目前在中小型超精密机床生产上，日本已基本上和美国并驾齐驱。

我国对超精密机床的研究起步较晚，其水平与国外相比差距较大。1987 年北京机床研究所研制成功了加工球面的 JSC-027 型超精密车床，后来又研制成功了 JCS-031 型超精密铣床、JSC-035 型数控超精密车床。北京航空精密机械研究所研制成功使用空气轴承主轴的超精密车床和金刚石镗床，该研究所用花岗石制造精密空气轴承主轴，使用性能良好。2011年，依托于北京航空精密研究所的精密制造技术航空科技重点实验室研制出 Nanosys-1000 数控光学加工机床，这是我国研制成功的第一台大型光学级加工水平的 LODTM。之后，哈尔滨工业大学研制成功带激光在线测量功能的空气轴承主轴数控超精密车床，经实际使用证实性能良好。

6.4.2 超精密机床制造过程中的关键技术

1. 机床系统总体综合设计技术

超精密机床尖端的设计、制造技术已升华到一种境界，非常规方法能及。常规机床在设计与制造等技术环节上要求相对较低，而超精密机床的各环节基本都处于一种技术极限或临界应用状态，哪个环节考虑或处理不周就会导致整体失败。因此，设计上需要对机床系统整体和各部分技术具有全面、深刻的了解，并依据可行性，从整体最优出发，周详地进行关联综合设计。否则，即便是全部采用最好的部件、子系统，堆砌方法中的疏忽仍会导致失败。如 LODTM 设计必须对误差源进行周详的分析，识别其耦合机制并且以传递函数表达，按综合原则对主要误差进行分配和补偿。

2. 高刚性、高稳定机床本体结构设计和制造技术

高精密机床尤其是大型光学金刚石机床，由于机身大、自重大、承载工件质量变化大，任何微小的变形都会影响加工精度。结构设计除了要在材料、结构形式、工艺方面达到要求外，还必须兼顾机床运行时的可操作性。

例如，为了获得高稳定性能，将大型光学金刚石机床的床身设计成高整体性，尽量减少装配环节；为了进行整体热处理，需要具备相应的大尺寸热处理设备和合适的热处理工艺；床体精加工时，需要严格模拟实际工作状态进行精密修正等。

3. 超精密主轴技术

使用超精密主轴部件是保证超精密机床加工精度的核心。主轴要求达到极高的回转精度，转动平稳、无振动，其关键在于所用的精密轴承。早期的超精密主轴通常采用超精密级的滚动轴承，如瑞士的 Schublin、美国的 Hardinge 等精密机床，主轴采用特制的超精密轴承，整台机床制造精度很高，因此机床的加工精度可达 $1\mu m$，加工表面粗糙度 Ra 值可达 $0.02\sim0.04\mu m$。因为制造如此高精度的滚动轴承主轴是极为困难的，目前超精密机床主轴多采用液体静压轴承和空气静压轴承。

（1）液体静压轴承主轴　超精密机床主轴承载工件尺寸、质量大，一般宜采用液体静压主轴。液体静压轴承主轴阻尼大、抗振性好、承载能力强，但主轴高速旋转时发热多，需要采取液体冷却恒温措施。液体静压轴承主轴的回转精度可达 $0.1\mu m$。液体静压轴承常用的油压为 $6\sim10$ 个大气压。液压油通过节流孔进入轴承耦合面间的油腔中，使轴在轴套内悬浮，不产生固体摩擦。当轴受力偏歪时，耦合面间泄油的间隙改变，造成相对油腔中油压不等，压差将推动轴回向原来的中心位置。液体静压轴承可达到较高的刚度。液体静压推力轴承一般将两个相对的止推面做在轴的同一端，这是由于液体静压轴承转动时常产生较大的温升，如果将两个相对的止推面分别做在轴的两端，当温度升高时，轴的长度会增加，从而造成推力轴承间隙的明显变化，使轴承的刚度和承载能力显著下降。

（2）空气静压轴承主轴　空气静压轴承有很高的回转精度，在高速转动时温升很小，因此造成的热变形误差很小。

中小型机床常采用空气静压轴承主轴，其阻尼小，适用于高速回转加工，但承载能力较弱，回转精度可达 $0.05\mu m$。超精密切削时切削力很小，空气静压轴承能满足要求，故在超精密机床中得到了广泛应用。空气静压轴承的工作原理与液体静压轴承类似，主轴在压力空气的作用下浮在轴套内，其中心位置由相对面的静压空气压力差来维持。由于空气的流动性

很好，因此轴承两耦合面间（轴与套之间）的空气泄漏间隙很小（常用间隙为单边 6~15μm）。轴套中的空气腔空间很小，或在空气输入的节流孔端做一倒棱，或沿轴向做一窄槽，两端均留较长的无槽泄气面。由于这种轴承的轴与套之间的间隙很小，回转精度要求又高，故轴与轴套均要求有极高的制造精度。如果同一轴上有两个径向轴承，要求两轴承有极高的同心度；同一轴上的径向轴承和推力轴承之间的垂直度要求也很高，否则空气静压轴承主轴的回转精度就会受到影响。为了提高主轴的径向和轴向刚度，可采用半球形气浮主轴。为了进一步提高回转精度和刚度，很多人研究了控制节流量反馈方法来实现运动的主动控制。采用电磁技术和气浮结合的控制方案也在研究之中。

（3）膜片式被动补偿气浮轴承 该轴承在气隙中增加了一个圆锥形膜片和一个 O 形橡胶密封圈，结构简单、可靠性高。采用经优化设计的小气垫，可在一定工作区内获得无穷大的静刚度，在 20Hz 以下低频区的动刚度和阻尼都有较明显提高。

4. 超精密机床的进给系统

（1）滚珠丝杠副驱动 精密滚珠丝杠副是超精密机床目前采用的驱动装置，但丝杠的安装误差、丝杠本身的弯曲、滚珠的跳动及制造上的误差、螺母的预紧程度等都会给导轨运动精度带来影响。通常超精密传动机构应采用特殊设计，如丝杠螺母与气浮平台的连接器应保证轴向和滚转刚度高，而水平、垂直、俯仰和偏转四自由度为无约束的机构，电动机与丝杠之间也应采用纯转矩、无反转间隙的连接器。

滚珠丝杠副要求正转和反转均没有回程间隙，否则数控系统控制进给将得不到要求的精度，这就要求滚珠丝杠与配合的螺母有一定的预载过盈。由于丝杠的螺距有一定的制造误差，故螺母在丝杠上不同位置处的过盈量将有变化。如果预载应力太小，则有可能在丝杠的某一位置出现间隙；如果预载应力太大，在丝杠的某一位置可能转动不灵活。现在高精密级的滚珠丝杠副可以做到相邻螺距误差为 0.5~1μm，累积螺距误差为 3~5μm/300mm。

（2）液体静压和空气静压丝杠副驱动 滚珠丝杠副虽然摩擦力不大，但由于丝杠螺母间的预载过盈，摩擦力在全行程中有变化，影响了进给平稳性。现在通常使用液体静压和空气静压丝杠副来提高进给运动的平稳性。

液体静压丝杠副和空气静压丝杠副的结构极为相似，只是前者利用油压，而后者利用压缩空气，前者的液体间隙稍大些，后者的空气间隙稍小些。空气静压丝杠副的进给运动极为平稳，但因刚性略差，正、反运动变换时将有微量的空行程。液体静压丝杠副可以得到很好的使用效果，但是它不像滚珠丝杠副那样已有标准产品可以选用，而是必须专门制造，并且制造比较复杂，因而用得不多。

（3）摩擦驱动 为进一步提高导轨运动的平稳性和精度，现在有些超精密机床的导轨采用摩擦驱动。摩擦驱动具有运动平稳、无反向间隙等特点。经实际应用，摩擦驱动的使用效果很好，优于滚珠丝杠副驱动。一些超精密机床及测量机构要求超低速、高分辨率，并且一般都是轻载的，非常适合使用摩擦驱动方式。

（4）超精密导轨 早期的超精密机床采用气浮静压导轨技术。气浮静压导轨易于维护，但阻尼小、承载能力和抗振性能差，现已较少采用。闭式液体静压导轨具有抗振阻尼大、刚度大、承载能力强等优势。国外主要的超精密机床现在主要采用液体静压导轨，超精密液体静压导轨的直线度误差可达到 0.1μm。

5. 超精密机床的数控系统

从加工精度和效能出发，数控系统除了要满足超精密机床控制显示分辨率、精度、实时性等的要求外，还需扩展出测量、对刀、补偿等许多辅助功能。国外的超精密机床现在基本都采用个人计算机（PC）与运动控制器相结合的开放式 CNC 系统。超精加工与一般精度加工不同，加工过程需辅以测量反复进行。为了减小工件再定位引入的误差，或解决大尺寸、复杂型面无有效测量仪器的难题，机床需要配置各种光学、电子测量仪器和补偿处理手段，PC 与运动控制器相结合的开放式 CNC 系统可发挥其优势。

6.5　机床数控技术

6.5.1　机床数控技术概况

1. 机床数控技术的基本概念

数控是数字控制（Numerical Control，NC）的简称，数控技术是用数字化代码实现自动控制的技术。根据不同的控制对象，有各种数字控制系统，其中，最早产生的、目前应用最为广泛的是机械制造行业中的各种机床数控系统。因此，本书中的数控系统具体指机床数控系统。最早的机床数控系统是由数字逻辑电路构成的，称为硬件数控系统。随着计算机技术的发展，取而代之的是计算机数控（Computer Numerical Control，CNC）系统。机床的 CNC 系统采用存储程序的计算机来完成部分或全部基本数控功能，主要由软件来处理各类控制信息，使数控系统的功能得到了大大提高。

2. 数控机床的组成

现代数控机床都是 CNC 机床，其组成如图 6-3 所示。

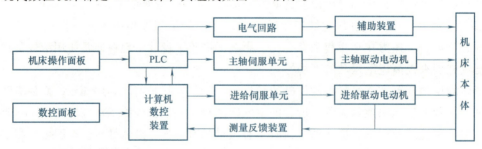

图 6-3　CNC 机床的组成

（1）计算机数控装置　即 CNC 装置，是 CNC 系统的核心，由微处理器（CPU）、存储器、各种 I/O 接口及外围逻辑电路等构成，其主要作用是对输入的数控程序及有关数据进行存储与处理，通过插补运算等形成运动轨迹指令，控制伺服单元和驱动装置，实现刀具与工件的相对运动。对于离散的开关控制量，可通过可编程序逻辑控制器（PLC）对机床电器的逻辑控制来实现。

（2）数控面板　它是数控系统的控制面板，各种数控系统的数控面板是不相同的，但大多数存在共性或是相似的。控制面板主要由显示器、手动数据输入（Manual Data Input，MDI）键盘等组成，故又称为 MDI 面板。显示器上常具有多个功能软键，用于选择菜单。按键除各种符号键和数字键外，还常设有控制键和用户定义键等。操作人员可通过键盘和显示器实现系统管理，并对数控程序及有关数据进行输入和编辑修改。此外，数控程序及数据还可以通过磁盘（即软盘）或通信接口输入。

（3）PLC　PLC 也是一种以微处理器为基础的通用型自动控制装置，又称为 PC（Programmable Controller）或 PMC（Programmable Machine Controller），用于完成数控机床的各种逻辑运算和顺序控制，如机床起停、工件装夹、刀具更换和切削液开关等辅助动作。PLC 还接收机床操作面板的指令，一方面直接控制机床的动作，另一方面将有关指令送往 CNC 用于加工过程控制。

CNC 系统中的 PLC 有内置型和独立型之分。内置型 PLC 与 CNC 是综合在一起设计的，又称为集成型 PLC，是 CNC 的一部分；独立型 PLC 是由独立的专业厂生产的，又称为外装型 PLC。

（4）机床操作面板（Operator Panel）　机床操作面板主要用于手动方式下对机床的操作及自动方式下对机床的操作或干预。其上有各种按钮与选择开关，用于控制机床及辅助装置的起停、加工方式的选择、速度倍率的选择等；还有数码管及信号显示等。中小型数控机床的操作面板常和数控面板做成一个整体，但两者之间有明显界限。数控系统的通信接口，如串行接口，常设置在机床操作面板上。

（5）进给伺服系统　主要由进给伺服单元和伺服进给电动机组成，对于闭环和半闭环控制的进给伺服系统，还应包括位置检测反馈装置。进给伺服单元接收来自 CNC 装置的运动指令，经变换和放大后，驱动伺服电动机运转，实现刀架或工作台的运动。CNC 装置每发出一个控制脉冲，机床刀架或工作台的移动距离称为数控机床的脉冲当量或最小设定单位，脉冲当量或最小设定单位的大小直接影响数控机床的加工精度。

（6）主轴驱动系统　数控机床的主轴驱动电动机与进给驱动电动机区别很大，进给驱动电动机一般是恒转矩调速，而主轴驱动电动机除了有较大范围的恒转矩调速外，还要有较大范围的恒功率调速。对于数控车床，为了能加工螺纹和实现恒切速功能，要求主轴驱动和进给驱动能同步控制；对于加工中心，还要求主轴具有高精度准停和分度功能。因此，中高档数控机床的主轴驱动都采用电动机无级调速或伺服电动机驱动。

（7）机床本体　数控机床机械结构的设计与制造要适应数控技术的发展，具有刚度大、精度高、抗振性好、热变形小等特点。由于普遍采用了伺服电动机无级调速技术，机床进给运动和主传动的变速机构被极大地简化甚至取消；采用机电一体化设计与布局，机床布局主要考虑有利于生产率的提高，而不像传统机床那样主要考虑方便操作。此外还采用了自动换刀装置、自动更换工件机构和数控夹具等。

3. 数控机床的特点与应用

由于数控机床综合了微电子技术、计算机应用技术、自动控制技术及精密机床设计与制造技术，具有专用机床的高效率、精密机床的高精度和通用机床的高柔性等显著特点，具体包括以下几个方面：

1）柔性自动化，具有广泛的适应性。由于采用数控程序控制，加工中多采用通用型工装，只要改变数控程序，便可实现对新零件的自动化加工，因此能适应当前市场竞争中对产品不断更新换代的要求，解决了多品种、中小批量生产自动化问题。

2）精度高、质量稳定。在数控机床中，集中了众多提高加工精度和保证质量稳定性的技术措施。数控机床根据数控程序自动工作，一般在工作过程中不需要人工干预，这就消除了操作者人为产生的失误或误差；数控机床的机械结构是按照精密机床要求进行设计和制造的，采用了高精度传动部件，而且刚度大、抗干扰性能好；伺服传动系统的脉冲当量或最小设定单位可以达到微米级或更小，工作中还大多采用具有检测、反馈功能的闭环控制，并且有误差修正或补偿功能；数控加工中心具有刀库和自动换刀装置，工件可在一次装夹后完成多面和多工序加工，最大限度地减少了装夹误差的影响等。

3）生产率高。数控机床能最大限度地减少零件加工所需的机动时间与辅助时间，使生产率显著提高。数控机床的进给运动和多数主运动都采用无级调速，且调速范围大，因此每一道工序都能选择最佳的切削速度和进给速度；良好的结构刚度和抗振性允许机床采用大切削用量和进行强力切削；一般不需要停机对工件进行检测，从而有效地减少了机床加工中的停机时间；机床移动部件在定位中都采用自动加减速措施，因此可选用很高的空行程运动速度，大大节约了辅助运动时间；加工中心可采取自动换刀和自动交换工作台等措施，工件一次装夹可进行多面和多工序加工，可大大减少工件装夹、对刀等辅助时间；加工工序集中，可减少零件周转，也减少了设备台数及厂房面积，给生产调度管理带来了极大方便。

4）能实现复杂零件的加工。由于数控机床采用计算机插补技术和多坐标联动控制，可以实现任意的轨迹运动和加工出任何复杂形状的空间曲面，可方便地完成各种复杂曲面，如螺旋桨、汽轮机叶片、汽车外形冲压用模具等零件的加工。

5）减轻劳动强度、改善劳动条件。由于数控机床的操作者主要是利用操作面板对机床的自动加工进行操作，大大减轻了操作者的劳动强度，改善了生产条件，并且可以实现一个人轻松管理多台机床。

6）有利于现代化生产与管理。采用数控机床能方便、精确地计算零件的加工工时或进行自动加工统计，能精确计算生产和加工费用，有利于生产过程的科学管理。数控机床是计算机辅助设计与制造（CAD/CAM）、群控或分布式控制（DNC）、柔性制造系统（FMS）和计算机集成制造系统（CIMS）等先进制造系统的基础。

但是，与普通机床相比，数控机床的初始投资及维护费用较高，对操作与管理人员的素质要求较高，因此必须从生产实际出发，合理地选择与使用数控机床，并且要循序渐进地培养人才、积累经验，这样才能达到降低生产成本、提高企业经济效益和市场竞争能力的目的。

4. 数控机床的分类

数控机床的品种规格繁多，分类方法不一。根据数控机床的功能和结构，一般可以按下面四种原则进行分类：

（1）按加工工艺及机床用途分类　据不完全统计，目前数控机床的品种规格已达500多种，按其基本用途可分为四大类——金属切削类、金属成形类、特种加工类和测量绘图类。

（2）按机床运动的控制轨迹分类　根据数控机床刀具与工件相对运动轨迹的类型，可将其划分为点位控制数控机床、直线控制数控机床和轮廓控制数控机床三种类型。

（3）按伺服控制方式分类　数控机床伺服驱动控制方式很多，主要有开环控制、闭环控制和半闭环控制三种类型，此外还有开环补偿型和半闭环补偿型等混合控制类型。

（4）按数控系统的功能水平分类　按照数控系统的功能水平，数控机床可以分为经济型（低档或简易型）、普及型（中档型或全功能型）和高档型三类。这种分类方法没有明确的定义和确切的分类界限，不同国家分类的方法也不同，且数控技术在不断发展，不同时期的含义也在不断发展变化。

6.5.2　数控技术的产生和发展趋势

数控机床最早产生于美国，是为解决航空航天技术方面的大型和复杂零件的单件、小批量生产而发展起来的。1952 年美国 Parsons 公司与麻省理工学院（MIT）合作试制了世界上第一台三坐标数控立式铣床。此后，数控系统经历了两个阶段共六代产品的发展。这六代是指电子管数控系统、晶体管数控系统、集成电路数控系统、小型计算机数控系统、微处理器数控系统和基于工业 PC 的通用 CNC 系统。前三代为第一阶段，数控系统主要是由硬件连接构成，称为硬件数控；后三代称为计算机数控，即 CNC，其功能主要由软件完成，故又称为软件数控。

我国于 1958 年由清华大学和北京机床研究所研制了第一台电子管控制的数控机床，同样经历了六代发展历史。在从 20 世纪 50 年代初到 70 年代末的近三十年当中，数控机床尽管经历了五代历史，但由于价格昂贵、加工费用高、故障率高、应用技术复杂和各项配套措施尚在发展中等原因，其实际应用的普及率并不高。20 世纪 80 年代之后，随着微电子技术及相关技术的发展，特别是微处理器技术的应用，数控机床的性价比有了极大的提高，实际应用的普及率越来越高。现在，数控机床已成为现代机械制造技术的基础。

随着科学技术的发展，世界先进制造技术的兴起和不断成熟，对数控技术提出了更高的要求。数控系统的主要发展目标：进一步降低价格，提高可靠性，拓宽功能，提高操作宜人性，提高集成性，提高系统柔性和开放性。

（1）开放式数控系统　新一代数控系统应是开放式的数控系统，要求应用标准组件（如 PC 卡、标准元器件、标准驱动系统和数据库等），以及开放的模块化结构来构成系统的硬件和软件，使系统便于组合、扩展和升级，并且应使系统硬件和软件相分离，使系统能提供柔性的、易适应的控制功能，并易为用户所掌握。根据这种要求，目前趋向于采用基于 PC 的硬件构成形式，通过这种形式使应用 PC 软件（如微软的 Windows 系统）、PC 工具和 PC 硬件成为可能，以便拓展功能、降低价格。

采用位数、频率更高的微处理器，提高系统的基本运算速度，采用超大规模的集成电路和多微处理器结构，提高系统的数据处理能力（如插补运算器采用大规模集成芯片），提高插补运算的速度和精度，开发样条插补功能，提高特殊曲线和曲面的加工效率与质量，配置高速、功能强大的内装式可编程逻辑控制器（PLC），满足高速加工和各种实时性要求。

（2）伺服驱动系统　当代数控机床的伺服系统趋向于采用数字式交流伺服与主驱动（或伺服），把微电子技术与计算机技术引进到电动机控制中，使交流伺服电动机的位置、速度及电流调节逐步实现数字化，进一步提高控制精度、速度及柔性。随着进给速度提高到 $60 \sim 100 \mathrm{m/min}$，必须采用直线伺服电动机驱动，实现所谓的"零传动"的直线伺服进给方式。主轴驱动采用高速大功率电主轴，即将电动机转子直接套装在机床主轴上。在数字控制的基础上，采用软件控制，可以实现复杂的控制算法，且有前馈控制功能、学习控制功能及各种软件补偿功能。

采用高分辨率位置检测装置，如高分辨率脉冲编码器，不仅可以提高位移检测分辨率，还可以通过微分形成速度信号，同时能够实现速度检测功能。

（3）数控机床的操作与编程　新一代数控机床要有可由用户控制的界面，使得机床操作与编程更为方便。应实现人机交互式宏程序设计、三维图形仿真检验，而且应进一步实现前后台功能，进一步提高数控机床的利用率，此外要有实物示教编程、高效的 CAD/CAPP/CAM 集成化自动编程功能。还应引进图像识别、声控识别等模式识别技术，使系统能自己辨认图像，按照自然语言进行加工等。

（4）智能化功能　数控机床的零件加工程序给定了零件与刀具的相对运动轨迹信息和切削用量（切削速度、进给速度、切削深度）信息。但数控机床的加工过程是一个动态的过程，许多因素如工件毛坯余量不均匀、材料硬度变化、刀具磨损、受力变形、切削振动、热变形、化学亲和力变化、切削液黏度变化等，都会对切削过程产生直接或间接的影响，而这些因素预先难以确定，因此很难使切削过程处于最佳状态，从而影响了切削加工的生产率、加工质量，甚至还会影响切削过程的正常进行。数控机床的适应控制就是为了解决这一问题而出现的控制技术。适应控制（Adaptive Control，AC），又称为自适应技术，其目的是对切削过程中的上述因素进行检测或预报，进而对切削用量进行自动调节，使加工过程保持在最佳工作状态。

除了自适应控制外，数控机床还应具备故障自诊断功能、自修复功能、刀具寿命自动监控功能等。

（5）通信功能　现代数控机床都应具备强大的通信功能，可以与其他 CNC 系统、上位机、编程机及各种外设进行通信，满足 DNC（群控）、柔性制造单元（FMC）、柔性制造系统（FMS）及进一步联网组成计算机集成制造系统（CIMS）的要求。数控系统除了应具备 RS232C 或 RS422 等高速远距离通信接口外，还应具备 DNC 接口，采纳符合 ISO 互联（OSI）参考模型的有关协议（如 MAP/MMS，即制造自动化协议/制造报文规范）和现场总线等。

6.5.3　数控加工编程技术

数控机床是按编制好的程序自动进行工作，加工出符合要求的零件的。数控加工程序是控制机床运动的源程序，它提供编程零件加工时机床各种运动和操作的全部信息。数控加工程序不仅应保证加工出符合要求的合格工件，同时应能使数控机床的功能得到合理的利用和充分的发挥，尽可能提高加工效率，同时应使机床能安全、可靠地高效工作。

1. 数控编程的步骤与内容

根据被加工零件的图样和技术要求、工艺要求等切削加工的必要信息，按数控系统所规定的指令和格式编制成加工程序文件，这个过程称为零件数控加工程序编制，简称数控编程。简单来说，数控编程是指从零件图样到获得数控机床所需控制介质的全部过程。一般来说，零件数控加工程序编制过程包括分析零件图样、对加工零件进行工艺处理和数学处理、编写或生成零件程序清单、程序输入、程序检验与修改等步骤，如图 6-4 所示。

2. 数控编程方法

数控编程的方法目前有两种，即手工编程与计算机辅助编程。

（1）手工编程　手工编程是指编制零件数控加工程序的各个步骤，即从分析零件图样、工艺决策、确定加工路线和工艺参数、计算刀位轨迹坐标数据、编写零件的数控加工程序单直至检验程序，均由人工来完成。对于点位加工或几何形状不太复杂轮廓的加工，几何计算

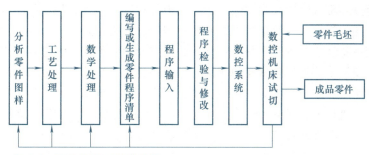

图6-4 零件程序编制的步骤

较简单，程序段不多，手工编程即可实现。但对轮廓形状不是由简单的直线、圆弧组成的复杂零件，特别是空间复杂曲面零件，数值计算相当烦琐，工作量大，容易出错，且很难校对，采用手工编程是难以完成的。据有关资料统计，采用手工编程方法编制一个零件数控加工程序的时间与数控加工时间之比约为30：1。掌握手工编程是学习计算机辅助编程的基础。

（2）计算机辅助编程 计算机辅助编程又称为自动编程，是采用计算机辅助数控编程技术实现的，需要一套专门的数控编程软件。现代数控编程软件主要分为各种类型的语言编程系统和交互式 CAD/CAM 集成化编程系统。计算机辅助数控编程采用计算机作为辅助工具，完成数控编程中的大部分或全部工作，以减轻编程人员的劳动强度，提高数控编程的效率和质量，特别适用于难以用手工方式完成的复杂零件的数控编程。采用计算机辅助编程，由计算机系统完成大量的数字处理运算、逻辑判断与检测仿真，可以大大提高编程效率和质量。对于复杂型面，通常需要 3~5 个坐标轴联动加工，其坐标计算十分复杂，很难用手工编程，一般必须采用计算机辅助编程方法。

3. 数控语言自动编程

数控语言自动编程的整个过程是由计算机自动完成的，如图6-5所示。编程人员只需根据零件图样的要求，使用数控语言编写出一个简短的零件源程序输入计算机，计算机经过翻译处理和刀具运动轨迹处理，生成刀具位置数据（Cutter Location Data，CLD），再经过后置处理，即可生成符合具体数控机床要求的零件（加工）程序。该零件程序可以按程序单方式打印输出，也可以通过通信接口直接送到 CNC 系统的存储器中予以调用。经计算机处理

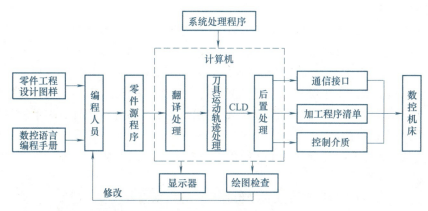

图6-5 数控语言自动编程的一般工作过程

的数据还可以通过屏幕或绘图仪自动绘图，绘出刀具运动的轨迹，用于检查数据处理的正确性，编程人员据此分析错误、验证程序，并予以修改。

数控语言是一套规定好的基本符号、字母、数字及由它们来描述零件加工的语法、词法规则。这些符号及规则接近于日常车间用语，用来描述零件形状、尺寸大小、几何元素间的相互关系及走刀路线、工艺参数等。用数控语言编写出的零件加工程序称为零件源程序，它不能直接用于控制机床，只是作为自动编程计算机的输入程序。将零件源程序输入计算机后，必须有一套预先存放在计算机里的程序系统将源程序翻译成计算机可以计算、处理的形式。这个程序系统是事先由设计者使用高级语言编制而成的，统称为系统处理程序，由它对零件源程序进行翻译、计算、后置处理等操作，最后生成能控制数控机床完成零件加工的零件程序。

4. 图形交互自动编程

图形交互自动编程是 CAD/CAM 一体化系统的重要功能，它以计算机辅助设计（CAD）软件为基础，利用 CAD 软件的图形编辑功能，将零件的几何图形绘制到计算机上，形成零件的图形文件，然后调用数控编程模块，采用人机交互的方式在计算机屏幕上指定被加工的部位，再输入相应的加工工艺参数，计算机便可自动进行必要的数学处理，并编制出数控加工程序，同时还可方便地在计算机屏幕上显示刀具的加工轨迹。

图形交互自动编程一般由几何造型、刀具轨迹生成、刀具轨迹编辑、刀位验证、后置处理、计算机图形显示、数据库管理、运行控制及用户界面等部分组成。在图形交互自动编程系统中，数据库是整个模块的基础；几何造型模块用于完成零件几何图形的构建，并在计算机内自动形成零件图形的数据文件；刀具轨迹生成模块根据所选用的刀具及加工方式进行刀位计算，生成数控加工刀位轨迹；刀具轨迹编辑模块根据加工单元的约束条件，对刀具轨迹进行裁剪、编辑和修改；刀位验证模块用于检验刀具轨迹的正确性，也用于检验刀具是否与加工单元的约束面发生干涉和碰撞，以及刀具是否啃切加工表面；图形显示贯穿整个编程过程的始终；用户界面给用户提供一个良好的运行环境；运行控制模块支持所有的输入到各功能模块之间的接口。

图形交互自动编程主要有以下几个特点：

1）图形交互自动编程不像手工编程那样需要复杂的数学计算，而是在计算机上直接选取零件加工部位的几何图形，以交互对话的方式进行编程，其编程结果也以图形的方式显示在计算机屏幕上。

2）图形交互自动编程软件与相应的 CAD 软件有机地结合一起，是一体化软件系统，既可以用来进行计算机辅助设计，也可以直接调用设计好的零件图样进行图形交互编程。图形交互式自动编程系统极大地提高了数控编程的效率，可实现 CAD/CAM 的集成。

3）这种编程方法的整个编程过程是交互进行的，而不是像 APT 语言编程那样首先编好源程序，然后由计算机以批处理的方式运行，生成数控加工程序，因此，在编程过程中可以随时发现问题并进行修改。

4）此类软件都是在通用计算机上运行的，不需要专门的编程机，所以非常便于普及和推广。

基于上述特点，可以说图形交互自动编程是计算机辅助数控编程的发展方向，有非常广泛的应用前景。

6.5.4　计算机辅助编程实例

1. 图形交互自动编程

由于所编制的数控加工程序可以用于各种数控系统，因此数控自动编程软件通常首先生成刀具位置数据文件，然后根据不同数控系统的要求生成相应的加工程序。

（1）零件及其工艺简介　图 6-6 所示为要加工的叶轮零件的三维实体模型。对于叶轮零件加工路径的生成，由于要加工的零件形状十分复杂，不能采用固定轴进行加工，可以采用可变轴曲面轮廓铣削加工。叶轮用五坐标数控机床加工，由于叶片的扭曲很大、流道比较窄，刀具在叶片上及流道内要合理摆动，以防止叶轮过切，并得到光顺的刀纹。

根据叶轮的几何结构特征和使用要求，其基本加工工艺流程：在锻压铝材上车削加工回转体的基本形状→粗加工流道部分→精加工流道部分→精加工叶片并对倒圆部分进行清根。

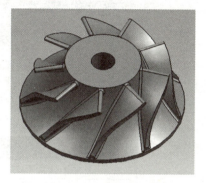

图 6-6　叶轮零件三维实体模型

（2）叶轮毛坯的加工和流道粗加工　叶轮毛坯外形的加工可以采用车削的方法，也可以采用铣削的方法。在进行切削材料（为了验证加工程序的正确性，首先使用容易切削的高分子材料）加工的过程中，采用铣削的方法进行毛坯的粗、精加工。切削材料的形状为方形，因此需要在粗加工过程中采用等高粗加工的方法，去掉大量的加工余量，然后进行外形的精加工。而在铝合金试件的加工过程中，应采用数控车床进行毛坯的粗、精加工。由于使用的是五轴联动加工中心，因此生成了毛坯外形的铣削数控加工程序。

叶轮外形粗加工选择分层铣削的切削方式。将步进方式设为刀具直径，百分比为 75%，每一刀的全局深度为 2mm；叶轮外形精加工选择沿外形分层铣削的方式，设置每层的加工深度，在切削参数设置中，将层到层的方式设为"对部件的交叉倾斜"。

（3）叶轮流道的粗加工　叶轮流道的加工比较复杂，在去除大量切削余量的基础上，还要避免与叶片发生干涉。采用分层铣削的方法，将叶轮整个流道用与流道底面等距的多个面分成很多层，然后分别加工各个曲面流道中的部分，实现对流道的粗加工。具体每层流道的粗加工方法与精加工方法类似。

（4）叶片精加工

1）单击"程序视图"按钮，进入程序视图界面。然后单击工具条上的"创建操作"按钮，弹出"创建操作"对话框，在"子类型"中选择第一排的第一个图标，其他参数设置如图 6-7 所示。设置完成后，单击"确定"按钮。

2）在弹出的"VARIABLE_CONTOUR"对话框中，单击几何体图标下的选择按钮，弹出"工件几何体"对话框，选择叶轮后单击"确定"按钮。

3）在"驱动方式"下拉菜单中选择"曲面区域"，弹出"曲面驱动方式"对话框。单击"驱动几何体"下的"选

图 6-7　创建叶片加工操作

择"按钮，弹出"驱动几何体"对话框，选择图6-8所示的曲面，单击"确定"按钮。在"刀轴"下拉菜单中选择"侧刃驱动"方式，弹出"侧刃驱动"对话框，参数设置如图6-9所示，设置完成后单击"确定"按钮。在"投影矢量"下拉菜单中选择"刀轴"方式，其他参数设置如图6-10所示，设置完成后单击"确定"按钮。

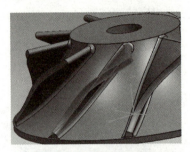

图6-8　叶片选择

图6-9　侧刃驱动参数

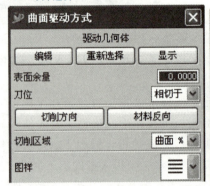

图6-10　曲面驱动方式的参数

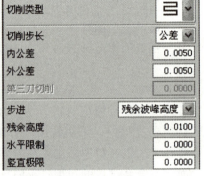

4）单击"生成"按钮，生成刀具轨迹。

（5）流道精加工

1）单击"程序视图"按钮，进入程序视图界面。然后单击工具条上的"创建操作"按钮，弹出"创建操作"对话框，在"子类型"中选择第一排的第一个图标，其他参数设置如图6-11所示，设置完成后单击"确定"按钮。

2）在弹出的"VARIABLE_CONTOUR"对话框中，单击"几何体"下的"选择"按钮，如图6-12所示；弹出工件几何体对话框。单击"格式"→"图层的设置"，将流道底面

图6-11　创建流道操作

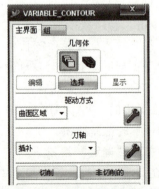

图6-12　参数选择及操作

设置为可选，并选择流道底面，如图6-13所示，单击"确定"按钮。

3）在"驱动方式"下拉菜单中选择"曲面区域"，弹出"曲面驱动方式"对话框。单击驱动几何体下的"重新选择"按钮，弹出"驱动几何体"对话框，选择上一步所选择的曲面，单击"确定"按钮。

4）在"刀轴"下拉菜单中选择"差补"方式，弹出"差补刀轴"对话框。单击"添加"按钮，弹出"点构造器"对话框，定义好的刀轴矢量方向如图6-14所示。

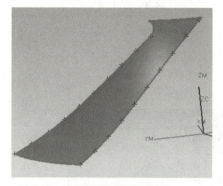

图6-13 生成流道底面的曲面

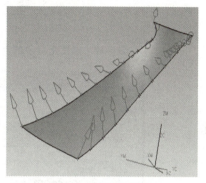

图6-14 定义好的刀轴矢量

5）其他参数设置如图6-15所示，设置完单击"确定"按钮。

图6-15 "曲面驱动方式"参数设置

6）单击"生成"按钮，生成刀具轨迹，如图6-16所示。

（6）叶轮其他部分程序的生成

1）采用旋转工件坐标系的方法。

a）单击"几何视图"按钮，进入"几何视图"界面。右击选择"MCS"，单击"复制"按钮，如图6-17a所示。再右击选择"MCS"，单击"粘贴"按钮，如图6-17b所示。右击选择"MCS"，单击"重命名"按钮，将新建的坐标系重命名为"MCS_40"。

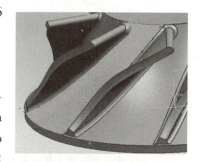

图6-16 生成的刀具轨迹

b）旋转新建的坐标系MCS_40。双击坐标系MCS_40，弹出"MILL_ORIENT"对话框，如图6-18a所示，单击"旋转"按钮，弹出"旋转MCS绕..."对话框，如图6-18b所

211

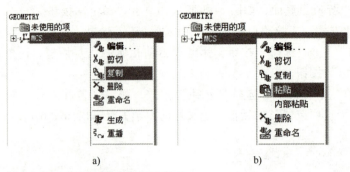

图 6-17　加工坐标系的复制和粘贴

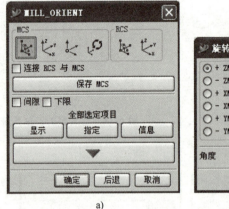

a)

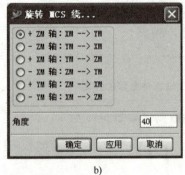

b)

图 6-18　加工坐标系的旋转操作

示，选择绕"+ZM 轴"旋转 40°。单击"确定"按钮，完成坐标系的旋转。

c）按以上方法再复制 7 个坐标系，分别重命名为"MCS_80""MCS_120""MCS_160"
"MCS_200""MCS_240""MCS_280"和"MCS_320"，如图 6-19 所示。单击"程序视图"
按钮，进入程序视图界面。右击选中要生成的程序，如图 6-20 所示，单击"生成"按钮，
即可生成叶轮加工的全部程序。

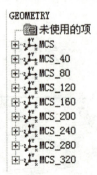

图 6-19　建立其他坐标系

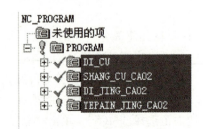

图 6-20　生成加工程序

2）采用旋转加工程序的方法。

a）按以上方法复制 8 个坐标系，分别重命名为"MCS_40""MCS_80"……"MCS_320"。

b）右击坐标系 MCS_40，在弹出的菜单中选择"对象"→"变换"，弹出"CAM 变换"

对话框；在其中选择"绕直线旋转"，又弹出"变换"菜单，选择"现有的直线"；在随后弹出的"点构造器"对话框中依次填入"XC = 0""YC = 0""ZC = 0"；单击"确定"按钮，弹出"矢量构造器"对话框，选择"ZC"，单击"确定"按钮；在弹出的对话框中输入角度"40"；单击"确定"按钮。

c）按照以上方法分别生成"MCS_80""MCS_120"……"MCS_320"下的程序。

d）在操作导航器中选中"MCS_80""MCS_120"……"MCS_320"，右击选择"生成"。

2. 双转台型机床及其后置处理配置

所采用的五轴联动加工中心是在三轴立式加工中心的基础上增加了一个双转台而形成的。加工中采用的是 XHS7145 型三轴立式加工中心，机床的 X 轴行程为 600mm，Y 轴行程为 450mm，Z 轴行程为 500mm；工作台尺寸为 800mm×450mm，最大载重能力为 600kg。将加工中心所增加的双转台放置于 A、C 轴上，该双转台为 TK14500A 型数控可倾斜回转二轴工作台。数控系统采用 K1000M8 数控系统，机床及其布置情况如图 6-21 所示。在进行后置处理的过程中，转台的结构尺寸数据对后置处理有一定的影响，所使用的双转台的三维模型如图 6-22 所示。

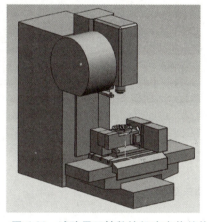

图 6-21 试验用五轴数控机床主体结构

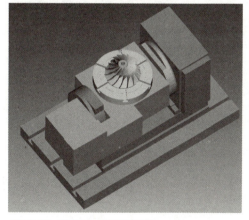

图 6-22 双转台的三维模型

经过计算机辅助编程，首先生成刀位数据文件，刀位数据文件经过数据处理后才能用于实际机床的数控加工。刀位数据文件包含 MSC 显示数据及刀具运动命令、控制命令、进给率命令、显示命令、后处理命令等数据。当零件完成仿真加工之后，将生成完整的刀位文件，刀位文件一般不能直接用于实际加工，必须经过后置处理转换为数控机床可执行的数控代码。

一般来说，双转台型五轴数控机床的两个转动坐标可以是 AB、BC 或 AC。此处以 X、Y、Z、A、C 五轴数控机床为例，讨论回转工作台的后处理算法。这种双转台型五轴数控机床的运动坐标包括三个移动坐标 X、Y、Z 和两个转动坐标 A、C，其中回转轴 A、C 交于一点。

如图 6-23a 所示，CAM 加工坐标系为 $O_m X_m Y_m Z$，机床加工坐标系为 $O_r X_r Y_r Z$，工作台回转轴 C 与 Z 轴方向一致，工作台回转轴 A 与 X 轴方向一致，$O_r X_r Y_r Z$ 坐标系原点设在回转轴 A、C 的交点上。CAM 加工坐标系 $O_m X_m Y_m Z$ 与机床加工坐标系 $O_r X_r Y_r Z$ 的 Z 轴方向一致，其余两轴相互平行，$O_m O_r = d$。工件可绕 $O_r X_r Y_r Z$ 坐标系的 X 轴转动 A（$-15° \leqslant A \leqslant$

$105°$）角，可绕其 Z 轴转动 $C(0° \leq C \leq 360°)$ 角。刀具参考点 O_C 在 CAM 加工坐标系 $O_m X_m Y_m Z$ 中的坐标为 $(x_C,\ y_C,\ z_C)$。刀轴矢量（一个位于刀具的轴线上，从刀具参考点指向刀柄方向的矢量）$\boldsymbol{\alpha}$ 为单位矢量，在 CAM 加工坐标系 $O_m X_m Y_m Z$ 中的坐标为 $(\alpha_x,\ \alpha_y,\ \alpha_z)$。为计算方便，以刀具参考点 O_C 为原点建立刀轴矢量坐标系 $O_C X_C Y_C Z_C$，与 CAM 加工坐标系 $O_m X_m Y_m Z$ 的各相应轴平行。根据以上已知条件，计算机床的运动坐标值（相对于 $O_r X_r Y_r Z$ 坐标系）X、Y、Z 及相应的回转角度 A、C。

（1）A、C 转角的计算　工作台（工件）相对刀具转动，其转角以顺时针方向为正方向。将刀轴矢量 $\boldsymbol{\alpha}$ 绕 Z_C 轴沿顺时针方向转动 C 角到 $(-Y_C)(+Z_C)$ 平面上，再将刀轴矢量绕 X_C 轴沿顺时针方向转动 A 角到与 Z_C 坐标方向一致，如图 6-23b 所示，这样转动可以保证 $0° \leq A \leq 90° - \arctan(\sqrt{\alpha_x^2 + \alpha_y^2}/\alpha_z)$。这样就完成了刀轴矢量的转换，即刀具相对于工件的转动或摆动。对于双转台型五轴数控机床，为实现以上转换，工作台的运动为绕回转轴 C 沿顺时针方向转动 C 角，以及绕回转轴 A 沿顺时针方向转动 A 角。

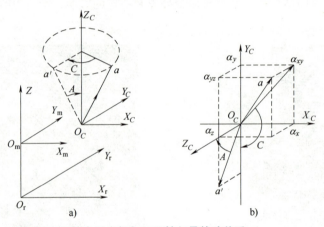

图 6-23　双转台五坐标加工刀轴矢量转动关系

A、C 角的计算式为

$$
A = \begin{cases}
\arctan \dfrac{\sqrt{\alpha_x^2 + \alpha_y^2}}{\alpha_z}, & \alpha_z > 0 \\[2mm]
90°, & \alpha_z = 0 \\[2mm]
90° - \arctan \dfrac{\sqrt{\alpha_x^2 + \alpha_y^2}}{\alpha_z}, & \alpha_z < 0
\end{cases} \tag{6-1}
$$

$$
C = \begin{cases}
90° + \arctan \dfrac{\alpha_y}{\alpha_x}, & \alpha_x > 0,\ \alpha_y \geq 0\ \text{或}\ \alpha_x > 0, \alpha_y \leq 0 \\[2mm]
270° + \arctan \dfrac{\alpha_y}{\alpha_x}, & \alpha_x < 0,\ \alpha_y \geq 0\ \text{或}\ \alpha_x < 0, \alpha_y \leq 0 \\[2mm]
0°, & \alpha_x = 0,\ \alpha_y \leq 0 \\[2mm]
180°, & \alpha_x = 0,\ \alpha_y > 0
\end{cases} \tag{6-2}
$$

（2）机床运动坐标 X、Y、Z 的计算　求刀具参考点 $O_C(x_C,\ y_C,\ z_C)$ 经工作台（工件）转动后在机床加工坐标系 $O_rX_rY_rZ$ 中的位置坐标，即机床的运动坐标 X、Y、Z。

将 CAM 加工坐标系 $O_mX_mY_mZ$ 平移到机床加工坐标系 $O_rX_rY_rZ$ 的变换矩阵为

$$T_1 = \begin{pmatrix} 1 & 0 & 0 & 0 \\ 0 & 1 & 0 & 0 \\ 0 & 0 & 1 & 0 \\ 0 & 0 & d & 1 \end{pmatrix} \tag{6-3}$$

刀轴矢量绕 Z 轴旋转 C 角，变换矩阵为

$$T_2 = \begin{pmatrix} \cos C & -\sin C & 0 & 0 \\ \sin C & \cos C & 0 & 0 \\ 0 & 0 & 1 & 0 \\ 0 & 0 & 0 & 1 \end{pmatrix} \tag{6-4}$$

刀轴矢量绕 X 轴旋转 A 角，变换矩阵为

$$T_3 = \begin{pmatrix} 1 & 0 & 0 & 0 \\ 0 & \cos A & -\sin A & 0 \\ 0 & \sin A & \cos A & 0 \\ 0 & 0 & 0 & 1 \end{pmatrix} \tag{6-5}$$

则
$$(X \quad Y \quad Z \quad 1) = (x_C \quad y_C \quad z_C \quad 1)\, T_1 T_2 T_3 \tag{6-6}$$

将式（6-6）展开可得

$$\begin{cases} X = x_C\cos C + y_C\sin C \\ Y = -x_C\sin C\cos A + y_C\cos C\cos A + z_C\sin A + d\sin A \\ Z = x_C\sin C\sin A - y_C\cos C\sin A + z_C\cos A + d\cos A \end{cases} \tag{6-7}$$

基于上面的基本原理，可以自己构造后置处理文件，也可以使用专用的后置处理构造器构造后置处理文件。配置一个完整的后置处理文件，还需要完成各坐标轴的行程限制、移动速度限制等其他设置和处理。使用适合本例所使用机床的后置处理文件，就可以对刀位数据文件进行后置处理，生成叶轮的数控加工程序。

为了确保数控加工过程一次成功，需要采用虚拟仿真的方法对所生成的数控加工程序进行必要的验证。

3. 切削加工试验及其分析

（1）使用切削材料加工试验　为了检验所编制程序的正确性和合理性，避免出现撞刀等现象，首先采用类似工程塑料的切削材料进行加工试验。所采用的切削材料应具有很好的切削性能，能很好地验证加工轨迹的正确性。

使用切削材料试验加工的过程如图 6-24 所示。图 6-25 所示为最后加工完毕的切削材料叶轮零件。

通过对切削材料的加工试验分析，发现加工完毕的零件加工质量较好，能够满足要求。

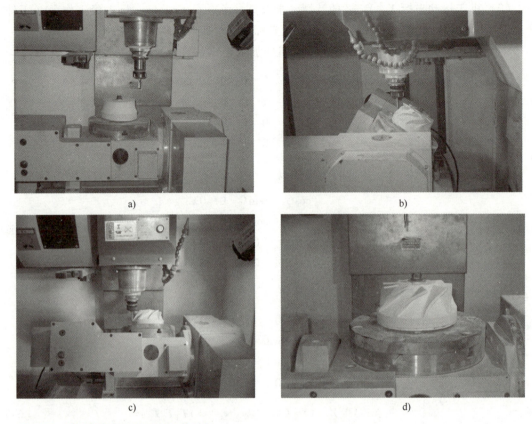

图 6-24 使用切削材料试验加工的过程

a）叶轮外形加工　b）叶轮流道开槽加工　c）零件叶片加工　d）加工完毕的叶轮零件

图 6-25 最后加工完毕的切削材料叶轮零件

因此，可以确定所生成的加工程序运动轨迹是正确的，工艺相对合理，同时也证明机床所采用的数控系统能够实现真正的五轴联动数控加工。

（2）使用铝合金材料加工试验　为了进一步验证加工工艺的合理性，以及机床的加工性能和数控系统的误差补偿功能，需要对铝合金材料零件进行加工，如图 6-26 所示。最后加工完成的铝合金材料叶轮零件如图 6-27 所示。

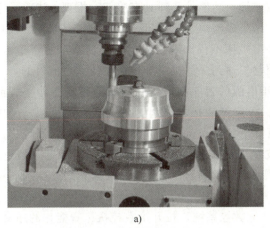

a)   b)

图 6-26　使用铝合金材料加工试验

a）叶轮外形加工　　b）叶轮流道粗加工

图 6-27　最后加工完成的铝合金材料叶轮零件

6.6　数控机床产品智能化

　　目前的数控机床正向着高速化、高精化、复合化和智能化的方向发展，其目标是实现制造过程的完全自动化，从而提高加工精度和效率，降低制造成本。实现制造过程的完全自动化，不仅需要解决机床、工艺、刀具等问题，而且涉及决策过程、控制信息等要素。因此，在数控机床代替人的手工劳动之后，人们更加关注如何利用数控机床取代和延伸人类的脑力劳动，这就是数控机床的智能化。信息化、智能化是先进制造业的发展方向。智能化是信息化的高级阶段，能够进一步提高制造系统的适应能力和自动化水平，实现人的脑力劳动在机械中的固化。数控机床作为最基本的制造单元或制造系统，实现智能化是必然的发展趋势。

　　智能金属切削机床不仅具有常规的数控加工功能，而且能够借助先进的检测装置和方法，通过信息集成与知识融合，实现对加工系统的自主监测与控制，从而获得最优的加工性能与最佳的加工质量。智能机床旨在通过数字化制造技术在机床上的应用来取代人的部分脑力劳动，通过自主监控和决策来控制加工质量。智能机床与普通数控机床或加工中心的主要区别在于，智能化的金属切削机床除了具有数控加工功能外，还具有感知、推理、决策、学习等智能功能，具体体现在以下几个方面：工序集成与模块化加工、监控决策自动化、信息化和网络化等。简单来说，智能数控机床就是指机床不仅知晓自身的工作状态和加工过程，还可以根据这些信息进行自我判断、决策和控制，达到保证机床工作在最佳状态的目的。

智能机床最早出现在赖特与伯恩于 1998 年出版的智能制造研究领域的首本专著《智能制造》中。由于对先进制造业具有重要作用，智能制造技术引起了各个国家的重视。美国推出了智能加工平台计划（SMPI）；欧洲实施"Next Generation Production System"研究；德国推出了"工业 4.0"计划；中国中长期科技发展对"数字化、智能化制造技术"提出了迫切需求，并制定了相应的"十二五"发展规划；在 2006 年美国芝加哥国际制造技术展览会（IMTS2006）上，日本 Mazak 公司推出的首次命名为"Intelligent Machine"的智能机床和日本 Okuma 公司推出的命名为"thinc"的智能数控系统，拉开了数控机床智能化的序幕。

1. 国内外研究情况

在 20 世纪 80 年代，美国曾提出研究发展"适应控制"机床，但由于许多自动化环节，如自动检测、自动调节、自动补偿等没有解决，虽有各种试验，但进展较慢。后来在电加工机床方面，首先实现了"适应控制"，通过对放电间隙、加工工艺参数进行自动选择和调节，以提高机床加工精度、效率和自动化水平。随后，由美国政府出资创建的机构——智能机床启动平台，一个由公司、政府部门和机床厂商组成的联合体对智能机床进行了加速研究。而于 2006 年 9 月在 IMTS 上展出的日本 Mazak 公司研发制造的智能机床，则向未来理想的"适应控制"机床方面大大前进了一步。

Mazak 公司认为智能机床应能够对自己进行监控，可自行分析众多与机床加工状态、环境有关的信息及其他因素，能够自行采取应对措施来保证最优化的加工。当前 Mazak 公司的智能机床能实现以下四大智能：①主动振动控制功能，可将机床加工过程中的振动减至最小；②智能热屏障技术，实现加工中机床的热位移控制；③智能安全屏障，用于防止机床与刀具之间的碰撞；④语音提示功能，便于用户操作和使用。

Okuma 公司认为当前经典的数控系统的设计、执行和使用三个方面已经过时，对它进行根本性变革的时机已经到来。Okuma 公司的智能化数控系统不仅可以在不受人干预的情况下，对变化了的情况做出决策，而且可使机床到了用户厂后，以增量的方式使其功能在应用中不断自行增长，并能更加适应新的情况和需求，易于编程和使用。Okuma 公司的智能化数控系统基于 PC 的平台，并且采用国际标准硬件、Windows 2000 专业操作系统。随着计算机技术的不断发展，用户可以自行对其进行升级换代。总之，在不受人工干预的情况下，机床将为用户带来更高的生产率。

GE FANUC 公司引入的一套监控和分析方案也是智能机床发展的一个实例，这套方案在 2006 年 9 月的 IMTS 上得以展示。一种基于互联网的方案应运而生，它是通过收集机床和其他设备复杂的基本数据而提供的富有洞察力、可指出原因的分析方法。它还提供一套远程诊断工具，从而使不出现故障的平均时间最长而用于修理的时间最短。它还能用于计算机维护管理系统中监控不同的现场。

智能机床的另一个实例是辛辛那提设计的多任务加工中心软件，它可探测到 B 旋转轴的不平衡条件。该机床装备了 Sinumerik 840D 控制系统，新的平衡传感器在监控到 Z 轴发生的错误后，将准确、迅速地感受到不平衡。探测后，由一套平衡辅助程序通过计算产生一个显示图，确定出不平衡的位置及需要进行多少补偿。该技术也已用于 Giddings & Lewis 的立式车床上。

米克朗系列化模块是该公司在智能机床领域的成果。不同"智能机床"模块的目标是将切削加工过程变得更透明、控制更方便。为此，首先必须建立用户和机床之间的通信；其次，还必须在不同切削加工优化过程中为用户提供工具，以显著改善加工效能；最后，机床必须能独立控制和优化切削过程，从而改善工艺安全性和工件加工质量。米克朗的高级工艺控制系统模块是一套监视系统，它使用户能观察和控制切削加工过程。它是特别为高性能和高速切削而开发的，而且能很好地用于其他切削加工系统。无线网络子系统（RNS）模块开启了通信和灵活性的新纪元。通过这一系统，用户能接收米克朗加工中心的运行情况信息。通过移动电话的短信形式，用户就能知道机床的操作状态和程序执行状态。智能操作人员支持系统能根据工件的结构和加工要求，优化加工过程。通过易用的用户界面，用户可以方便地设定目标尺寸、转速、精度、表面质量及工件质量和加工的复杂程度等参数，并能随时对这些参数进行修改。

数控机床智能化的发展前景非常广阔，是制造技术进一步提高效率、自动化、智能化、网络化、集成化的努力目标，也是在数字控制机床技术基础上向更高阶段发展的努力方向。数控机床将在现有技术基础上，由机械运动的自动化向信息控制的智能化方向发展。智能机床还需要进一步的完善和提高，特别是在机、电、液、气、光元件和控制系统方面，在加工工艺参数的自动收集、存储、调节、控制、优化方面，在智能化、网络化、集成化后的可靠性、稳定性、耐用性等方面，都还需要深入研究。智能机床的出现为未来装备制造业实现全盘生产自动化创造了条件。

2. 数控机床智能化技术的研究方向

目前世界各大机床制造商均非常重视机床智能技术的研究与应用，也推出了许多智能化功能。数控机床智能化主要有以下几个研究方向：

（1）智能化状态监控和维护技术　智能化状态监控和维护技术是指数控机床在生产过程中不仅可以了解自身状态，而且可以根据这些状态进行自我控制。典型的技术和功能包括振动检测及抑制、刀具检测、故障自诊断和智能化维护等。

刀具失效是引起加工过程中断的首要因素，实现刀具磨损和破损的自动监控是完善机床智能化发展不可缺少的部分。在刀具监控手段和方法方面，主要有切削力监控、声发射监控、振动监控及电动机功率监控等测试手段。

切削振动是影响机械产品加工质量和机床切削效率的关键技术问题之一，同时也是自动化生产的严重障碍。在机床振动抑制方面，除了需要在机床结构设计上不断改进外，对振动的监控也备受关注。数控机床智能化振动抑制技术主要是通过对数控机床的动态特性进行分析，获得该设备的动态特性，构建数控机床隔振系统。对系统进行各种特性分析，通过试验分析各种控制算法，从中选择一种合适的控制算法，并与机床控制系统实现集成，将系统应用于所开发的设备上，实现数控机床智能化振动抑制。其中振动的自动抑制技术是通过实时检测数控机床振动，来调整机床运动速比，从而实现振动控制。

（2）智能化误差补偿技术　智能化误差补偿技术是指机床可以根据误差测试数据进行自动补偿操作。典型的技术和功能有智能化热误差补偿系统和智能化几何误差补偿系统。

智能化热误差补偿系统可以实现机床温度自动检测、热变形的分析和补偿。具体实现方

219

法主要包括机床主要系统温度场建立技术、机床关键部件温度场控制技术和机床热变形补偿技术。依据所获得的试验数据和所建立的分析模型，进行热变形补偿方法的研究。其中智能化热变形补偿技术的实现可以采用温度传感器实现对主轴切削端温度变化的实时监控，可根据温度变化自动进行补偿，开发温度自动调整刀尖位置，并将这些温度变化反映至数控系统，数控系统中内置了具有热补偿经验值的热变形补偿系统，进而显著提高了加工精度，提高了零件的加工效率。

（3）自动检测及智能化防止干涉　智能切削系统的开发研究，使用户能观察和控制切削加工过程，自动防止刀具和工件碰撞，从而大大减少了突发事故，提高了机床工作的可靠性。

数据采集主要用于机床加工过程中一些数量和质量数据的采集，为管理信息化提供数据依据，其主要功能有机床运行数据采集、质量数据采集、数量数据采集和采集数据的分析。当操作人员为了调整、测量、更换刀具而手动操作机床时，一旦"将"发生碰撞时（即在发生碰撞前一瞬间），运动立即自行停止。监控单元运行状况及消耗品使用情况，可预防故障发生或在故障发生时迅速修复。

（4）智能切削系统的开发　智能切削是产品智能化的核心功能。自动编程技术是智能切削基础技术之一。其研究内容包括智能切削知识库的建立、CAD/CAPP/CAM 的集成、刀具路径的计算、切削过程监控、切削过程的智能仿真和调整等。

自动编程技术主要是指开发用户应用系统，实现用户自动编写加工程序；在线仿真包括加工前的预模拟和加工中的实时模拟、离线仿真及动画演示。通过自动编程实现操作编程，使用数控系统内部的图形模拟工具，可对加工过程进行加工前的预模拟和加工中的实时模拟及离线模拟；使用外部仿真软件可以建立指定型号机床的结构模型，进行数控运动仿真，并能检查结构干涉情况。

（5）智能化操作界面与网络技术　机床出现故障和误操作时常会导致工件的报废与机床的损坏，从而给用户造成不必要的经济损失。同时，现场操作参数的设定也对零件的加工结果和加工效率有着重要的影响。智能化操作界面和网络技术是指机床具有更方便的操作系统，可以根据操作者的操作给予提示和建议，并具备联网和远程监控的功能。典型的技术和功能包括：具有语音提示功能的操作辅助系统和远程访问与监控系统等。

（6）智能化驱动技术　智能化驱动技术是指可以根据负载和加工情况的不同，自动调节伺服参数，以保证机床具有良好的动态特性，如自动优化功能和自适应控制功能等。

第7章

并联机构及机床的设计与应用

7.1 并联机构研究现状和发展趋势

并联机构是由多个相同类型的运动链在运动平台与固定平台之间并联而成的。相对于串联机构，并联机构的运动平台由多个驱动杆支承，结构刚度大，结构更加稳定；在相同自重与体积下承载能力更高；对末端执行器没有误差积累和放大作用，误差小、精度高；可以将电动机安装在固定机座上，运动负荷比较小，降低了系统的惯性，提高了系统的动力性能；在运动学求解上，运动学逆解求解容易，便于实现实时控制。

并联机构的研究和应用早已开始。1947 年，英国人 Gough 采用并联机构设计了一种六自由度的轮胎测试机，这种机构称为六足结构（Hexapod）。1965 年，自 Stewart 把并联机构应用到飞行模拟器的运动产生装置以来，"Stewart Platform" 已成为国内外机器人领域使用最多的名词之一。1964 年，美国工程师 Klaus Cappel 提出了一个称为八面体的六腿机构，并利用并联机构建造了世界上第一个飞行模拟器。迄今，由并联机构构造的多种运动模拟器得到了广泛应用。1978 年，澳大利亚机构学家 Hunt 提出将并联机构应用于机器人操作，故并联机构在机器人研究领域得到关注，在并联机器人运动学求解算法、动力学性能分析、误差建模与分析、并联机器人机构设计及并联机器人应用等方面进行了深入的研究，产生了很多理论和应用研究成果。这些成果同时也成为并联机床研究与开发的理论和技术基础。

并联机床属于新结构机床，其主要特征在于机床中采用了不同于传统机床的并联机构。并联机床通过改变驱动杆的长度或位置来改变安装有执行器的运动平台的位姿，在运动平台上安装不同执行器即可进行多坐标铣、钻、磨、抛光及异型刀具刃磨等多种加工任务，装备机械手腕、高能光源或 CCD 摄像机等末端执行器，还可完成精密装配、特种加工与测量等作业。1994 年在美国芝加哥机床展览会上，Giddings & Lewis 公司和 Ingersoll 公司分别推出了基于并联机构的六足机床，当时被媒体誉为 "机床结构的重大革命" 和 "21 世纪的数控加工装备"。并联机床逐步成为制造业的研究热点，从而引起了各国机床行业的极大兴趣和广泛关注。除了上述两家公司，俄罗斯 Lapik 公司、美国 Hexel 公司、英国 Geodetic 公司、意大利 Comau 公司、德国 Mikromat 公司和瑞典 Neos 机器人公司，以及国内的清华大学、天津大学、哈尔滨工业大学、北京航空航天大学、沈阳自动化研究所、东北大学和燕山大学等均开发了多种并联机床（机器人）。

最初推出的并联机床均是建立在 Stewart 平台基础上的六并联机床。以美国 Giddings & Lewis 公司推出的 Variax 六并联机床为例，该机床用可伸缩的六根杆支承并连接运动平台（装有主轴头）与固定平台（装有工作台），每根杆均由各自的伺服电动机与滚珠丝杠驱动。

伸缩这六根杆就可以使装有主轴头的运动平台进行三维空间的运动，从而改变主轴与工件的相对空间位置，满足加工中刀具运动轨迹的要求。与传统机床相比，这种六并联机床具有如下优点：刚性为传统机床的 5 倍；精度比传统机床高 2~10 倍；轮廓加工速度与加速度可分别达到 66m/min 和 1g，因而轮廓加工的效率相当于传统机床的 5~10 倍；对于传统机床需要多次定位工件才能加工的复杂曲面，这种机床可以一次加工完成。然而，六并联机床适合应用在精度、刚度和载荷/机床质量比要求高，而对工作空间要求不大的场合。另外，为了实现所需加工的轨迹，六并联机床的控制系统必须进行大量复杂的计算，因为刀具的任何运动都需要高性能的计算机来控制六个轴的联动，正是这一点限制了它们的应用。为了解决上述存在的问题，许多公司和大学开始致力于少自由度并联机床（机器人）的研制工作，获得了许多重要的研究成果并研制出了多种少自由度并联机床。

然而，基于 Stewart 平台的六杆并联机构有工作空间小，本身的奇异性和耦合性使其构型和总体布局受限，任何运动均需六轴联动，以及运动正解复杂而难于实现快速的实时控制等局限，使其难以实现产业化。此外，并联机床（机器人）的每一个支链均通过铰链与动、静平台相连，正是由于铰链的精度、间隙和接触刚性等问题，使得并联机床（机器人）的实际整体精度和刚性降低。而且，并联的分支链越多，连接这些分支链的铰链越容易产生叠加的随机性误差，从而影响并联机床（机器人）的整体工作精度。从这个意义上来说，也可以解释为什么少自由度并联机床（机器人）比六并联机床（机器人）更易实现实用化。所以，早期开发出的六并联机床（机器人）基本都停留在原理样机阶段，如 Giddings & Lewis 公司的 Variax 六并联数控加工中心现放置在英国诺丁汉大学（Nottingham University）的先进制造技术中心，用于并联机床（机器人）的实验研究。为了克服六并联机构存在的上述问题，少自由度并联机构特别是三自由度并联机构，由于具有工作空间相对较大，奇异性和耦合性相对较小，运动学、动力学分析相对简单，灵活性较高，控制容易，并且设计、制造方便等优势，成为近年来国内外研究发展的主流，特别是为了扩大工作空间，串并联结构的混联机床（机器人）也成为机器人领域的重要发展方向。目前已经实现实用化和产业化的并联机床（机器人）基本都是基于少自由度并联机构而研制开发的，如瑞典 Neos Robotics 公司生产的 Tricept 系列三并联机床、瑞士 ABB 公司生产的 Delta 系列三并联机器人等。

并联机构将在机器人、机械加工、航空航天、水下作业、医疗、包装、装配和短距离运输等许多行业发挥越来越重要的作用。而并联机床作为机器人技术和机床技术相结合的新兴产物，具有许多传统机床无法替代的优点，可以预见，在不远的将来，并联机床将会在机械工程领域对传统机床构成强有力的挑战和补充。

7.2　并联机构自由度分析

7.2.1　自由度的一般计算式

空间机构的自由度是由构件数、运动副数和约束条件决定的。

设在三维空间中，有 n 个完全不受约束的物体（构件），且任意选定其中一个作为固定参照物。由于每个物体都有 6 个自由度，则 n 个物体相对参照物共有 $6(n-1)$ 个运动自由度。若将上述 n 个物体，用 m 个约束数为 $1\sim5$ 之间的任意数的运动副连接起来，组成空间机构，并设第 i 个运动副的约束数为 u_i，则该机构的自由度 F 应该等于 n 个物体的运动自由度减去所有运动副约束数的总和，即

$$F = 6(n-1) - \sum u_i \tag{7-1}$$

一般情况下，式（7-1）中的 u_i 可以用 $(6-f_i)$ 替代，就成为一般形式的空间机构自由度计算式，即

$$F = 6(n - m - 1) + \sum_{i=1}^{m} f_i \tag{7-2}$$

7.2.2 自由度的计算示例

1. 三自由度的空间并联机构

由 3 个运动链组成的空间多环机构如图 7-1 所示，从图中可见，该机构的构件数（以圆圈中的数字表示）$n = 8$，运动副数（以方框中的数字表示）$m = 9$。其中方框 $1\sim3$ 为转动副，其自由度为 1；方框 $4\sim6$ 为移动副，其自由度也为 1；方框 $7\sim9$ 为球面副，其自由度为 3。所以，$\sum_{i=1}^{9} f_i = 3+3+9 = 15$，将其代入式（7-2），则有

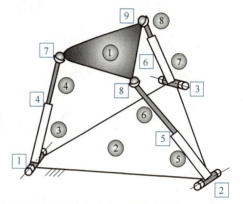

图 7-1 三自由度的空间并联机构

$$F = 6(n - m - 1) + \sum_{i=1}^{m} f_i = 6 \times (8 - 9 - 1) + 15 = 3$$

对于多环空间并联机构，式（7-2）可写成更加方便的计算形式

$$F = \sum_{i=1}^{m} f_i - 6l \tag{7-3}$$

式中，l 为独立的环路数目。

显而易见，式（7-2）与式（7-3）是等同的。因为在一个单闭环（$m = n$）运动链的基础上，加上一条两端都有运动副的开环链，则可形成另一闭环。此时，增加的运动副数比增加的构件数多 1。换句话说，每增加一个独立的环路，增加的运动副为 m，而增加的构件数为 $m-1$。这样，若所增加的独立闭环环路数为 2、3、$\cdots$、$l-1$，则增加的运动副数 m 比构件数 n 多 2、3、$\cdots$、$l-1$ 个，而机构的总环路数为 l，所以存在下列等式

$$m - n = l - 1$$

或

$$l = m - n + 1$$

将上述等式代入式（7-3），即可获得式（7-2），可见两式是等同的。利用式（7-3）计算多环空间并联机构特别方便，下面举例加以说明。

2. 六自由度的空间并联机构

一个运动副数（以方框中的数字表示）为 18（12 个球铰链和 6 根伸缩杆），构件数（以圆圈中的数字表示）为 14（2 个上下平台和 6 根由两个构件组成的伸缩杆）的空间并联机构，如图 7-2 所示。

从图 7-2 中可见，该机构具有 5 个独立环路，同时具有 1 个自由度、2 个自由度和 3 个自由度的运动副各为 6，即构件自由度之和等于 36。

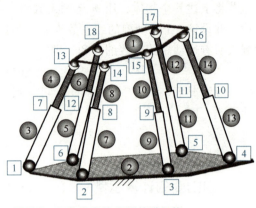

按照式（7-2）计算其自由度为

$$F = 6(n - m - 1) + \sum_{i=1}^{m} f_i =$$

$$6 \times (14 - 18 - 1) + 6 + 12 + 18 = 6$$

按照式（7-3）更加容易求得其自由度为

$$F = \sum_{i=1}^{m} f_i - 6l = 36 - 6 \times 5 = 6$$

图 7-2 六自由度的空间并联机构

必须指出，式（7-3）仅适用于公共约束等于零，即不具有公共约束的空间机构。

7.3 并联机构性能评价指标

7.3.1 雅可比矩阵

相比串联机器人而言，并联机器人的速度雅可比（Jacobian）求解要复杂得多，这主要是由并联机器人所具有的多环结构特点决定的。求解的方法有多种，其中封闭向量求导法和旋量法是两种主流的方法。这里重点介绍封闭向量求导法。

如图 7-3 所示，该并联机构有 3 个转动自由度。参考图 7-4，可以获得一个封闭的矢量方程

$$\overrightarrow{OP} + \overrightarrow{PC_i} = \overrightarrow{OA_i} + \overrightarrow{A_iB_i} + \overrightarrow{B_iC_i}, \quad i = 1，2，3 \tag{7-4}$$

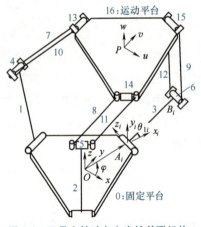

图 7-3 只具有转动自由度的并联机构

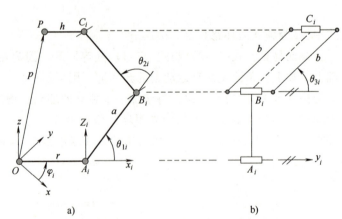

图 7-4 每条支链转动副转动角的定义
a）前视图 b）侧视图

对时间求导，得

$$v_p = \omega_{1i} \times a_i + \omega_{2i} \times b_i \tag{7-5}$$

式中，v_p 为运动平台的线速度；$a_i = \overrightarrow{A_iB_i}$；$b_i = \overrightarrow{B_iC_i}$；$\omega_{ji}$ 为第 i（$i = 1，2，3$）个杆组的第 j

$(j=1, 2)$ 个杆的角速度。这里将 $\overrightarrow{A_iB_i}$ 作为第 1 个杆，$\overrightarrow{B_iC_i}$ 作为第 2 个杆。

假设该并联机构的输入矢量为

$$\dot{\boldsymbol{q}} = (\dot{\theta}_{11}, \dot{\theta}_{12}, \dot{\theta}_{13})^{\mathrm{T}}$$

输出矢量为

$$\boldsymbol{v}_p = (v_{p,x}, \; v_{p,y}, \; v_{p,z})^{\mathrm{T}}$$

所有其他关节的速度都是被动变量。为了消除被动变量，将式（7-5）的两边均乘以 b_i，得

$$\boldsymbol{b}_i \boldsymbol{v}_p = \boldsymbol{\omega}_{1i}(\boldsymbol{a}_i \times \boldsymbol{b}_i) \tag{7-6}$$

式（7-6）中的矢量在坐标系 (x_i, y_i, z_i) 中可表示为

$$^i\boldsymbol{a}_i = a\begin{pmatrix} \cos\theta_{1i} \\ 0 \\ \sin\theta_{1i} \end{pmatrix}$$

$$^i\boldsymbol{b}_i = b\begin{pmatrix} \sin\theta_{3i}\cos(\theta_{1i}+\theta_{2i}) \\ \cos\theta_{3i} \\ \sin\theta_{3i}\sin(\theta_{1i}+\theta_{2i}) \end{pmatrix}$$

$$^i\boldsymbol{\omega}_{1i} = \begin{pmatrix} 0 \\ -\dot{\theta}_{11} \\ 0 \end{pmatrix}$$

$$^i\boldsymbol{v}_p = \begin{pmatrix} v_{p,x}\cos\varphi_i + v_{p,y}\sin\varphi_i \\ -v_{p,x}\sin\varphi_i + v_{p,y}\cos\varphi_i \\ v_{p,z} \end{pmatrix}$$

将上述等式代入到式（7-6）中，简化后得

$$j_{ix}v_{p,x} + j_{iy}v_{p,y} + j_{iz}v_{p,z} = a\sin\theta_{2i}\sin\theta_{3i}\dot{\theta}_{1i} \tag{7-7}$$

式中，$j_{ix} = \cos(\theta_{1i}+\theta_{2i})\sin\theta_{3i}\cos\varphi_i - \cos\theta_{3i}\sin\varphi_i$；$j_{iy} = \cos(\theta_{1i}+\theta_{2i})\sin\theta_{3i}\sin\varphi_i - \cos\theta_{3i}\cos\varphi_i$；$j_{iz} = \sin(\theta_{1i}+\theta_{2i})\sin\theta_{3i}$。

注意这里 $\boldsymbol{j}_i = (j_{ix}, j_{iy}, j_{iz})^{\mathrm{T}}$ 表示在固定坐标系 (x, y, z) 中点 B_i 指向点 C_i 的一个单位矢量。

将 $i=1, 2, 3$ 代入式（7-7），产生 3 个标量方程，它们可用矩阵形式表示为：

$$\boldsymbol{J}_x \boldsymbol{v}_p = \boldsymbol{J}_q \dot{\boldsymbol{q}} \tag{7-8}$$

式中，$\boldsymbol{J}_x = \begin{pmatrix} j_{1x} & j_{1y} & j_{1z} \\ j_{2x} & j_{2y} & j_{2z} \\ j_{3x} & j_{3y} & j_{3z} \end{pmatrix}$；$\boldsymbol{J}_q = a\begin{pmatrix} \sin\theta_{21}\sin\theta_{31} & 0 & 0 \\ 0 & \sin\theta_{22}\sin\theta_{32} & 0 \\ 0 & 0 & \sin\theta_{23}\sin\theta_{33} \end{pmatrix}$。

7.3.2 奇异位形

并联机构的奇异位形分为边界奇异位形、局部奇异位形和结构奇异位形三种形式。奇异位形是机构固有的性质，它对机器人机构的工作性能有着严重的影响。当机构处于某些特定

的位形时，其雅可比矩阵成为奇异阵，其行列式为零或无穷大或不确定，此时机构的位形就称为奇异位形。当机构处于奇异位形时，其操作平台具有多余的自由度，这时机构就失去了控制，因此在设计和应用并联机构时应该避免出现奇异位形。

（1）边界奇异位形　当雅可比矩阵的行列式等于零时，即

$$\det \boldsymbol{J} = 0 \qquad (7\text{-}9)$$

机构处于边界奇异位形。边界奇异位形有外边界和内边界奇异位形两种类型。

（2）局部奇异位形　当雅可比矩阵的行列式趋于无穷大时，即

$$\det \boldsymbol{J} \to \infty \qquad (7\text{-}10)$$

机构处于局部奇异位形。局部奇异位形表示机构末端在该位形有一个不可控的局部自由度。局部奇异位形是并联机构特有的，它不存在于串联机构中。局部奇异位形是并联机构领域重点研究的问题。

（3）结构奇异位形　当雅可比矩阵的行列式趋于零比零时，即

$$\det \boldsymbol{J} \to \frac{0}{0} \qquad (7\text{-}11)$$

机构处于结构奇异位形。结构奇异位形也是并联机构特有的，只有在特殊机构尺寸时才能产生，故称为结构奇异位形。

7.3.3　工作空间

机器人的工作空间是机器人操作器的工作区域，它是衡量机器人性能的重要指标。并联机器人由于其结构的复杂性，其工作空间的确定是一个具有挑战性的课题。并联机器人工作空间的解析求解是一个非常复杂的问题，它在很大程度上依赖于机构位置解的结果，至今仍没有完善的方法。

机器人的工作空间有以下三种类型：

（1）可达工作空间（reachable workspace）　即机器人末端可达位置点的集合。

（2）灵巧工作空间（dexterous workspace）　即在满足给定位姿范围时机器人末端可达点的集合。

（3）全工作空间（global workspace）　即给定所有位姿时机器人末端可达点的集合。

图 7-5 所示 6-SPS 机构的尺寸和约束相对于 R_p 正则化后的无量纲尺寸为

$$R_p = 1 \qquad R_b = 3 \qquad \alpha_p = 15° \qquad \alpha_b = 30°$$
$$\theta_{p\max} = \theta_{b\max} = 45° \qquad L_{\min} = 4.5 \qquad L_{\max} = 7.5 \qquad D = 0.1$$

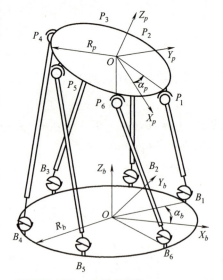

图 7-5　Stewart 平台机构

这里用 $L_{\min}$ 和 $L_{\max}$ 分别表示第 i 个杆的最短和最长值；用 D 表示 6 个杆的直径。

图 7-6 所示为工作空间的截面，其中图 7-6a、b 分别对应于上下平台始终平行（即 $R = P = Y = 0$，R、P、Y 分别为 Roll、Pitch、Yaw 的简称，分别表示运动平台的回转角、俯仰角和偏转角）的条件下工作空间的 xz 和 xy 截面，其中虚线部分表示由于受关节转角的限制而产生的边界，实线部分则表示由于受杆长的限制而产生的边界；图 7-6c、d 表示工作空间的

截面受运动平台姿势变化的影响，即 R、P、Y 都为 $0°$、$+5°$、$+10°$ 和 $+15°$ 时工作空间的 xz 和 xy 截面。从图中可以得出以下结论：

1）工作空间的边界由三部分组成，第一部分是由于受最大杆长限制而产生的工作空间的上部边界，第二部分是由于受最短杆长限制而产生的工作空间的下部边界，第三部分是由于受关节转角限制产生的两侧边界。

2）当上下平台始终平行时，工作空间关于 z 轴对称。

3）运动平台的姿势角越大，工作空间越小。

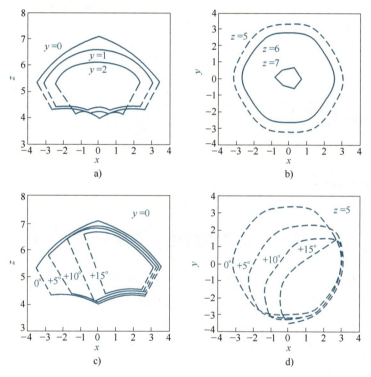

图 7-6　工作空间的截面

a）固定姿势时工作空间的 xz 截面　b）固定姿势时工作空间的 xy 截面
c）工作空间随姿势变化情况（xz 截面）　d）工作空间随姿势变化情况（xy 截面）

图 7-7 所示为机构参数对工作空间体积的影响，图 7-7a 表示上平台姿势的转角 $R = P = Y = 0°$、$+5°$、$+10°$、$+15°$、$+20°$ 和 $+25°$ 时工作空间体积随关节转角的变化，此时各关节相对于平台垂直安装，由图可知，工作空间的体积大约与关节转角成正比关系，并且同样可以看出，运动平台的姿势角越大，工作空间的体积越小。若改变关节相对于平台的安装姿势，使得表示关节方位的向量沿 l_{ni} 方向 [l_{ni} 是当杆长为 $0.5(L_{mini} + L_{maxi})$，且上、下平台上的坐标相互平行时第 i 杆的向量] 则可以扩大工作空间的体积，此时工作空间的体积与关节转角的关系如图 7-7b 所示，在这种情况下，当关节转角比较小时，工作空间的体积有明显的增加。图 7-7c 所示为工作空间的体积与驱动连杆行程的关系，连杆的行程与最短杆和最长杆具有同等的意义，由图可以看出，工作空间的体积大约与连杆行程成立方关系。图 7-7d 所示为工作空间的体积与下平台和上平台半径的比值的关系，由图可见，当上下平台具有相同的尺寸时，操作器具有最大的工作空间。

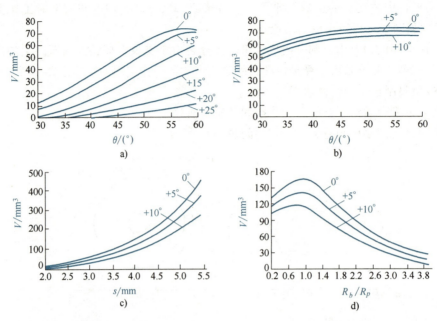

图 7-7　机构参数对工作空间体积的影响

7.4　并联机构的运动学分析

并联机构运动学的主要任务是描述并联机构关节与组成并联机构的各刚体之间的运动关系。大多数并联机构都由一组通过运动副（关节）连接而成的刚性连杆构成。不管并联机构关节采用何种运动副，都可以将它们分解为单自由度的转动副和移动副。本节以一个并联机构的实例来介绍并联机构的运动学逆解和正解计算。

7.4.1　并联机构的位置分析

四自由度二并联杆磨床如图 7-8 所示，因为该机床是由两个串并联杆系组成的，所以其既具有并联机构刚性好又具有串联机构工作空间大的特点。由于其采用四个平行四边形机构，故运动平台将始终保持三维空间的平动。

这台二并联杆磨床由固定平台（BP）、运动平台（MP）和两个串并联杆系组成，每个杆系由转动块构件 1、平行四边形构件 2、构件 3、构件 4 及平行四边形构件 5 组成。转动块构件 1 可绕固定在固定平台上的垂直轴转动，其通过平行四边形构件 2 与构件 3 相连。构件 3 与构件 4 通过转动副相连。构件 4 通过平行四

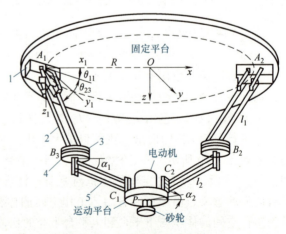

图 7-8　四自由度二并联杆磨床示意图

边形构件 5 与运动平台联系起来。由于两个串并联杆系拥有四个平行四边形构件，所以运动平台将始终保持在水平面中的平动。此外，该机构具有 θ_{11}、θ_{21}、θ_{12} 和 θ_{22} 四个主动关节角，因此这台二并联杆磨床具有四个自由度。

固定平台的坐标系 (x, y, z) 如图 7-8 所示。该坐标系的原点是点 O，x 轴的方向从左指向右，z 轴垂直于固定平台且方向从上到下，y 轴的方向按照右手规则确定。

分析该并联机构，θ_{11}、θ_{21}、θ_{12} 和 θ_{22} 是四个驱动关节的四个驱动变量。那么，可得每个并联支链的封闭运动矢量方程为

$$\overrightarrow{OP}+\overrightarrow{PC_i} = \overrightarrow{OA_i}+\overrightarrow{A_iB_i}+\overrightarrow{B_iC_i}, i=1,2 \tag{7-12}$$

在坐标系 (x_i, y_i, z_i) 中，式（7-12）可写成

$$\begin{cases} x_{ci} = l_1\cos\theta_{2i}\cos\theta_{1i}+l_2\cos\alpha_i\cos\varphi \\ y_{ci} = l_1\cos\theta_{2i}\sin\theta_{1i}+l_2\cos\alpha_i\sin\varphi \\ z_{ci} = l_1\sin\theta_{2i}+l_2\sin\alpha_i \end{cases} \tag{7-13}$$

式中，l_1、l_2 分别为每个并联杆组中上、下并联杆的杆长；φ 为运动平台的转角。

在坐标系 (x, y, z) 中，可得

$$\begin{pmatrix} x_{ci} \\ y_{ci} \\ z_{ci} \end{pmatrix} = \begin{pmatrix} \cos\psi_i & \sin\psi_i & 0 \\ -\sin\psi_i & \cos\psi_i & 0 \\ 0 & 0 & 1 \end{pmatrix}\begin{pmatrix} x_p \\ y_p \\ z_p \end{pmatrix}+\begin{pmatrix} R-r\cos\varphi \\ -r\sin\varphi \\ 0 \end{pmatrix} \tag{7-14}$$

式中，ψ_i 为坐标系 (x_i, y_i, z_i) 相对固定坐标系 (x, y, z) 的角度，$\psi_1=0°$，$\psi_2=180°$。

当 $\psi_1=0°$ 时，将式（7-13）代入式（7-14）中，得

$$x_p = l_1\cos\theta_{21}\cos\theta_{11}+(l_2\cos\alpha_1+r)\cos\varphi-R \tag{7-15}$$

$$y_p = l_1\cos\theta_{21}\sin\theta_{11}+(l_2\cos\alpha_1+r)\sin\varphi \tag{7-16}$$

$$z_p = l_1\sin\theta_{21}+l_2\sin\alpha_1 \tag{7-17}$$

当 $\psi_1=180°$ 时，将式（7-13）代入式（7-14）中，得

$$x_p = -l_1\cos\theta_{22}\cos\theta_{12}-(l_2\cos\alpha_2+r)\cos\varphi+R \tag{7-18}$$

$$y_p = -l_1\cos\theta_{22}\sin\theta_{12}-(l_2\cos\alpha_2+r)\sin\varphi \tag{7-19}$$

$$z_p = l_1\sin\theta_{22}+l_2\sin\alpha_2 \tag{7-20}$$

7.4.2 运动学逆解

如果并联机构运动平台的位姿已经给定，即运动平台的点 $P(x_p, y_p, z_p)$ 和转角 φ 是已知的，则求驱动关节变量 θ_{11}、θ_{21}、θ_{12} 和 θ_{22} 的值称为运动学逆解。与串联机构相比，并联机构运动学逆解计算要容易得多。因为 α_i 是被动关节角，所以对其求解后就可以得到 θ_{1i} 和 θ_{2i} 的解。为此，由式（7-15）和式（7-16）可得

$$x_p-(l_2\cos\alpha_1+r)\cos\varphi+R = l_1\cos\theta_{21}\cos\theta_{11} \tag{7-21}$$

$$y_p-(l_2\cos\alpha_1+r)\sin\varphi = l_1\cos\theta_{21}\sin\theta_{11} \tag{7-22}$$

将式（7-21）与式（7-22）的两边平方相加，得

$$(x_p-r\cos\varphi+R)^2+(y_p-r\sin\varphi)^2-2[(x_p-r\cos\varphi+R)\cos\varphi+(y_p-r\sin\varphi)\sin\varphi]$$

$$l_2\cos\alpha_1+l_2^2\cos^2\alpha_1=l_1^2\cos^2\theta_{21} \tag{7-23}$$

由式（7-17）可得

$$z_p-l_2\sin\alpha_1=l_1\sin\theta_{21} \tag{7-24}$$

将式（7-23）与式（7-24）的两边平方相加，得

$$A+B\sin\alpha_1+C\cos\alpha_1=0 \tag{7-25}$$

其中

$$A=(x_p-r\cos\varphi+R)^2+(y_p-r\sin\varphi)^2+z_p^2+l_2^2-l_1^2$$

$$B=-2z_pl_2$$

$$C=-2[(x_p-r\cos\varphi+R)\cos\varphi+(y_p-r\sin\varphi)\sin\varphi]l_2$$

将三角函数半角公式 $\sin\alpha_1=\dfrac{2t_1}{1+t_1^2}$ 和 $\cos\alpha_1=\dfrac{1-t_1^2}{1+t_1^2}$

（其中 $t_1=\tan\dfrac{\alpha_1}{2}$）代入式（7-25）中，得

$$(A-C)t_1^2+2Bt_1+A+C=0 \tag{7-26}$$

对式（7-26）求解得 t_1，从而可得

$$\alpha_1=2\arctan\frac{B\pm\sqrt{C^2-A^2+B^2}}{-A+C} \tag{7-27}$$

将式（7-27）代入到式（7-17）中，可以获得 θ_{21} 的精确解，然后，将 θ_{21} 值代入到式（7-15）或式（7-16）中可解得 θ_{11}。同理，也可以获得另一并联杆 θ_{12}、θ_{22} 的解。

7.4.3 运动学正解

对于并联机构运动学正解来说，已知驱动关节变量 θ_{11}、θ_{21}、θ_{12} 和 θ_{22} 的值，求运动平台的位姿，即求运动平台的点 $P(x_p, y_p, z_p)$ 和转角 φ。与串联机构相比，并联机构运动学正解计算要困难得多。为了完成并联机构运动学的正解计算，消去式（7-15）~式（7-20）中的 α_1 和 α_2 即可完成求解。

用式（7-18）的两边减去式（7-15）的两边，整理得

$$\cos\varphi=\frac{2R-l_1(\cos\theta_{21}\cos\theta_{11}+\cos\theta_{22}\cos\theta_{12})}{l_2(\cos\alpha_1+\cos\alpha_2)+2r} \tag{7-28}$$

用式（7-19）的两边减去式（7-16）的两边，整理得

$$\sin\varphi=-\frac{l_1(\cos\theta_{21}\sin\theta_{11}+\cos\theta_{22}\sin\theta_{12})}{l_2(\cos\alpha_1+\cos\alpha_2)+2r} \tag{7-29}$$

因为 α_1 和 α_2 是两个被动关节角，所以应将其从式（7-28）和式（7-29）中消去。为此，用式（7-29）的两边除以式（7-28）的两边，可得

$$\varphi = \arctan\frac{l_1(\cos\theta_{21}\sin\theta_{11}+\cos\theta_{22}\sin\theta_{12})}{l_1(\cos\theta_{21}\cos\theta_{11}+\cos\theta_{22}\cos\theta_{12})-2R} \tag{7-30}$$

用式（7-20）的两边减去式（7-17）的两边，可得

$$\sin\alpha_2 = -\frac{l_1}{l_2}(\sin\theta_{21}-\sin\theta_{22})+\sin\alpha_1 \tag{7-31}$$

用式（7-19）的两边减去式（7-16）的两边，可得

$$\cos\alpha_2 = -\frac{l_1}{l_2\sin\varphi}(\cos\theta_{21}\sin\theta_{11}+\cos\theta_{22}\sin\theta_{12})-\cos\alpha_1-\frac{2r}{l_2} \tag{7-32}$$

将式（7-31）与式（7-32）的两边平方相加，得

$$A_1+B_1\sin\alpha_1+C_1\cos\alpha_1=0 \tag{7-33}$$

其中

$$A_1 = \frac{l_1^2}{l_2^2}(\sin\theta_{21}-\sin\theta_{22})^2+\frac{1}{l_2^2}\left[\frac{l_1}{\sin\varphi}(\cos\theta_{21}\sin\theta_{11}+\cos\theta_{22}\sin\theta_{12})+2r\right]^2$$

$$B_1 = \frac{2l_1}{l_2}(\sin\theta_{21}-\sin\theta_{22})$$

$$C_1 = \frac{1}{l_2}\left[\frac{l_1}{\sin\varphi}(\cos\theta_{21}\sin\theta_{11}+\cos\theta_{22}\sin\theta_{12})+2r\right]$$

将三角函数半角公式 $\sin\alpha_1=\dfrac{2t_2}{1+t_2^2}$ 和 $\cos\alpha_1=\dfrac{1-t_2^2}{1+t_2^2}$（其中 $t_2=\tan\dfrac{\alpha_1}{2}$）代入式（7-33）中，得

$$(A_1-C_1)t_2^2+2B_1t_2+A_1+C_2=0 \tag{7-34}$$

对式（7-34）求解得 t_2，从而可得

$$\alpha_1 = 2\arctan\frac{B_1\pm\sqrt{C_1^2-A_1^2+B_1^2}}{-A_1+C_1} \tag{7-35}$$

将式（7-30）和式（7-35）代入到式（7-15）~式（7-17）中，可以解得 x_p、y_p 和 z_p。

7.5 并联机构的动力学分析

1. 拉格朗日动力学方程

对于相对简单的一些并联机构的逆动力学问题可以应用拉格朗日动力学方程来求解。拉格朗日动力学方程可表示为

$$\frac{\mathrm{d}}{\mathrm{d}t}\left(\frac{\partial L}{\partial\dot{q}_j}\right)-\frac{\partial L}{\partial q_j}=Q_j+\sum_{i=1}^{k}\lambda_i\frac{\partial\varGamma_i}{\partial q_j},\ j=1,2,\cdots,n \tag{7-36}$$

式中，$\varGamma_i$ 表示第 i 个限制函数；k 为限制函数的数量；λ_i 为拉格朗日乘数。大于自由度数的坐标未知数用 k 表示。将拉格朗日动力学方程分为两组更有利于方程的求解。第一组方程里拉格朗日乘数是唯一的未知量，由驱动关节产生的力作为附加的未知量被包含在另一组方程里。前 k 个方程对应多余的坐标未知数，其余的 $n-k$ 个方程对应驱动关节的变量。那么，第

一组方程可写成

$$\sum_{i=1}^{k} \lambda_i \frac{\partial \Gamma_i}{\partial q_j} = \frac{\mathrm{d}}{\mathrm{d}t}\left(\frac{\partial L}{\partial \dot{q}_j}\right) - \frac{\partial L}{\partial q_j} - Q_j \tag{7-37}$$

式中，Q_j 表示在外载荷作用下产生的力。对于逆动力学分析来说，Q_j 是已知量，因此式（7-37）的右侧均为已知量。对应每个多余的坐标未知数可以获得 k 个线性方程组，从而可获得 k 个拉格朗日乘数。

一旦获得拉格朗日乘数，驱动力矩或力可以直接从余下的方程中求得。第二组方程可写成

$$Q_j = \frac{\mathrm{d}}{\mathrm{d}t}\left(\frac{\partial L}{\partial \dot{q}_j}\right) - \frac{\partial L}{\partial q_j} - \sum_{i=1}^{k} \lambda_i \frac{\partial \Gamma_i}{\partial q_j}, \quad j = k+1, \cdots, n \tag{7-38}$$

式中，Q_j 表示驱动力或转矩。

2. 并联机构动力学分析实例

以图 7-9 所示的三并联机器人为例进行动力学分析。建立的坐标系、杆长和机器人的关节角可参见图 7-4。在该并联机器人中，θ_{11}、θ_{12} 和 θ_{13} 是驱动关节角。

理论上，由于这是一个三自由度机器人，所以用 3 个坐标变量即可完成动力学分析。因为这个机器人运动学的复杂性将使拉格朗日函数也表现得很复杂，所以引入 3 个附加的坐标变量 p_x、p_y 和 p_z 来进行拉格朗日动力学方程计算，于是有 θ_{11}、θ_{12}、θ_{13}、p_x、p_y 和 p_z 共 6 个坐标变量。式（7-36）就可表示为包含 6 个变量的 6 个方程。6 个变量有 3 个 λ_i（$i=1$，2，3）和 3 个驱动转矩 Q_j（$j=4$，5，6）。注意，Q_i（$i=1$，2，3）表示外力作用在运动平台点 P 上在 x、y 和 z 方向的 3 个分量。

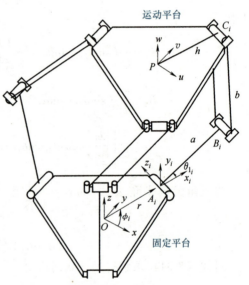

图 7-9 三并联机器人

这个公式需要 3 个限制函数 Γ_i（$i=1$，2，3）。由于关节 B 与 C 的距离总是等于上连杆 b 的长度，所以

$$\Gamma_i = \overline{B_i C_i}^2 - b^2$$
$$= (p_x + h\cos\varphi_i - r\cos\varphi_i - a\cos\varphi_i\cos\theta_{1i})^2 + (p_y + h\sin\varphi_i - r\sin\varphi_i - a\sin\varphi_i\cos\theta_{1i})^2 + (p_z - a\sin\theta_{1i})^2 - b^2$$
$$= 0 \tag{7-39}$$

为了简化分析，假设每个上连杆 b 的质量 m_b 平均集中在杆的两个端点 B_i、C_i。机器人的总动能为

$$K = K_p + \sum_{i=1}^{3}(K_{ai} + K_{bi}) \tag{7-40}$$

式中，K_p 为运动平台的动能；K_{ai} 为输入杆和臂 i 上转子的动能；K_{bi} 为臂 i 的两个连杆的动能。

简化后得

$$K_p = \frac{1}{2} m_p (\dot{p}_x^2 + \dot{p}_y^2 + \dot{p}_z^2)$$

$$K_{ai} = \frac{1}{2} \left(I_m + \frac{1}{3} m_a a^2 \right) \dot{\theta}_{1i}^2 \tag{7-41}$$

$$K_{bi} = \frac{1}{2} m_b (\dot{p}_x^2 + \dot{p}_y^2 + \dot{p}_z^2) + \frac{1}{2} m_b a^2 \dot{\theta}_{1i}^2$$

式中，m_p 为运动平台的质量；m_a 为输入杆的质量；m_b 为两个连杆中一个连杆的质量；I_m 为安装在第 i 杆上转子的惯性矩。

假设重力加速度的方向是 z 轴的反方向，机器人相对 xy 固定平面的总势能为

$$U = U_p + \sum_{i=1}^{3} (U_{ai} + U_{bi}) \tag{7-42}$$

式中，U_p 为运动平台的势能；U_{ai} 为在杆 i 上输入杆的势能；U_{bi} 为第 i 杆上两个连杆的势能。

简化后得

$$\begin{cases} U_p = m_p g_c p_z \\ U_{ai} = \dfrac{1}{2} m_a g_c a \sin\theta_{1i} \\ U_{bi} = m_b g_c (p_z + a \sin\theta_{1i}) \end{cases} \tag{7-43}$$

因此，拉格朗日函数为

$$L = \frac{1}{2} (m_p + 3m_b) \ m_p \ (\dot{p}_x^2 + \dot{p}_y^2 + \dot{p}_z^2)$$

$$+ \frac{1}{2} \left(I_m + \frac{1}{3} m_a a^2 + m_b a^2 \right) \ (\dot{\theta}_{11}^2 + \dot{\theta}_{12}^2 + \dot{\theta}_{13}^2) \ - \ (m_p + 3m_b) \ g_c p_z$$

$$- \left(\frac{1}{3} m_a + m_b \right) g_c a \ (\sin\theta_{11} + \sin\theta_{12} + \sin\theta_{13}) \tag{7-44}$$

相对 6 个坐标变量对拉格朗日函数求导，得

$$\frac{\mathrm{d}}{\mathrm{d}t} \left(\frac{\partial L}{\partial \dot{p}_x} \right) = (m_p + 3m_b) \ddot{p}_x, \quad \frac{\partial L}{\partial p_x} = 0$$

$$\frac{\mathrm{d}}{\mathrm{d}t} \left(\frac{\partial L}{\partial \dot{p}_y} \right) = (m_p + 3m_b) \ddot{p}_y, \quad \frac{\partial L}{\partial p_y} = 0$$

$$\frac{\mathrm{d}}{\mathrm{d}t} \left(\frac{\partial L}{\partial \dot{p}_z} \right) = (m_p + 3m_b) \ddot{p}_z, \quad \frac{\partial L}{\partial p_z} = -(m_p + 3m_b) g_c$$

$$\frac{\mathrm{d}}{\mathrm{d}t} \left(\frac{\partial L}{\partial \dot{\theta}_{11}} \right) = \left(I_m + \frac{1}{3} m_a a^2 + m_b a^2 \right) \ddot{\theta}_{11}, \quad \frac{\partial L}{\partial \theta_{11}} = -\left(\frac{1}{2} m_a + m_b \right) g_c a \cos\theta_{11}$$

$$\frac{\mathrm{d}}{\mathrm{d}t} \left(\frac{\partial L}{\partial \dot{\theta}_{12}} \right) = \left(I_m + \frac{1}{3} m_a a^2 + m_b a^2 \right) \ddot{\theta}_{12}, \quad \frac{\partial L}{\partial \theta_{12}} = -\left(\frac{1}{2} m_a + m_b \right) g_c a \cos\theta_{12}$$

$$\frac{\mathrm{d}}{\mathrm{d}t} \left(\frac{\partial L}{\partial \dot{\theta}_{13}} \right) = \left(I_m + \frac{1}{3} m_a a^2 + m_b a^2 \right) \ddot{\theta}_{13}, \quad \frac{\partial L}{\partial \theta_{13}} = -\left(\frac{1}{2} m_a + m_b \right) g_c a \cos\theta_{13}$$

相对 6 个坐标变量对限制函数 Γ_i 求偏导，得

$$\frac{\partial \Gamma_i}{\partial p_x} = 2(p_x + h\cos\varphi_i - r\cos\varphi_i - a\cos\varphi_i\cos\theta_{1i}), \quad i = 1, 2, 3$$

$$\frac{\partial \Gamma_i}{\partial p_y} = 2(p_y + h\sin\varphi_i - r\sin\varphi_i - a\sin\varphi_i\cos\theta_{1i}), \quad i = 1, 2, 3$$

$$\frac{\partial \Gamma_i}{\partial p_z} = 2(p_z - a\sin\theta_{1i}), \quad i = 1, 2, 3$$

$$\frac{\partial \Gamma_1}{\partial \theta_{11}} = 2a\left[(p_x\cos\varphi_1 + p_y\sin\varphi_i + h - r)\sin\theta_{11} - p_z\cos\theta_{11}\right]$$

$$\frac{\partial \Gamma_i}{\partial \theta_{11}} = 0, \quad i = 2, 3$$

$$\frac{\partial \Gamma_i}{\partial \theta_{12}} = 0, \quad i = 1, 3$$

$$\frac{\partial \Gamma_2}{\partial \theta_{12}} = 2a\left[(p_x\cos\varphi_2 + p_y\sin\varphi_2 + h - r)\sin\theta_{12} - p_z\cos\theta_{12}\right]$$

$$\frac{\partial \Gamma_i}{\partial \theta_{13}} = 0, \quad i = 1, 2$$

$$\frac{\partial \Gamma_3}{\partial \theta_{13}} = 2a\left[(p_x\cos\varphi_3 + p_y\sin\varphi_3 + h - r)\sin\theta_{13} - p_z\cos\theta_{13}\right]$$

将上面的导数方程代入到式 (7-37) 和式 (7-38) 中，可以得到 $j=1$，2，3 时的动力学方程

$$2\sum_{i=1}^{3}\lambda_i(p_x + h\cos\varphi_i - r\cos\varphi_i - a\cos\varphi_i\cos\theta_{1i}) = (m_p + 3m_b)\ddot{p}_x - f_{px}, \tag{7-45}$$

$$2\sum_{i=1}^{3}\lambda_i(p_y + h\sin\varphi_i - r\sin\varphi_i - a\sin\varphi_i\cos\theta_{1i}) = (m_p + 3m_b)\ddot{p}_y - f_{py}, \tag{7-46}$$

$$2\sum_{i=1}^{3}\lambda_i(p_z - a\sin\theta_{1i}) = (m_p + 3m_b)\ddot{p}_z + (m_p + 3m_b)g_c - f_{pz}, \tag{7-47}$$

式中，f_{px}、f_{py} 和 f_{pz} 为施加在运动平台上的外力在 x、y 和 z 方向的分量。

$j=4$，5，6 时，可得

$$\tau_1 = \left(I_m + \frac{1}{3}m_a a^2 + m_b a^2\right)\ddot{\theta}_{11} + \left(\frac{1}{2}m_a + m_b\right)g_c a\cos\theta_{11}$$
$$- 2a\lambda_1\left[(p_x\cos\varphi_1 + p_y\sin\varphi_1 + h - r)\sin\theta_{11} - p_z\cos\theta_{11}\right] \tag{7-48}$$

$$\tau_2 = \left(I_m + \frac{1}{3}m_a a^2 + m_b a^2\right)\ddot{\theta}_{12} + \left(\frac{1}{2}m_a + m_b\right)g_c a\cos\theta_{12}$$
$$- 2a\lambda_2\left[(p_x\cos\varphi_2 + p_y\sin\varphi_2 + h - r)\sin\theta_{12} - p_z\cos\theta_{12}\right] \tag{7-49}$$

$$\tau_3 = \left(I_m + \frac{1}{3}m_a a^2 + m_b a^2\right)\ddot{\theta}_{13} + \left(\frac{1}{2}m_a + m_b\right)g_c a\cos\theta_{13}$$
$$- 2a\lambda_3\left[(p_x\cos\varphi_3 + p_y\sin\varphi_3 + h - r)\sin\theta_{13} - p_z\cos\theta_{13}\right] \tag{7-50}$$

从式（7-45）~式（7-47）这 3 个线性方程中，可以求解到 3 个未知的拉格朗日乘数。然后，驱动转矩可以从式（7-48）~式（7-50）这 3 个线性方程中解得。这两组共 6 个方程式可用于对该机器人进行实时控制。

7.6　并联机构的应用

　　典型并联机器人见表 7-1。

表 7-1　典型并联机器人

分类	说明	图示
三自由度并联机器人	Delta 并联机器人。通过顶部的 3 个转动副驱动 3 个臂，从而驱动运动平台	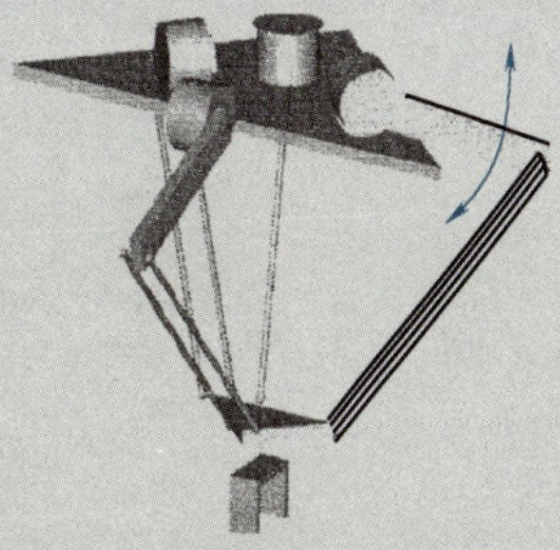
	Star 并联机器人。在底部，通过 3 个电动机带动 3 个丝杠驱动 3 个平行四边形机构运动	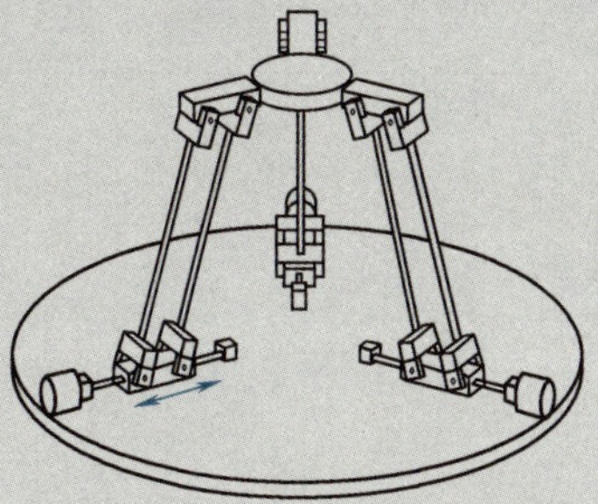
	3-UPU 并联机器人。由于驱动轴的两端均采用万向联轴器，该并联机器人通过控制万向联轴器的轴使运动平台只能平移	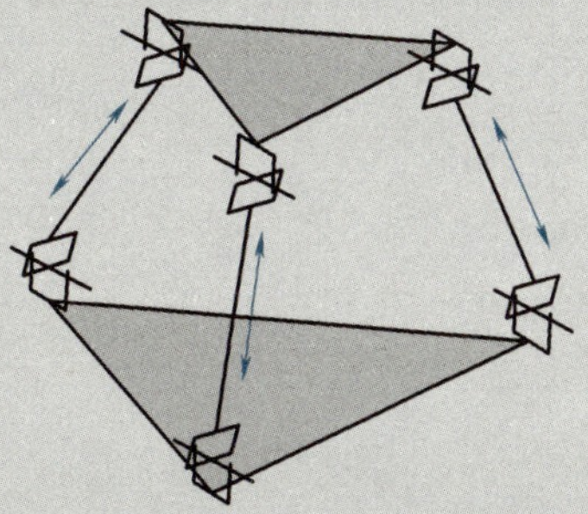
	机器人三个垂直运动的轴驱动运动平台的运动	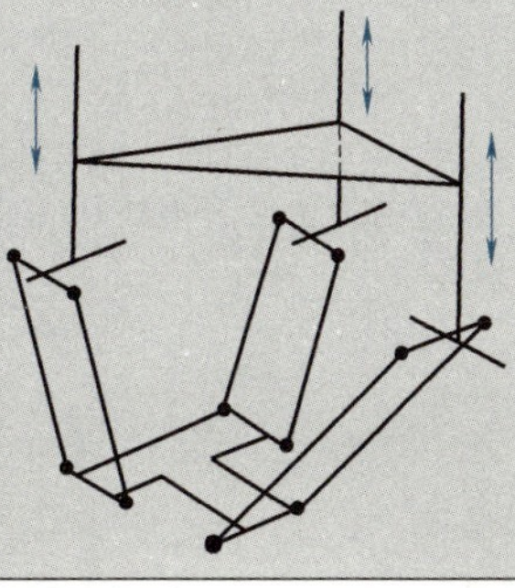

（续）

分类	说明	图示
三自由度并联机器人	H 型机器人。3 个平行的轴驱动 3 个平行四边形机构，使运动平台获得确切的运动	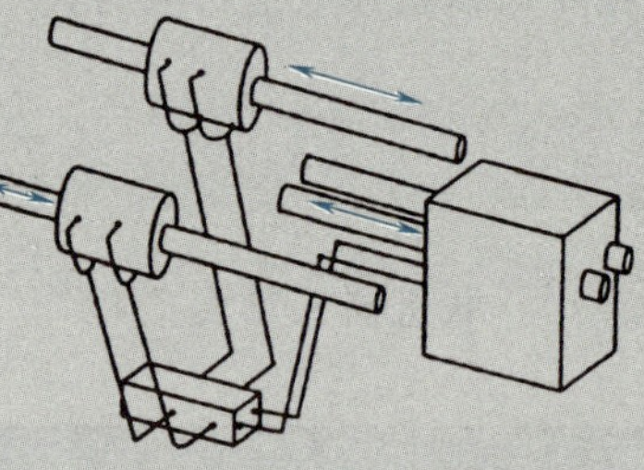
	Prism 机器人。3 个杆的伸缩驱动运动平台上的万向联轴器机构，使运动平台获得确切的运动	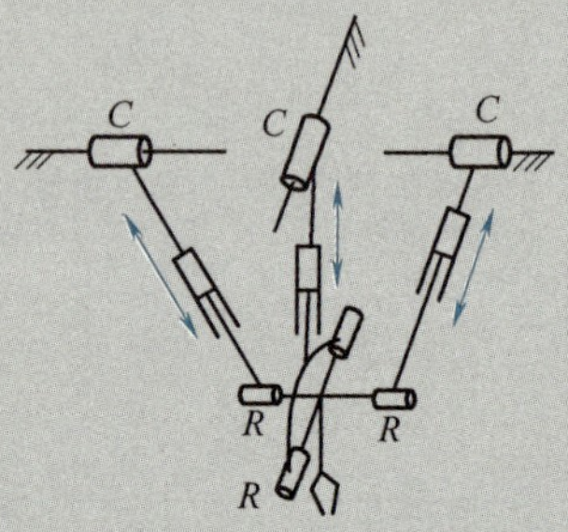
	Neumann 型并联机器人。3 个与万向联轴器相连的伸缩轴驱动运动平台获得确切的运动	
	UPS 型并联机器人。R、V 的转换移动使运动平台获得两个姿态自由度，同时绕 OG 的转动使最上面的 S 平台实现旋转运动	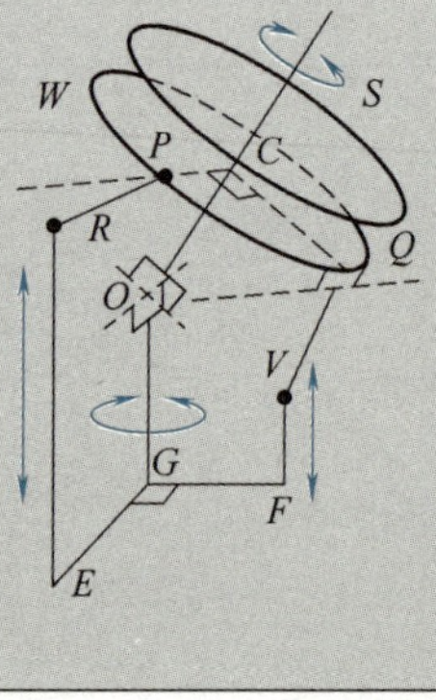

（续）

分类	说明	图示
三自由度并联机器人	三并联腕关节机构,这些机构均靠转动实现驱动,且所有关节的轴线相交于一点	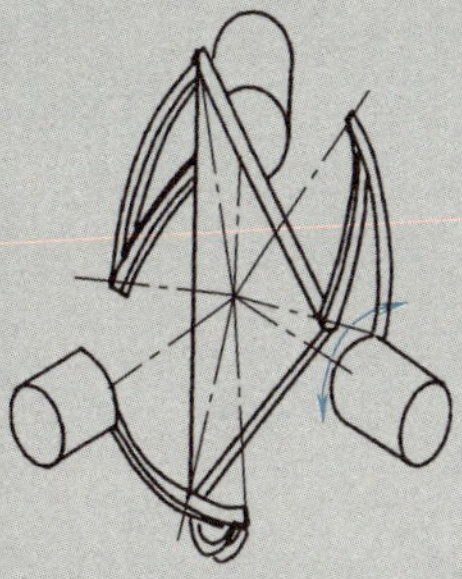 a) 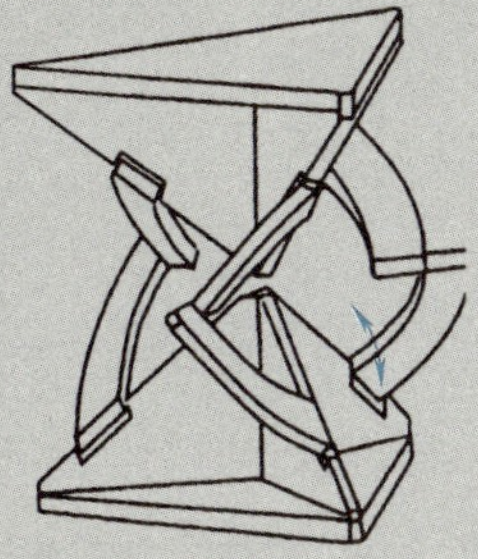 b) 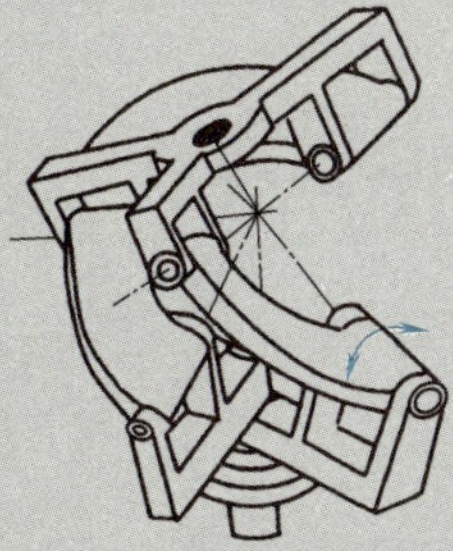 c)
	图 a 中,3 个与固定平台相连的转动关节呈 120°角,3 个球关节与运动平台相连;在图 b 和图 c 中,两个并联机器人的结构与图 a 中的机器人类似	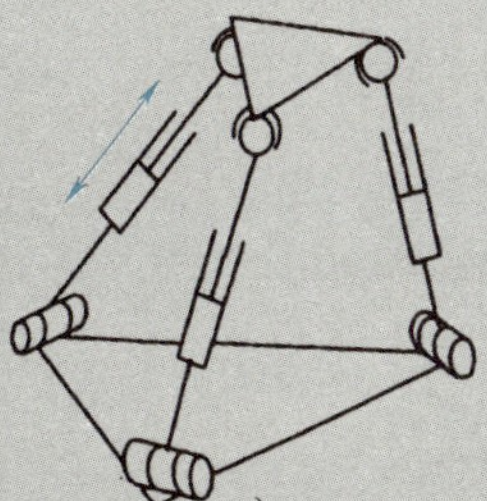 a)

（续）

分类	说明	图示
三自由度并联机器人	图 a 中,3 个与固定平台相连的转动关节呈 120°角,3 个球关节与运动平台相连;在图 b 和图 c 中,两个并联机器人的结构与图 a 中的机器人类似	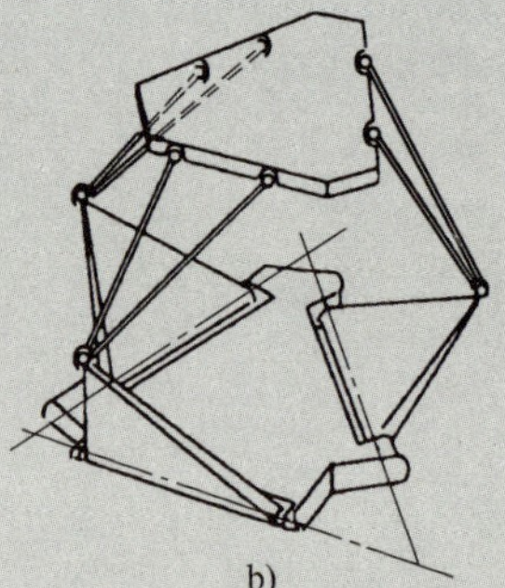 b) 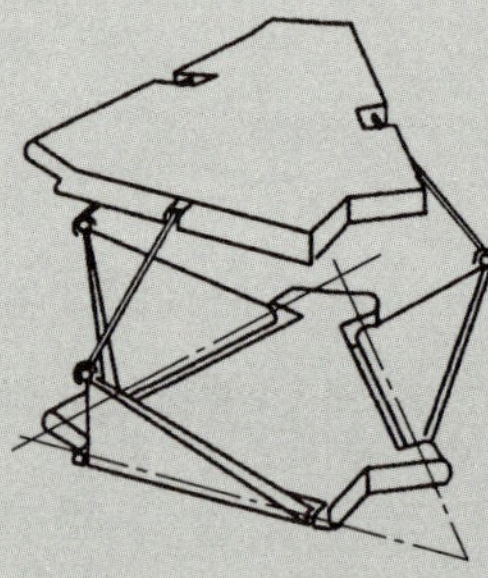 c)
	Mips 型并联机器人。与固定平台相连的驱动轴沿垂直方向移动,运动平台与固定杆长的杆相连	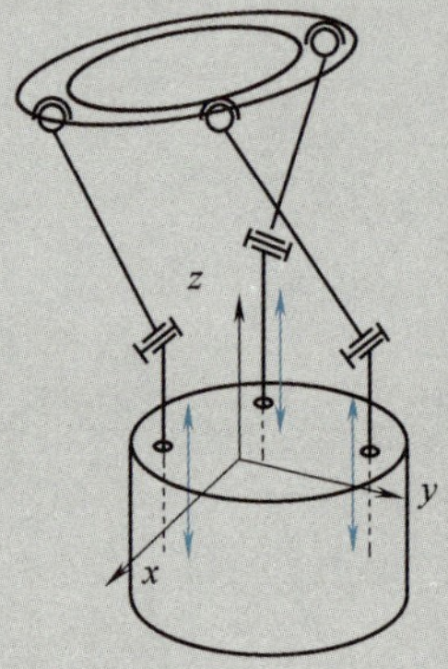
	三自由度线型并联机器人。末端执行器的位姿靠 3 根并联绳的卷曲来确定	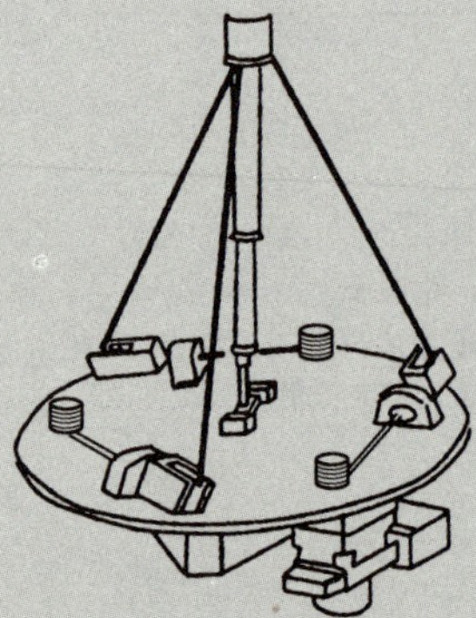

（续）

分类	说明	图示
三自由度并联机器人	图 a 为 CaPaMan 并联机器人,在每个支链中由一个平行四边形机构实现驱动;图 b 中的并联机器人结构与图 a 中的类似	a) b)
	带有限制结构的三自由度并联机器人。在图 a 中,运动平台的摆动靠 2 个直线驱动完成,而绕运动平台法线方向的转动由中心轴实现;在图 b 中,运动平台的倾斜靠 3 个直线驱动完成,而运动平台与固定平台的距离靠与运动平台中心相连的杆的滑移来实现;在图 c 中,中间的 OT 杆在点 O 通过万向联轴器与运动平台相连,OT 杆可伸缩,但不能扭转,从而限制了运动平台的扭转	a) b)

（续）

分类	说明	图示
三自由度并联机器人	带有限制结构的三自由度并联机器人。在图 a 中，运动平台的摆动靠 2 个直线驱动完成，而绕运动平台法线方向的转动由中心轴实现；在图 b 中，运动平台的倾斜靠 3 个直线驱动完成，而运动平台与固定平台的距离靠与运动平台中心相连的杆的滑移来实现；在图 c 中，中间的 OT 杆在点 O 通过万向联轴器与运动平台相连，OT 杆可伸缩，但不能扭转，从而限制了运动平台的扭转	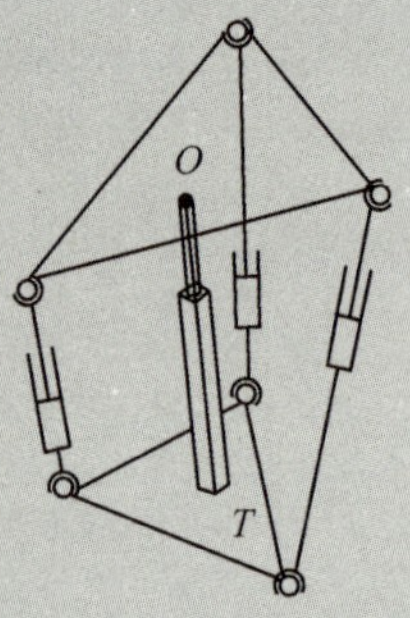 c)
四自由度并联机器人	带有限制结构的四自由度并联机器人。在图 a 中，运动平台可以实现 3 个方向的转动自由度和垂直方向的移动自由度；图 b 中的机器人与图 a 中机器人的传动结构类似	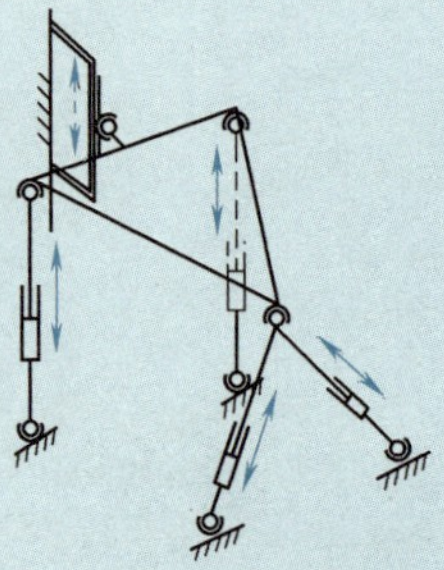 a) 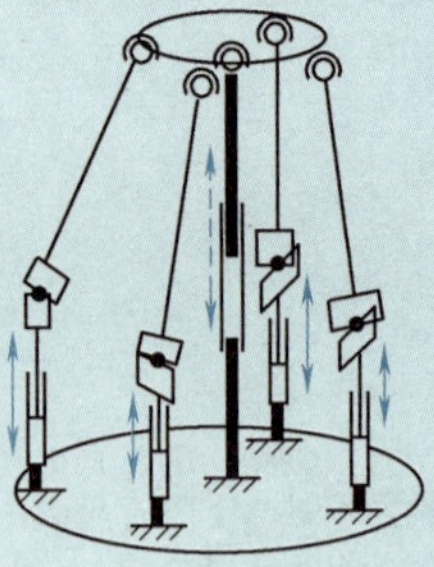 b)
	Clavel 的四自由度并联机器人。该并联机器人利用各种各样的平台配置获得 3 个平移和 1 个旋转共 4 个自由度	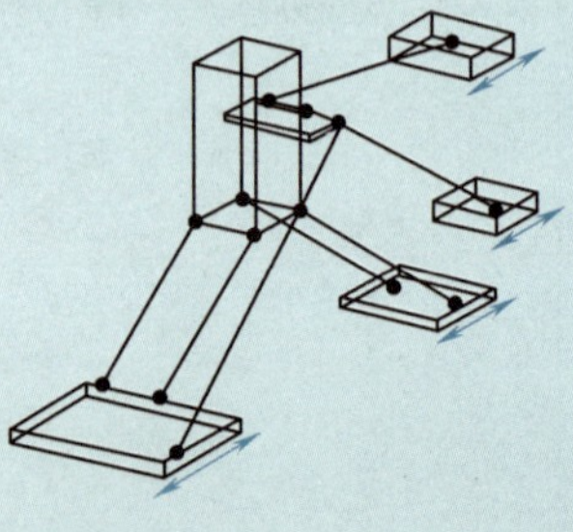

（续）

分类	说明	图示
四自由度并联机器人	Pierrot 的四自由度并联机器人	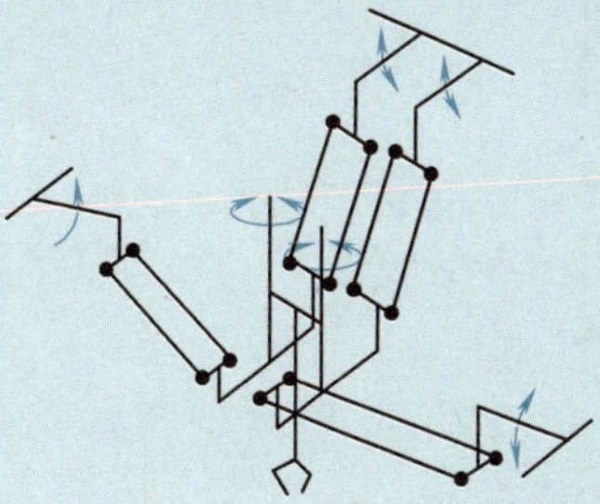
	Hayward 型冗余并联机器人。冗余性可以减少驱动力，并回避奇异点	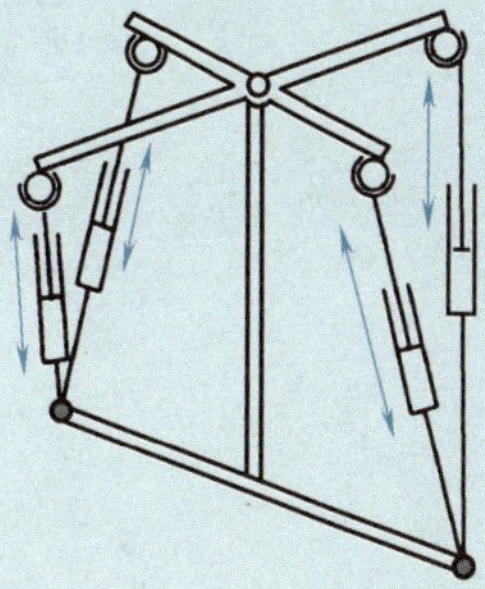
五自由度并联机器人	图 a 和图 b 中并联机器人中间长杆的作用是限制绕平台法线的旋转；图 c 中一个杆约束平台的一个旋转自由度	a) b)

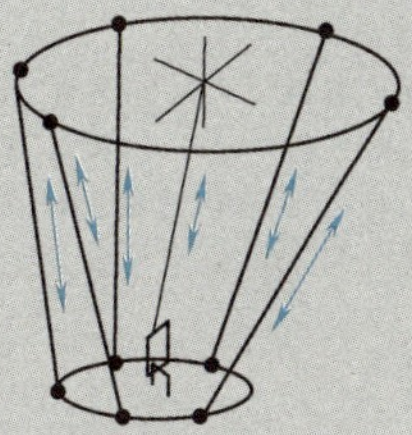

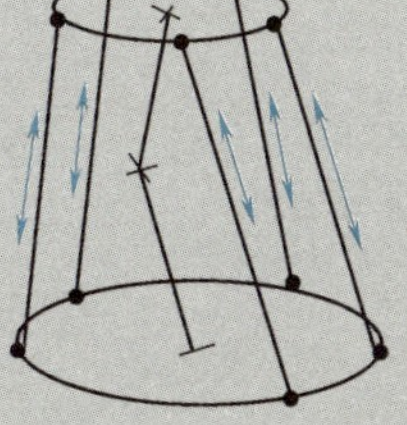

（续）

分类	说明	图示
五自由度并联机器人	图 a 和图 b 中并联机器人中间长杆的作用是限制绕平台法线的旋转;图 c 中一个杆约束平台的一个旋转自由度	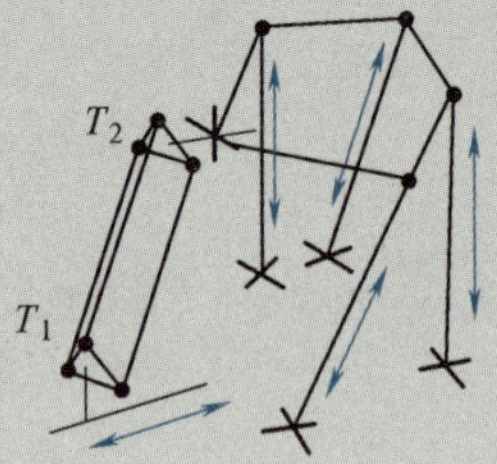 c)
	图 a 中机器人的第 6 个自由度由另一个机构产生;图 b 中机器人的 5 个自由度为绕点 O 的 3 个旋转、点 O 的高度及点 O 与末端执行器的距离 r;图 c 为一个混合构型五自由度机器人	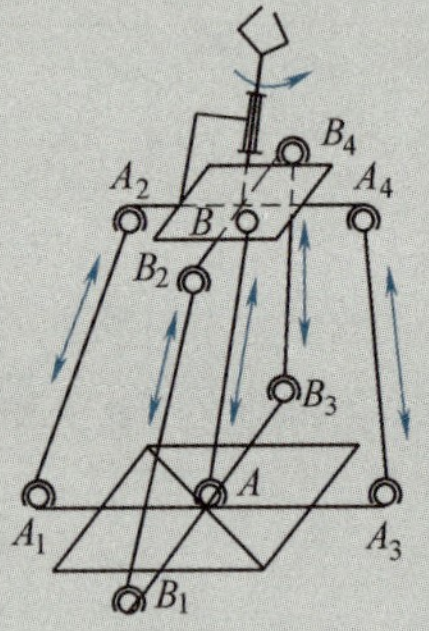 a) 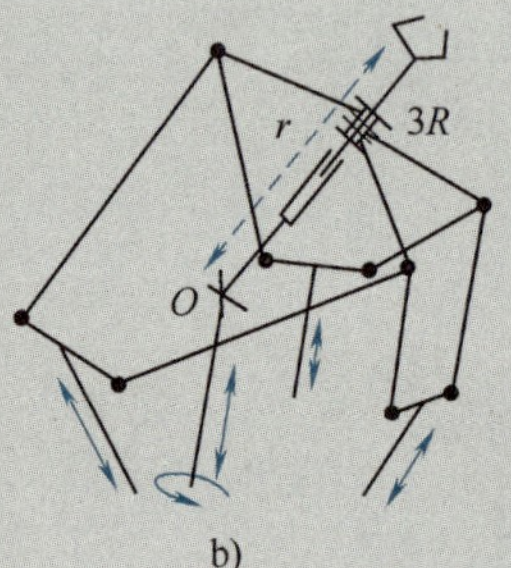 b) 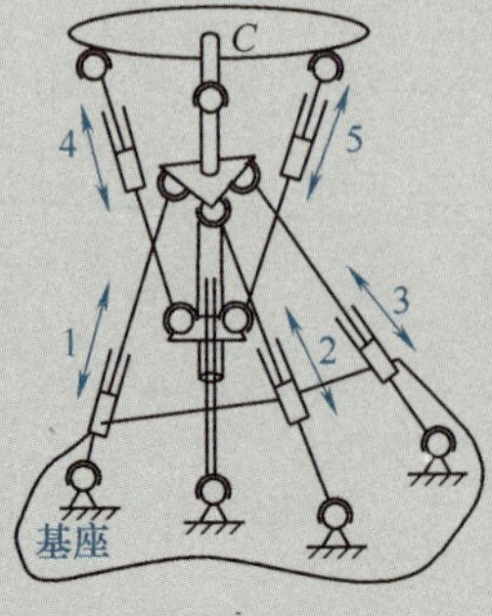 c)

（续）

分类	说明	图示
	Griffis 型六自由度并联机器人。运动平台的位姿由 6 根杆的伸缩来确定	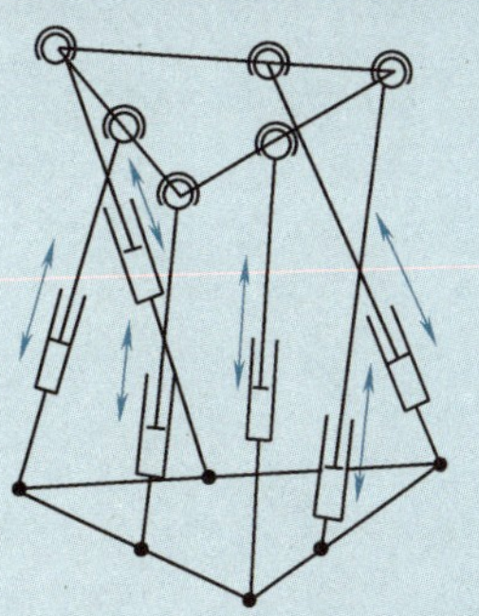
	Tetrabot 型六自由度并联机器人。3 个转动自由度由 Neumann 机构来完成，而姿态的 3 个自由度由普通腕关节实现	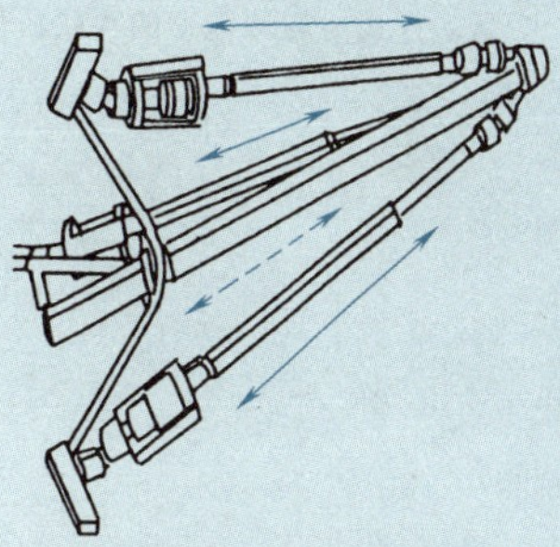
六自由度并联机器人	Falcon 六自由度线型并联机器人。运动平台的位姿由 6 根绳的拉伸来确定	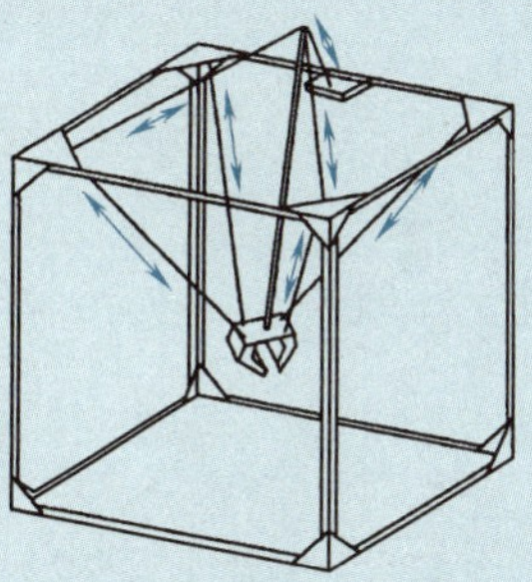
	Nabla 型六自由度并联机器人。里面的 3 根杆控制点 B 的位置，外面的 3 根杆控制运动平台的姿态	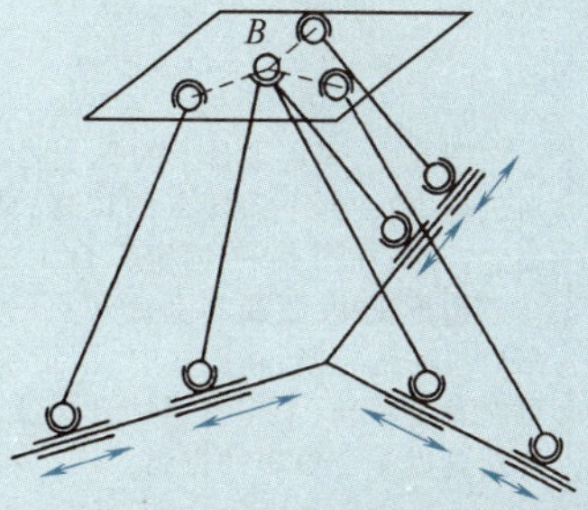
	Hexaglide 型六自由度并联机器人。6 根定长的杆在固定平台上被 6 个并联的驱动器在水平方向上驱动	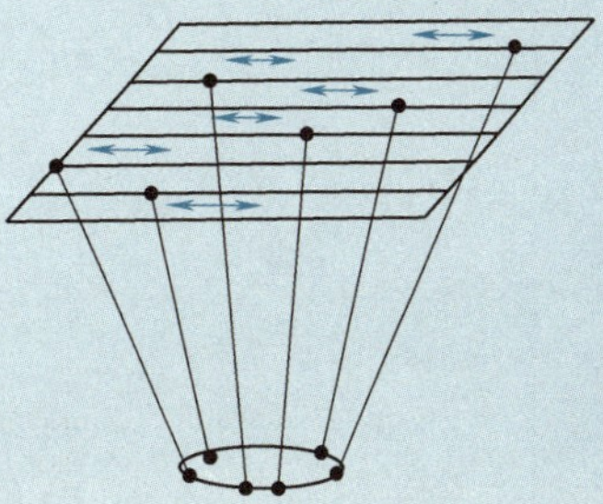

243

（续）

分类	说明	图示
	驱动方式为旋转运动的并联机器人	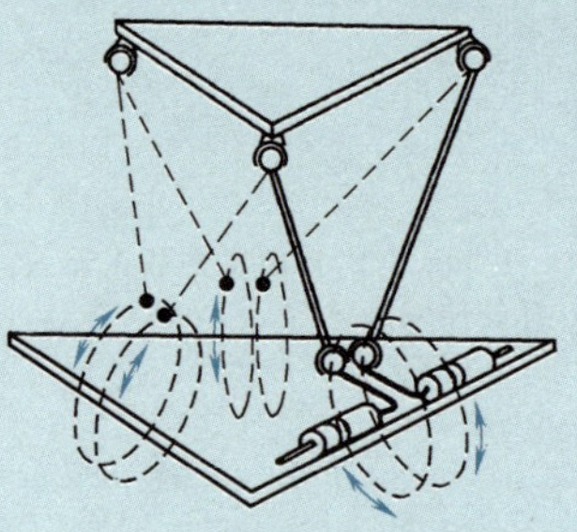 a) 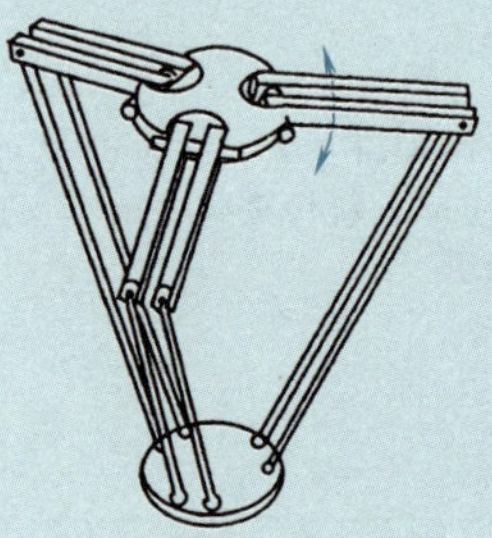 b)
六自由度并联机器人	在图 a 中,固定平台上的每个驱动器驱动一个平行四边形机构,改变其上铰接点的位置,从而实现对运动平台位姿的控制;在图 b 中,固定平台上的每两个驱动器驱动一个五边形机构,改变其上铰接点的位置,从而实现对运动平台位姿的控制;在图 c 中,固定平台为一圆环,3 个支架可在其上滑动,工作时驱动 3 个支架及杆的伸缩,即可实现对运动平台位姿的控制	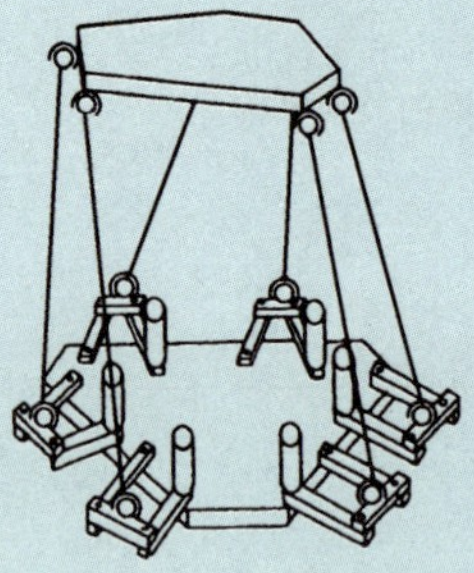 a) 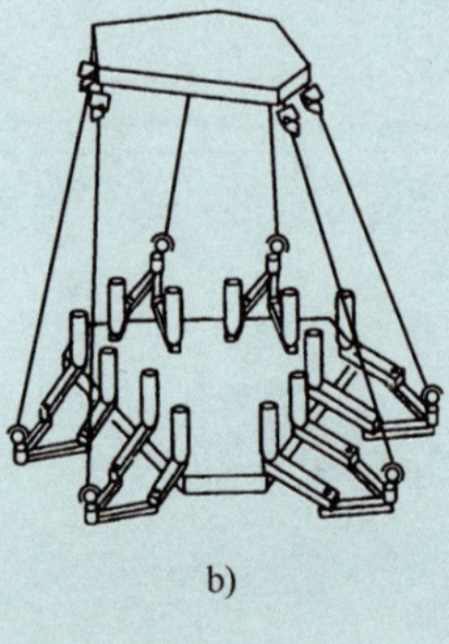 b)

（续）

分类	说明	图示
六自由度并联机器人	在图 a 中,固定平台上的每个驱动器驱动一个平行四边形机构,改变其上铰接点的位置,从而实现对运动平台位姿的控制;在图 b 中,固定平台上的每两个驱动器驱动一个五边形机构,改变其上铰接点的位置,从而实现对运动平台位姿的控制;在图 c 中,固定平台为一圆环,3 个支架可在其上滑动,工作时驱动 3 个支架及杆的伸缩,即可实现对运动平台位姿的控制	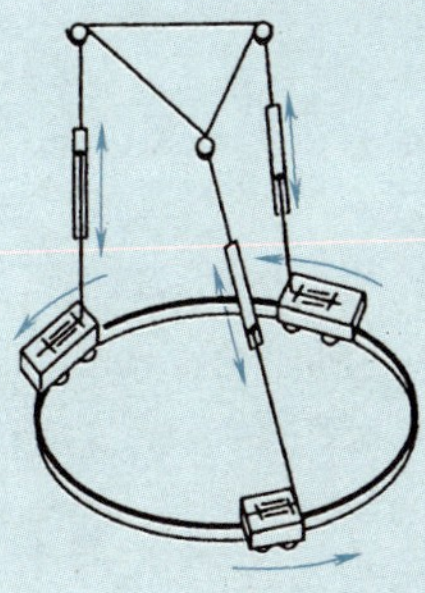 c)
	双驱动并联机器人。在图 a 中,2 个驱动由转动和直线移动来实现;在图 b 中,2 个驱动均由直线移动来实现	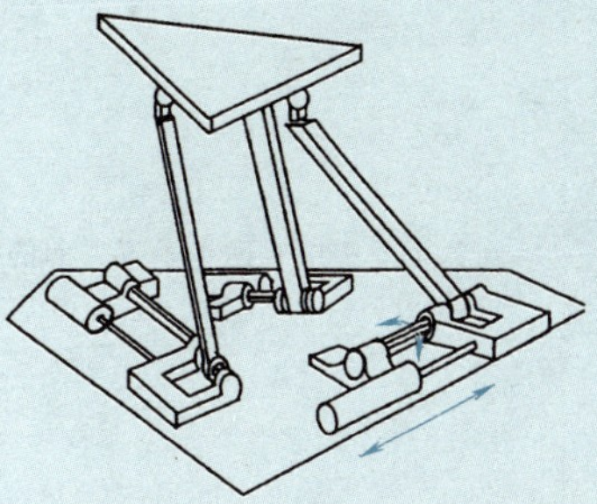 a) 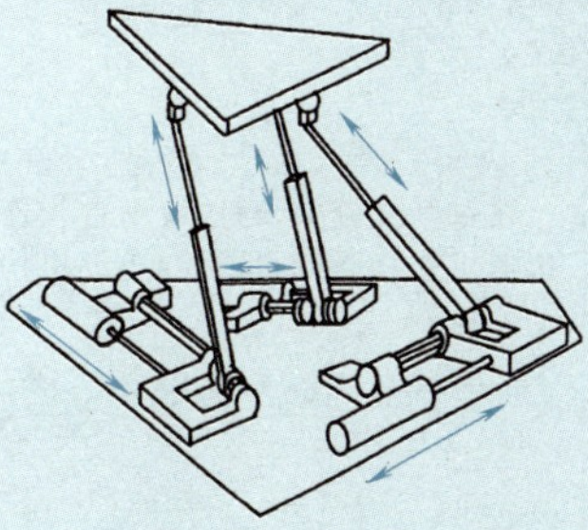 b)
	与固定平面相连的每个支架均有 2 个自由度,支架通过球铰与定长的杆相连	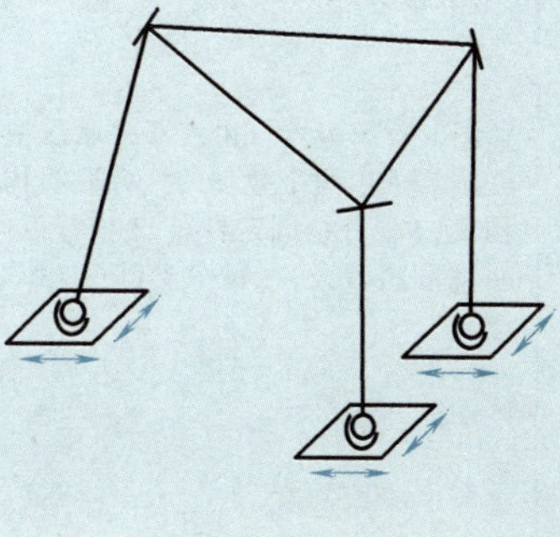

（续）

分类	说明	图示
六自由度并联机器人	与固定平面相连的每个支架可以沿圆环滑动，而支架上与定长杆相连的转动副还可在垂直方向上实现滑动	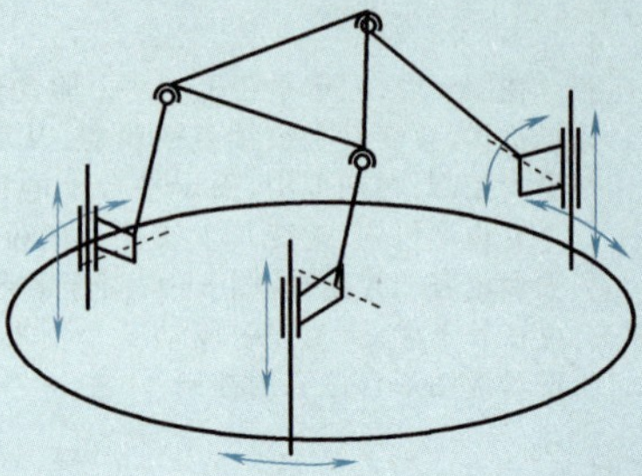
	在每个支链中有两个垂直方向的驱动，它们确定了运动平台的位姿	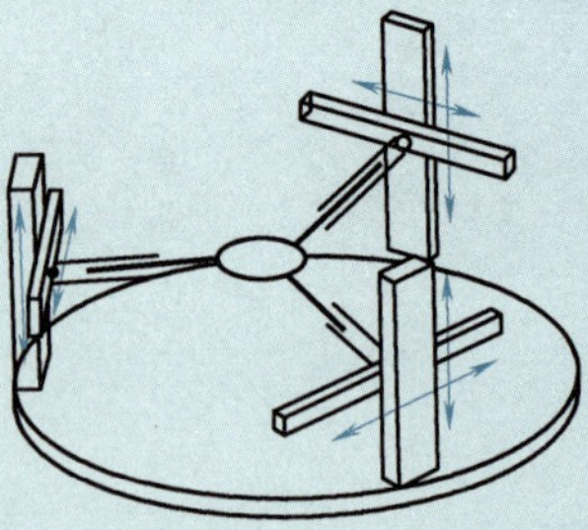
	在每个支链中，与固定平台相连的转动副和一个平行四边形机构相连，而平行四边形机构的2个边分别被2个驱动器控制	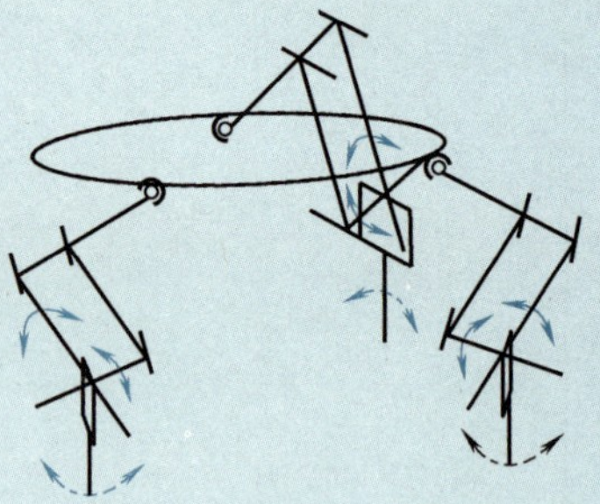
	图 a 所示为六自由度双并联线型机器人；图 b 所示的并联机器人由两个叠加的六并联机构组成，在每个六并联机构中，3 根杆是固定杆长，3 根杆可伸缩；图 c 所示为 Smart-ee 并联机器人，在每个支链中，由差分机构控制杆的 2 个运动	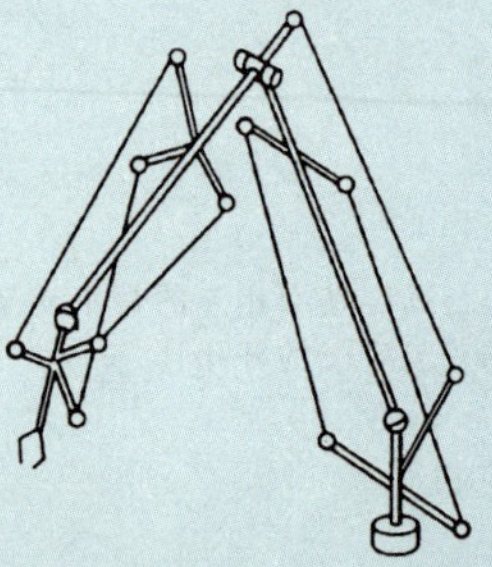 a)

（续）

分类	说明	图示
六自由度并联机器人	图 a 所示为六自由度双并联线型机器人；图 b 所示的并联机器人由两个叠加的六并联机构组成，在每个六并联机构中，3 根杆是固定杆长，3 根杆可伸缩；图 c 所示为 Smart-ee 并联机器人，在每个支链中，由差分机构控制杆的 2 个运动	b) c)
	Limbro 型并联机器人。6 根直线驱动器的一端与固定平面相连，与球铰相连的另一端通过滑动副与运动平面相连。该机器人可以在每个方向上保持刚度一致性	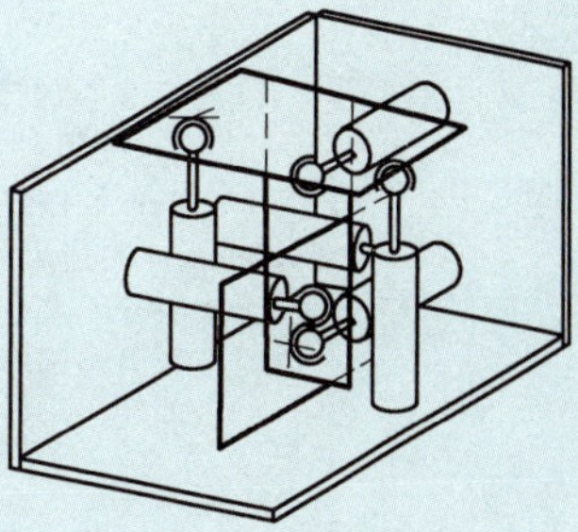
	冗余度三杆双并联机器人。两组支链中的 6 根直线驱动器使点 P_1 和点 P_2 在空间具有确切的位置，另一个机构控制机器人终端执行器的转动	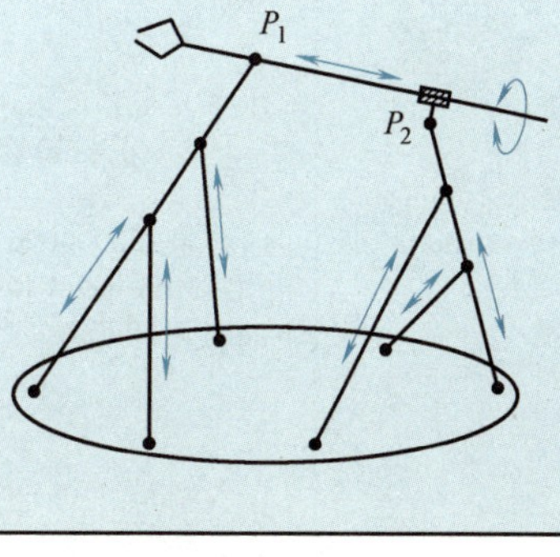 P_1　P_2

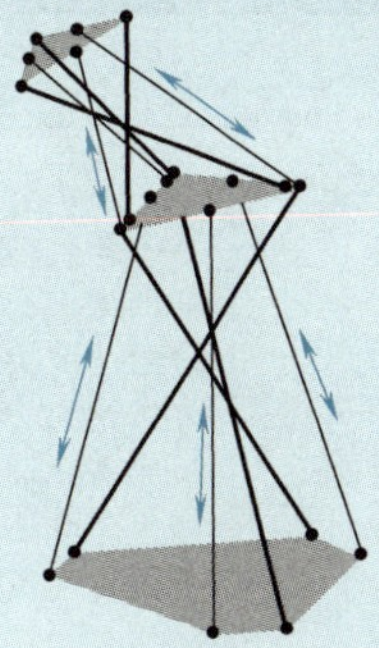

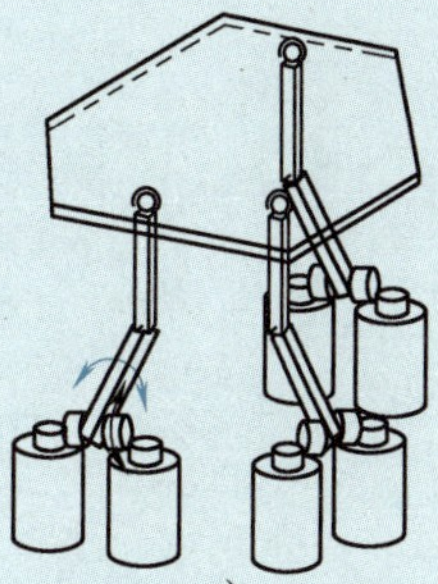

典型并联机床见表7-2。

表 7-2　典型并联机床

名称	说明	图示
美国 Giddings & Lewis 公司的 Variax	由6根两两相互交叉的并联杆组成的铣削加工中心。体积精度为 $11\mu m$，最大横向进给速度为 66m/min，最大加速度为 $1g$，最大进给力为 31kN，主轴转速为 24000r/min。机床占地面积为 7800mm ×8180mm，工作空间为 700mm×700mm×750mm。该加工中心现放置在英国诺丁汉大学用于实验研究	
俄罗斯 Lapik 公司的 КИМ-750	在固定的上平台和运动的下平台之间安装有6根激光干涉测量尺，对伸缩杆的位移进行测量，并实时反馈，工作精度可达 $\pm(0.001\sim0.002)$mm。工作空间为 750mm×550mm×450mm。该机床已应用于苏27战斗机生产线。北京工业大学购置了一台用于实验研究	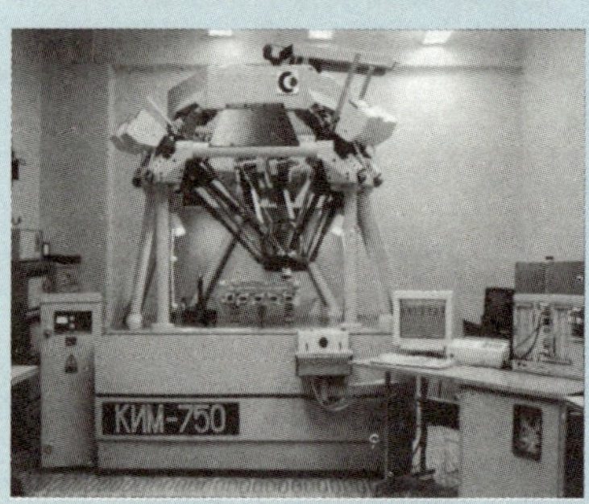
美国 Ingersoll 公司的 VOH 1000 型立式加工中心	该加工中心的闭环刚度是传统机床的5倍，进给速度可达 30m/min，加工精度一般为 $2\sim5\mu m$，工作空间为 1000mm×1000mm×1200mm。制造出的两台 VOH 1000 型立式加工中心分别交付给美国国家标准与技术研究院和美国国家宇航局进行实验研究	
瑞典 Neos Robotics 公司生产的 Tricept 845	体积定位精度达到 $\pm50\mu m$，重复定位精度达 $\pm10\mu m$，其进给速度可达 90m/min，加速度已达 $2g$，主轴功率为 30~45kW，主轴转速为 24000~30000r/min，采用瑞士 IBAG 公司电主轴、Siemens840D 数控系统和 Heidenhain 的测量系统	

（续）

名称	说明	图示
瑞典 Neos Robotics 公司生产的 Tricept 600	体积定位精度达到±200μm，重复定位精度达±20μm，其进给速度可达 40m/min，加速度可达 0.5g	
德国 Mikromat 公司的 6X Hexa 立式加工中心	采用变型 Stewart 平台，分别将上下平台都分为两层，两层上平台固定在 3 根立柱的侧面，两层下平台共同支持主轴部件。这种变型结构改善了工作空间与机床所占体积之比，使主轴姿态变化时受力更加均匀。该机床主要用于模具加工，可以实现五坐标高速铣削，加工精度可达 0.01~0.02mm	
法国 Renault Automation 公司推出的 Urane SX 卧式加工中心	该机床的床身上分布有 3 根水平导轨，直线电动机的滑板沿导轨移动。3 块滑板通过 3 组平行杆机构及万向铰和球铰支承动平台和主轴部件，使主轴实现 3 个坐标方向的移动。该加工中心具有很高的动态特性，移动速度可达 100m/min，最大加速度甚至可以达到 5g	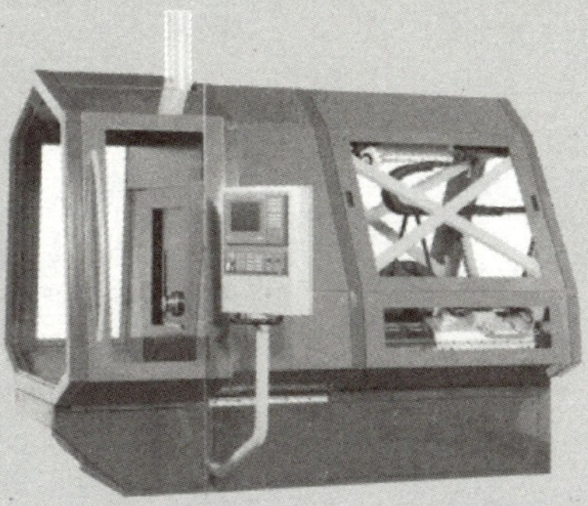
德国 Herkert 机床公司的 SKM 400 型卧式加工中心	该机床的左前方配置有数控系统和容量为 16 把刀具的盘状刀库，3 根伸缩杆分布在机床的顶部横梁和左右两侧倾斜立柱上，由中空转子伺服电动机的滚珠丝杠驱动。3 根伸缩杆的末端共同支承主轴部件，实现 x、y、z 坐标运动	

（续）

名称	说明	图示
德国 DS Technologie 机床公司的 Ecospeed 型大型五坐标卧式加工中心	该机床的主要特点在于采用 3 杆并联机构。由伺服电动机驱动导轨上的滑板前后移动。滑板通过板状连杆和万向铰链与主轴部件的壳体相连。如果 3 块滑板同步运动，则主轴部件沿 Z 方向做前后移动。如果某一个伺服电动机单独驱动滚珠丝杠，则可以通过万向铰链使主轴部件沿 A 或 B 坐标在 ±40° 范围内摆动	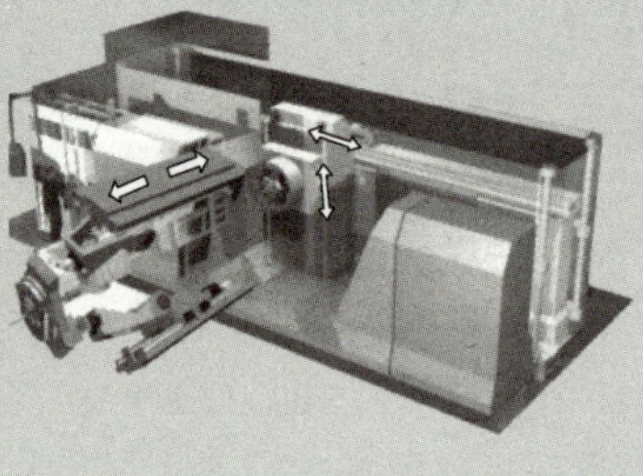
德国 Reichenbacher 公司的 Pegasus 型木材加工中心	该机床的结构特点是，采用 3 组固定杆长且两端有万向铰链的杆系，借助铰链将杆系分别与 3 块移动滑板和动平台连接。3 块滑板皆有各自的直线电动机初级绕组，但它们共用一个固定在机床横梁上的次级绕组。改变 3 个移动滑板相对主轴刀头点垂直截面（zy 坐标平面）的距离，就可以实现刀头点在 x、y、z 坐标方向的运动	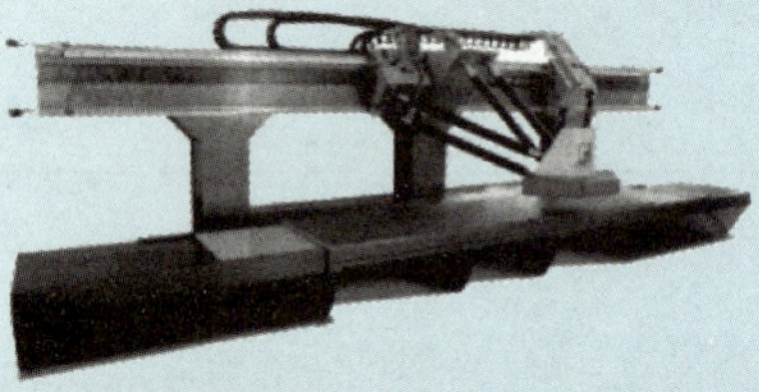
德国 Metrom 公司的 P-800 并联机床	该机床占地面积为 2.2m×1.9m×2.3 m，工作空间为 800mm×800mm×500mm，主轴可绕 A 轴转 ±25°	
日本 Toyoda 公司的 Hexa M	6-PUS 并联机构机床可实现五轴数控加工。最大进给速度为 100m/min，最大加速度为 14.7m/s^2，主轴转速为 24000r/min。工作精度为 4μm，工作空间为 400mm×400mm×350mm	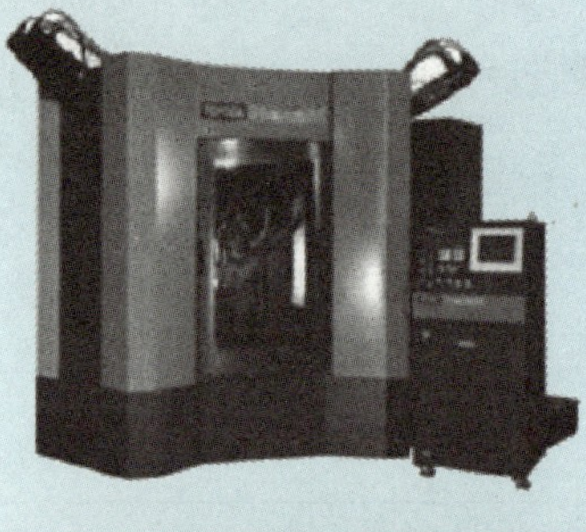
瑞士联邦技术学院的 HexaGlide	并联机床的并联杆由定长的简单杆件组成，故没有内置热源，减少了热变形对工作精度的影响	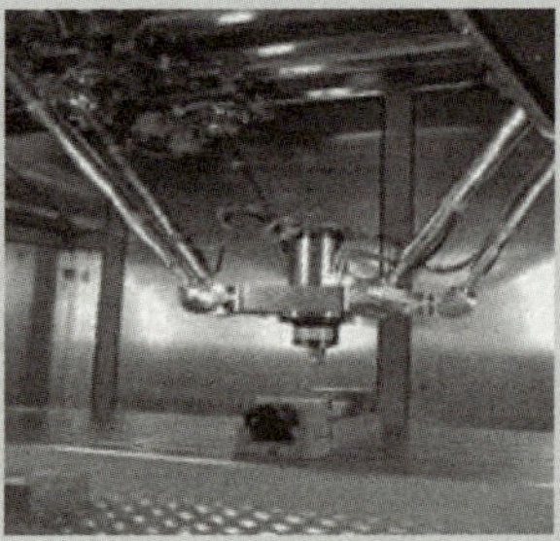

（续）

名称	说明	图示
美国 Hexel 公司的 P2000 型五坐标铣床	P2000 铣床工作台是一个采用并联机构的六自由度动平台，它可以作为单独部件提供给用户，也可以配置成为完整的五坐标立式铣床	
瑞典 Neos Robotics 公司的 Tricept 805	定位精度达到 ±30μm，重复定位精度达 ±10μm，其进给速度可达 90m/min，加速度可达 2g	
韩国 Daeyoung 公司的 Eclipse-RP	具有冗余度的混联机床。工作空间为 φ150mm×170mm，其进给速度可达 10m/min，主轴转速为 5000~40000r/min	
西班牙 Fatronik 公司的三自由度 Ulyses	该并联机床的最大进给速度为 120m/min，最大加速度为 20m/s²，主轴转速为 24000r/min	

（续）

名称	说明	图示
德国 Index 机床公司的 V100 立式车削中心	该机床的结构特点是 3 根立柱固定在机床底座上，顶端由多边形框架连接。每根立柱上有导轨，滑板在滚珠丝杠的驱动下沿导轨移动，通过 6 根固定杆长的杆件将主轴部件吊住，使主轴实现 3 个直角坐标的移动	
Tekniker 公司的 SEYANKA	该机床的工作空间为 500mm×500mm×500mm，最大进给速度为 60m/min，最大加速度为 10m/s^2，主轴转速为 34000r/min	
Krause & Mauser 公司的 Quickstep 并联机床	用于高速切削的三自由度并联机床。工作空间为 630mm×630mm×500mm，最大进给速度为 100m/min，最大加速度为 2g，主轴转速为 15000r/min	
日本 Okuma 公司的 PM-600 并联加工中心	该机床的定位精度为 ±5μm，横向进给速度为 100m/min，最大加速度可达 1.5g，主轴转速为 30000r/min。它有一个可携带 12 把刀具的刀库	

（续）

名称	说明	图示
清华大学与天津大学联合研制的VAMT1Y镗铣类并联机床原型样机	这是我国第一台 VAMT1Y 镗铣类六并联机床原型样机	
天津大学与天津第一机床厂研制的3-HSS型并联机床Linapod	3-HSS 型并联机床由动平台、静平台和三对立柱-滑鞍-支链组成；每条支链中含三根平行杆件，各杆件一端与滑鞍连接，另一端与动平台用球铰连接，滑鞍在伺服电动机和滚珠丝杠螺母副的驱动下，沿安装在立柱上的滚动导轨做上下运动。考虑到各支链中三根杆件两两构成平行四边形结构，故可有效地约束动平台转动自由度，使其仅提供沿笛卡儿坐标的平动	
北京航空航天大学研制的6-SPS结构并联刀具磨床	该机床采用了国产 CH2010 数控系统，其重复定位精度可达±0.005mm	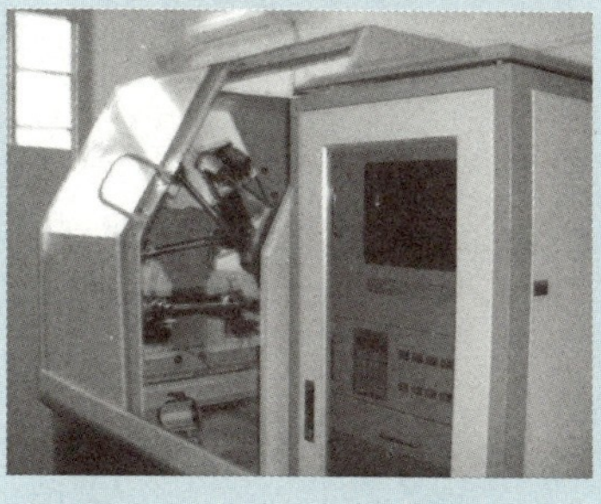
哈尔滨工业大学研制的6-SPS并联机床	该机床的最大进给速度为 25m/min，最大加速度为 1g，主轴转速为 12000r/min。机床占地面积为 1500mm×2800mm，工作空间为 ϕ400mm×350mm	

253

（续）

名称	说明	图示
东北大学的 DSX5-70 型三并联铣削机床	DSX5-70 型三并联铣削机床是由三自由度的并联机构和两自由度的串联机构混联组成的五自由度的虚拟轴机床。其中，两自由度的串联机构置于运动平台上，整个机构通过三杆的伸缩和两驱动轴可实现五轴联动，用以完成多种作业任务	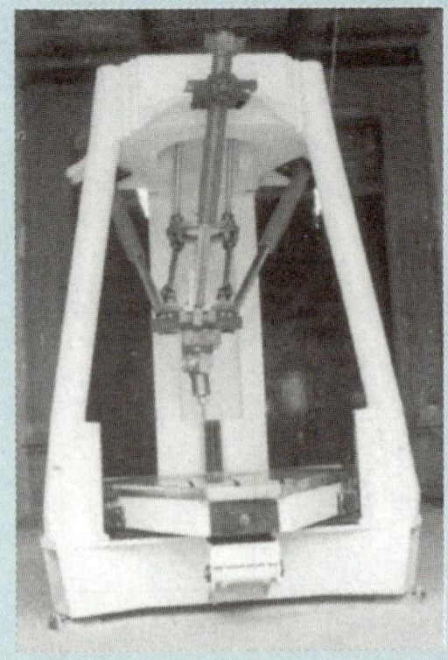
清华大学与大连机床厂联合研制的 DCB510 五轴联动串并联机床	该机床通过并联机构实现 x、y、z 坐标移动，采用传统的串联方式实现主轴头的 A 和 C 方向的转动	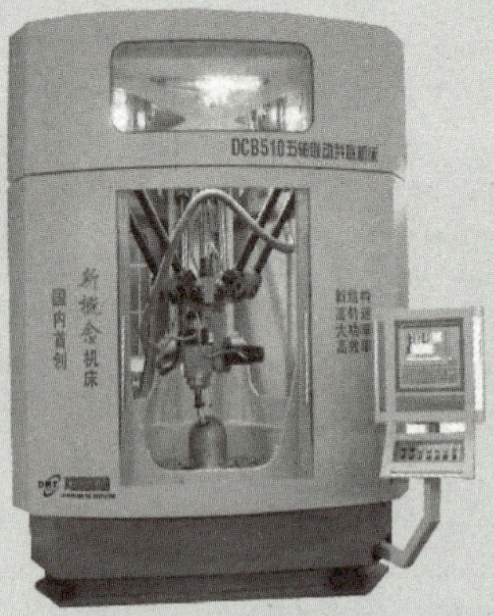
哈尔滨量具刃具集团研制的 LINKS-EXE700 并联加工中心	该机床引进了瑞典 EXECHON 并联运动机床新技术，其带有数控刀库	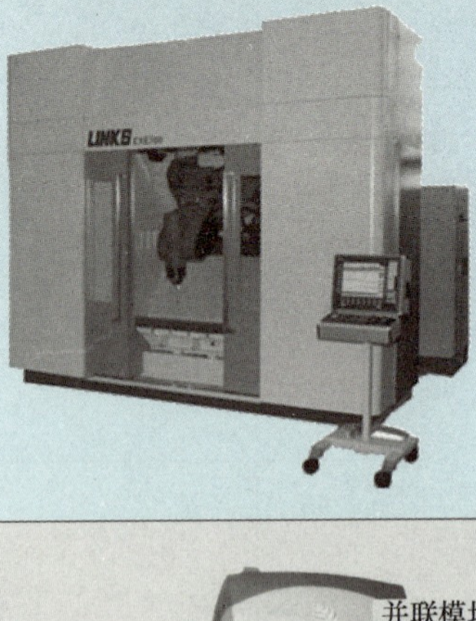
西班牙 Fatronik 公司的 VERNE	由一个并联模块和倾斜台组成，并联模块主要用于转化，而倾斜台用于旋转工件两个正交的轴	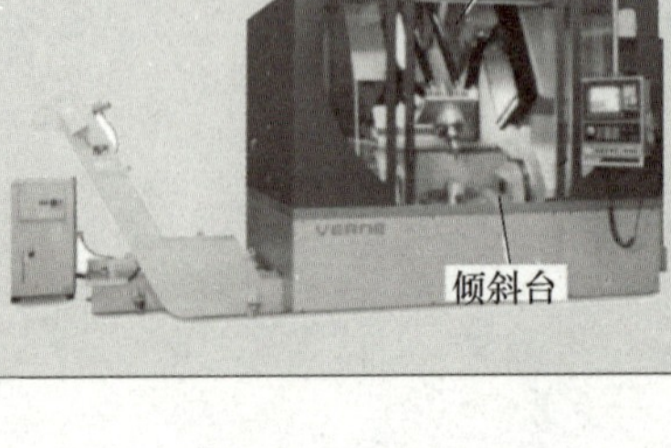

（续）

名称	说明	图示
清华大学研制的一种新型四轴联动并联机床 XNZD755	该机床的主轴转速高,可达 2400r/min,最大运动加速度可达 10m/s²,用于加工汽车和摩托车发动机箱、模具等类零件	

第8章

智能制造

新一代信息技术、人工智能等的迅猛发展及其在制造领域的融合不断促使各国积极探索智能制造的发展战略，以实现全制造流程与全生命周期数据的互联互通、业务的协同联动及决策的动态优化，最终达到制造系统的智能化、协同化、透明化和绿色化。为更全面地理解智能制造的内涵、现状与发展趋势，本章将对智能制造的研究背景、含义、特点及关键技术等进行简单介绍。

8.1 智能制造概述

人工智能自诞生以来，经历了从早期的专家系统、机器学习，到当前持续火热的深度学习等多次技术变革与规模化应用的浪潮。随着硬件计算能力、软件算法、解决方案的快速进步与不断成熟，工业生产逐渐成为人工智能的重点探索方向，智能制造也应运而生。

8.1.1 智能制造的研究背景

从18世纪的以蒸汽机为代表的工业革命，到19世纪的由于电力的出现产生的大规模生产系统，再到20世纪出现的信息与通信技术和自动化系统，在工业界的每一次进步都可视为一种革命，图8-1所示为各阶段工业革命进程。20世纪八九十年代精确制造关注的是通过避免浪费实现生产费用最小化，而智能制造旨在通过管理改进现有制造要素，如生产率、质量、物流和灵活性等，这是未来发展的引擎。美国国家标准与技术研究院（NIST）把智能制造定义为高度集成、协同制造系统，对各种问题能够实时做出反应，以满足不同工厂、不

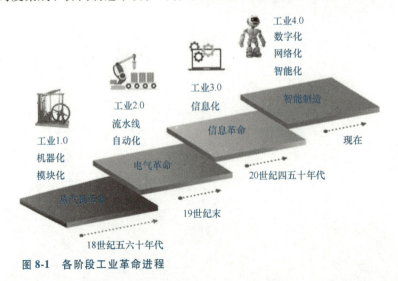

图 8-1　各阶段工业革命进程

同客户、不同网络的各种需求。换句话说，智能制造能够面对复杂多变的环境。

　　智能制造的概念随信息技术（information technology）与人工智能（artificial intelligence）的发展不断演进。20 世纪 80 年代，由于人工智能技术在制造领域的初步应用，Wright 和 Bourne 在 *Manufacturing Intelligence* 书中首次提出智能制造（intelligent manufacturing）的概念，并将其定义为通过集成知识工程、制造软件系统、机器人视觉和机器人控制，针对专家知识与工人技能进行建模，进而使智能机器可以在无人干预状态下完成小批量生产。智能制造与前三次工业革命概念对比图如图 8-2 所示。

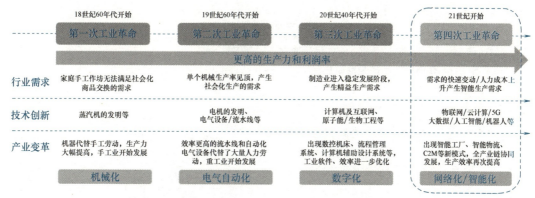

图 8-2　各阶段工业革命对比图

　　随着人工智能与制造业的融合发展，针对制造领域中市场分析、产品设计、生产管控和设备维护等环节，各种专家系统和智能辅助系统相继开发。但这些系统彼此独立，导致"智能化孤岛"的形成。因此，如何实现这些"孤岛"信息的互联互通成为研究人员关注的焦点。近年来，得益于信息技术的进步，一种通过集成制造自动化、人工智能等技术的新型制造系统——智能制造系统（intelligent manufacturing system）脱颖而出。

　　21 世纪以来，云计算（cloud computing）、物联网（internet of things）、大数据（big data）、移动互联（mobile internet）等信息技术的出现，促进了制造业向新一代智能制造（smart manufacturing）的转型升级。通过全制造流程与全生命周期数据的互联互通，实现分布、异构制造资源与制造服务的动态协同联动及决策优化，已成为制造业发展的趋势。因此，世界各制造大国纷纷提出了不同的战略规划来抢占未来制造业的制高点，如美国倡导的"工业互联网"、德国提出的"工业 4.0"（Industry 4.0）和我国正在大力推进的"中国制造2025"等。

8.1.2　国内外智能制造的战略规划

　　智能制造被普遍认为是第四次工业革命的核心动力。近年来，随着新一代信息技术及人工智能等技术的快速发展，德国、美国、中国等国家从不同角度提出了各自的智能制造战略规划，图 8-3 所示为各国智能制造策略对比图。

　　德国在"Hannover Messe 2011"上首次提出了工业 4.0 战略，如图 8-4 所示，其核心目标是通过信息物理系统、物联网、端对端等技术与各类应用软件（如企业资源计划系统、供应链管理、产品生命周期管理等），将生产中的供应、制造、销售等数据连续贯通，建立一种高度灵活、柔性化的产品生产与服务模式，从而实现车间生产流程的纵向集成及制造业

美国：工业互联网
占据新工业世界翘楚地位对传统工业进行物联网式的互联直通
对大数据进行智能分析和智能管理

德国：工业4.0
引领新制造业潮流
强大的机械工业制造基础
嵌入式及控制设备的先进技术和能力

中国：中国制造2025
制造大国向制造强国转型
以加快新一代信息技术与制造业深度融合为主线
以智能制造为主攻防线

图 8-3　各国智能制造策略对比图

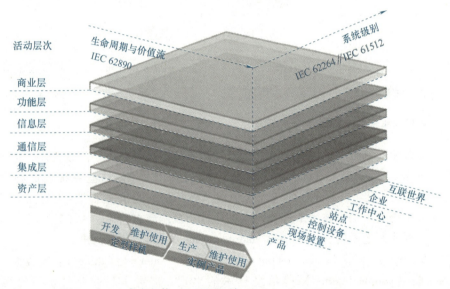

图 8-4　德国工业 4.0 参考架构（RAMI 4.0）

价值网络的横向集成。在这种模式中，传统的行业界限将消失，并会产生更多跨企业、跨领域的协作。

美国智能制造联盟于 2011 年发表了《实现 21 世纪智能制造》报告，首次提出智能制造的概念，即通过融合信息物理生产系统（cyber-physical production system）、物联网、机器人、自动化、大数据和云计算等技术，来改善供应网络各个层面的制造业务，实现数据驱动的供应协同，进而实现全厂优化、可持续生产、敏捷供应链等目标，如图 8-5 所示。美国智能制造的一个重要特点是它强调人类不能简单地被车间的人工智能和自动化所取代，而是通过巧妙地为特定区域设计定制解决方案来增强系统能力。

为实现从制造大国向制造强国的快速转变，我国于 2015 年发布了《中国制造 2025》，旨在通过开展新一代信息技术与制造装备融合的集成创新和工程应用、智能产品和自主可控的智能装置开发、智能工厂/数字化车间建设、智能制造网络系统平台搭建等方面的研究，力争到 2025 年使我国制造业进入国际领先地位，如图 8-6 所示。中国制造 2025 的核心在于智能制造、绿色制造，以及生产经营活动的智能化、网络化和自动化。

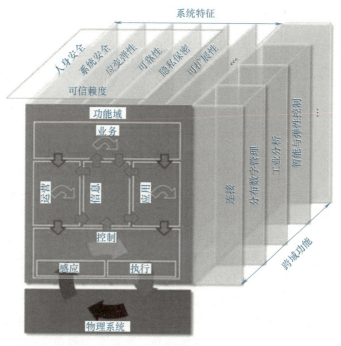

图8-5 美国工业互联网参考架构 (IIRA1.8)

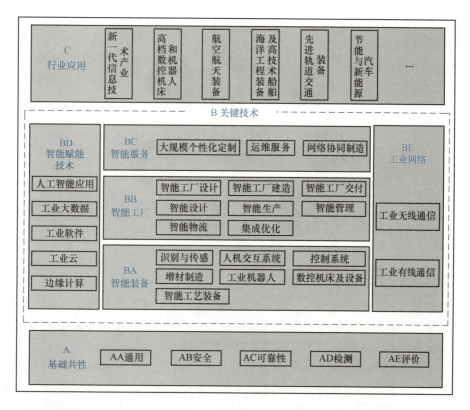

图8-6 中国智能制造标准体系架构

8.1.3 智能制造的发展维度

近几年，欧美等国家和地区最早针对流程工业提出了"智能工厂"的概念。流程智能制造工厂由商业智能、运营智能、操作智能三个层次组成，由于自身的自动化水平较高，实施智能工厂相对比较容易。

与流程工业相比，离散制造业首先在底层制造环节由于生产工艺的复杂性，如车、铣、刨、磨、铸、锻、铆和焊对生产设备的智能化要求很高，投资很大。特别是装备制造业、家电、汽车、机械、模具、航空航天和消费电子等产品大都要求产品智能化、设计智能化。因此，在"中国制造 2025"及工业 4.0 信息物理融合系统的支持下，离散制造业需要实现生产设备网络化、生产数据可视化、生产文档无纸化、生产过程透明化、生产现场无人化等先进技术应用，做到纵向、横向和端到端的集成，以实现优质、高效、低耗、清洁、灵活的生产，从而建立基于工业大数据和"互联网+"的智能工厂。

（1）生产设备网络化，实现车间"物联网" 工业物联网的提出给"中国制造 2025"、工业 4.0 提供了一个新的突破口。物联网是指通过各种信息传感设备，实时采集任何需要监控、连接、互动的物体或过程等各种需要的信息，其目的是实现物与物、物与人，以及所有的物品与网络的连接，方便识别、管理和控制。传统的工业生产采用 M2M（Machine to Machine）的通信模式，实现了设备与设备间的通信，而物联网通过 Things to Things 的通信方式实现人、设备与系统三者之间的智能化、交互式无缝连接。典型物联网示意图如图 8-7 所示。

图 8-7 典型物联网示意图

在离散制造企业车间，数控车、铣、刨、磨、铸、锻、铆、焊和加工中心等是主要的生产资源。在生产过程中，将所有的设备及工位统一联网管理，使设备与设备之间、设备与计算机之间能够联网通信，设备与工位人员紧密关联。

（2）生产数据可视化，利用大数据分析进行生产决策 "中国制造 2025"提出以后，信息化与工业化快速融合，信息技术渗透到了离散制造企业产业链的各个环节，条形码、二维码、RFID、工业传感器、工业自动控制系统、工业物联网、ERP、CAD/CAM/CAE/CAI 等技术在离散制造企业中得到广泛应用，尤其是互联网、移动互联网、物联网等新一代信息技术在工业领域的应用，使离散制造企业也进入了互联网工业新的发展阶段，所拥有的数据也日益丰富，如图 8-8 所示。离散制造企业生产线处于高速运转，由生产设备所产生、采集和处理的数据量远大于企业中计算机和人工产生的数据，对数据的实时性要求也更高。

图 8-8　大数据决策分析示意图

在生产现场，每隔几秒就收集一次数据，利用这些数据可以实现很多形式的分析，包括设备开机率、主轴运转率、主轴负载率、运行率、故障率、生产率、设备综合利用率（OEE）、零部件合格率和质量百分比等。

首先，在生产工艺改进方面，在生产过程中使用这些大数据，就能分析整个生产流程，了解每个环节是如何执行的。一旦有某个流程偏离了标准工艺，就会产生一个报警信号，工作人员能更快速地发现错误或者瓶颈所在，也就能更容易解决问题。利用大数据技术，还可以对产品的生产过程建立虚拟模型，仿真并优化生产流程，当所有流程和绩效数据都能在系统中重建时，这种透明度将有助于制造企业改进其生产流程。再如，在能耗分析方面，在设备生产过程中利用传感器集中监控所有的生产流程，能够发现能耗的异常或峰值情况，由此便可在生产过程中优化能源的消耗，对所有流程进行分析将会显著降低能耗。

（3）生产文档无纸化，实现高效、绿色制造　构建绿色制造体系，建设绿色工厂，实现生产洁净化、废物资源化、能源低碳化是"中国制造 2025"实现制造大国走向制造强国的重要战略之一。目前，离散制造企业在生产中会产生繁多的纸质文件，如工艺过程卡片、零件蓝图、三维数模、刀具清单、质量文件、数控程序等，这些纸质文件大多分散管理，不便于快速查找、集中共享和实时追踪，易产生大量的纸张浪费且易丢失等。

生产文档进行无纸化管理后，工作人员在生产现场即可快速查询、浏览、下载所需的生产信息，生产过程中产生的资料能够即时进行归档保存，大幅降低基于纸质文档的人工传递及流转，从而杜绝了文件、数据丢失的情况，进一步提高了生产准备效率和生产作业效率，实现绿色、无纸化生产。图 8-9 为生产文档无纸化示意图。

（4）生产过程透明化，智能工厂的"神经"系统　"中国制造 2025"明确提出推进制造过程智能化，通过建设智能工厂，促进制造工艺的仿真优化、数字化控制、状态信息实时监测和自适应控制，进而实现整个过程的智能管控。在机械、汽车、航空、船舶、轻工、家用电器和电子信息等离散制造行业，企业发展智能制造的核心目的是拓展产品价值空间，侧重从单台设备自动化和产品智能化入手，基于生产效率和产品效能的提升实现价值增长。因此，其智能工厂建设模式为推进生产设备（生产线）智能化，通过引进各类符合生产所需的智能装备，建立

图 8-9　生产文档无纸化示意图

基于制造执行系统（MES）的车间级智能生产单元，提高精准制造、敏捷制造、透明制造的能力，如图 8-10 所示。

离散制造企业生产现场，MES 在实现生产过程的自动化、智能化、数字化等方面发挥着巨大作用。首先，MES 借助信息传递对从订单下达到产品完成的整个生产过程进行优化管理，减少企业内部的无附加值活动，有效地指导工厂生产运作过程，提高企业及时交货能力。其次，MES 在企业与供应链间以双向交互的形式提供生产活动的基础信息，使计划、生产、资源三者密切配合，从而确保决策者和各级管理者可以在最短的时间内掌握生产现场的变化，做出准确的判断并制订快速的应对措施，保证生产计划得到合理而快速的修正、生产流程畅通、资源充分、有效地得到利用，进而最大限度地提高生产率。

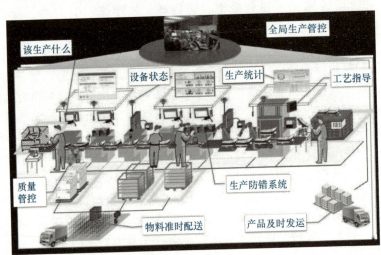

图 8-10　生产过程透明化示意图

（5）生产现场无人化，真正做到"无人"工厂　"中国制造 2025"推动了工业机器人、机械手臂等智能设备的广泛应用，使工厂实现无人化制造成为可能，如图 8-11 所示。

在离散制造企业生产现场，数控加工中心、智能机器人和三坐标测量仪及其他所有柔性化制造单元进行自动化排产调度，工件、物料、刀具进行自动化装卸调度，可以达到无人值守的全自动化生产模式。在不间断单元自动化生产的情况下，管理生产任务优先和暂缓，远

图 8-11　无人化车间示意图

程查看管理单元内的生产状态情况，如果生产中遇到问题，一旦解决，就立即恢复自动化生产，整个生产过程不需要人工参与，真正实现"无人"智能生产。

8.1.4　智能制造引发的全球制造业发展趋势

制造业是现代工业的基石，随着信息技术、新能源、新材料等重要领域和前沿方向的重大突破和交叉融合，正在引发新一轮的产业变革，对全球制造业正在产生颠覆性的影响。当今时代正在发生快速的变化，特别是新一代信息技术与制造业的深度融合，促使不同行业的产品、生产组织方式、工作流程、业务模式都发生了颠覆性转变。

1. 产品需满足用户个性化需求

全球的商业环境都在发生着改变，随着网络化的进一步加速，人们都开始希望有更多个性化的主张，更加愿意表达自己个性化的观点，更加关注自己个性化的需求。所以人们对于实物产品的个性化要求也在不断增强，企业需从大批量规模化生产模式转型到小批量定制化生产模式。

另外，为了持续改善产品性能以获取消费者的更多青睐，制造企业还必须比以往更加关心产品的使用情况，从而持续优化设计，为消费者提供最佳使用体验和可预测性服务。

2. 智能产品成为制造业新主题

现在的产品除了要满足原有功能需求外，还需要为用户提供更多的附加价值和服务，这使得过去单纯由机械和电子部件组成的产品向更为复杂的智能产品进化。这种智能产品通常包括机械、电气和嵌入式软件，具有记忆、感知、计算、传输等功能，以及自主决策、人机交互、远程监控、全生命周期个性化定制与服务等特点。

智能产品在被赋予智能、互联的属性后，还会从独立的产品衍生、发展成产品集，产品集中的智能产品能够互联构成产品的生态体系，从而能够更好地为用户提供一些额外服务，以提升企业差异化竞争优势，图 8-12 所示为互联的智能产品示意图。

在智能产品研发过程中，过去以机械设计为主的产品研发将会转变成跨学科的系统工程研发，同时还需要借助物联网、云计算、大数据和仿真分析等技术对产品进行持续不断的优化，这也为企业研发与制造带来了前所未有的挑战。

3. 产品设计、制造方式的变革

就传统的设计制造业务模式而言，从需求调研、竞品分析、市场调研等方面获取产品设计需求，然后再从概念设计到详细设计，并将详细设计方案转变成可制造的工艺流程和生产流程，最后完成产品的制造过程并对外销售。

随着物联网、工业大数据、增材制造、增强现实等新兴技术不断地涌现并逐步走向成熟得到应用，这种流程就显得有些僵化和

图 8-12　互联的智能产品示意图

缺乏灵活性，无法对技术的更新换代和客户需求做出快速响应，而且也很难适应企业未来智能制造体系建设与发展的需求。企业必须将这种串行研发流程转变为根据用户需求持续改进的闭环智能研发流程。

另外，增材制造等先进制造技术的出现，使产品的制造工序和生产流程发生了很大变化，同时对设计也产生了巨大的反作用力，重新激发了设计创新，图 8-13 为激光增材制造示意图。产品设计师可以设计出之前充分满足性能需求而无法生产的复杂产品造型，而生产制造部门可以摆脱传统制造工艺束缚，生产出结构更复杂、更坚固、更轻量化且不需要复杂装配的零件，彻底改变未来工业生产模式。

图 8-13　激光增材制造示意图

4. 协同研发能力成为企业核心竞争力之一

未来，智能产品开发必须是跨越多个专业技术领域和具有多种关键技术特征，涉及多学科跨专业技术领域的高度交叉与融合。同时，用户的多样化需求也使产品结构和功能变得非常复杂，IT 嵌入式软件技术也逐渐成为产品的核心部分，需要机、电、软等多个学科的协同配合，图 8-14 所示为利用虚拟现实技术的产品设计。这就需要企业建立一个可以融合企

图 8-14　利用虚拟现实技术的产品设计

业内部所有不同专业学科领域研发系统和工具的顶层架构，形成一个可以全面管理产品生命周期中所有专业研发要素的统一的多学科协同研发平台。

同时，企业的产品和服务将会由单向的技术创新、生产产品和服务体系投放市场、等待客户体验，逐步转变为企业主动与用户服务的终端接触，进行良性互动，协同开发产品，技术创新的主体将会转变为用户。用户的创新、意识、需求贯穿生产链，影响设计和生产的决策。设计师将会成为在消费端、使用端、生产端之间的汇集各方资源的组织者，不在这个生产链巨大网络下起到推动作用，不再独立包揽所有的产品创新工作。所以企业还必须建立基于云端的广域协同研发平台，让供应商、合作伙伴、客户等所有人都能够参与到开放式的创新中来。

总之，智能制造从不同的角度推动着未来制造业的变革，仅凭生产"更优质"产品即可创造和获得价值的时代已结束。市场竞争愈演愈烈，企业必须深入了解推动行业发展的因素，以新的方式来思考组织模式，积极利用新兴工具和技术为业务运营降本增效，为消费者带来全新的使用体验和价值。

8.2　智能制造的内涵

传统产品生命周期的流程为概念构想、设计、生产、销售、运行和报废，本质上属于串行流程。随着客户个性化需求的彰显和新兴技术的发展，越来越多的企业开始寻求差异化战略，将获得的利润重新投入产品研发流程，创造出有竞争力的产品。

如何突破传统生命周期的流程，引领产品设计与制造方式的变革？人们提出了智能制造的概念：要求在概念阶段，充分考虑个性化需求；在设计阶段，需要进行协作和大量创新；在生产阶段，采用灵活的生产模式；在销售阶段，考虑消费者的体验需求；在运行和报废阶段，提供互联服务。

智能制造是建立在设计信息、生产信息、用户使用及反馈信息的高度智能化集成基础上，从智能化的需求产生到基础设计数据获得的过程，从智能化的用户参与式设计到能够直接转变为生产信息并被执行，从智能化柔性生产到为用户提供产品的浸入式体验，最终通过智能互联的产品为用户提供产品即服务（PAAS）。

总体来说，智能制造可以帮助客户很好地完成概念、设计、生产、销售、运行和报废的整个流程，并从产品中获得更高的终生价值，图 8-15 所示为"欧特克"提出的智能制造模式。智能制造的真正优势在于，通过产品与现场的互联，可以将所获得的信息再次提供给流程的开始阶段，并从串行产品开发流程过渡到真正敏捷的迭代式开发流程。

1. 个性化、可配置的概念构想

在产品概念阶段，必须转变为以用户为中心的产品概念构想，无论是适合个人使用的消费产品，还是为企业配置的工业机械，越贴合用户的需求，产品的市场售价就越高。

这意味着产品的多样性和个性化，企业必须要有快速、灵活、多变的产品变型设计能力来满足这种需求。如果企业缺乏基于用户需求的定制开发能力，就无法形成系列化的产品开发，以及产品自身生态体系的建设。所以企业必须要摒弃过去的批量生产模式，开拓批量定制的能力，通过可配置功能模块的产品实现经济、高效地交付，以满足客户独特的需求，并通过基于云的技术将个性化的概念设计实时展示给终端用户。图 8-16 所示为基于个性化设计的鞋子。

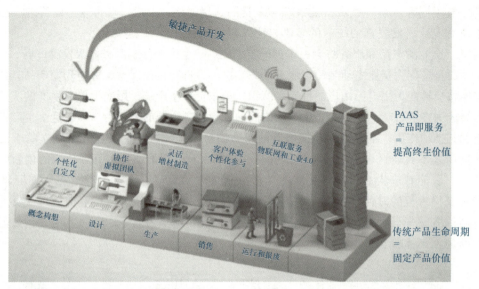

图 8-15　"欧特克"提出的智能制造模式

2. 全新设计方法——衍生式设计

在产品设计阶段，往往需要进行团队协作和大量的设计创新。目前通过云端技术和虚拟现实等技术，设计部门可协同研发同一产品，解决了地理跨度的难题。同时，由于设计师和工程师需要越来越多地洞察用户需求，让产品更加富有创意和个性化，这意味着产品设计将变得更加互联化和智能化，所以必须采用衍生式设计方法。

图 8-16　基于个性化设计的鞋子

衍生式设计，是由 Generative Design 翻译而来的，不同于传统的设计方法，衍生式设计方法将功能强大的分析工具引入前期设计流程，根据零部件的承载进行应力分析和拓扑优化，通过拓扑优化来确定和去除那些不影响零件刚性部位的材料，并在满足功能和性能要求的基础上，从多种结构优化的方案中找到功能和性能要求相同但质量更小的结构，从而实现轻量化的创新设计。然后，再利用增材制造技术将这些传统制造工艺无法实现的复杂结构制造出来，从而实现整个创新过程，并简化了设计制造的整个流程，这对传统制造业而言是一个颠覆性的转变。图 8-17 所示为采用衍生式设计的丰田气缸盖。

衍生式设计为何如此重要？首先，它不仅大大降低了成本、缩短了开发时间、减少了材质消耗，还消除了限制。如果将衍生式设计与 3D 打印等新兴制造技术相结合，则很多设计都能成为现实。其次，小型设计团队过去根本无法获得生产资源，但是借助衍生式设计制造方法，他们可以进行批处理。此外，衍生式设计已经扩展到了制造业以外，实际上，所有设计事物都将受到影响，包括建筑环境。

图 8-17　采用衍生式设计的丰田气缸盖

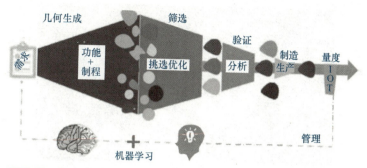

图 8-18 衍生式设计制造流程

从衍生式设计制造流程（图 8-18）中可以看出，衍生式设计融入了机器学习这一新兴技术，如运用机器学习做自动化部件识别分类。随着适当的企业解决方案和自动化程度的提高，开发人员可以做从模型构建到实施部署的一切事情，使用机器学习的最佳实践来保持高精度。图 8-19 为机器学习结构分解示意图。

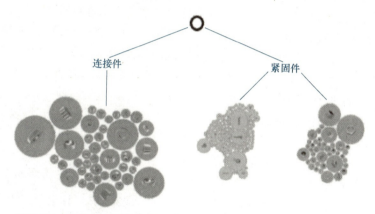

图 8-19 机器学习结构分解示意图

此外，衍生式设计的出现加速了传统设计技术的淘汰，在一定程度上降低了设计者的准入门槛，工程师只需要在不同的设计阶段给出各种约束和限制性条件，计算机就能根据机器学习、人工智能、大数据分析、材料工程、分析仿真等新兴技术给出设计方案，并且这些处理过程都可以交付到云平台上进行。

3. 先进制造技术——增材制造

在产品生产制造阶段，需要有先进的制造技术作为支撑。增材制造，是近几十年发展起来的先进制造技术，是根据数字模型分层沉积材料以创建物理对象的过程。目前增材制造技术主要有四种——熔丝沉积成形、立体光固化成形、数字光处理和激光选区烧结。

增材制造的出现，拓展了产品创意和创新空间，使得产品设计不再受传统工艺和制造资源的约束，设计师可以在"设计即生产""设计即产品"的理念下，真正追求创意无极限。同时，增材制造使产品的制造工序和生产流程发生了重大变化，企业可以充分运用基于云的制造服务来实现柔性制造，通过基于云平台的 CAD 来设计零部件并进行仿真验证，再利用增材制造技术直接对设计完成的模型进行定制化的生产，将创意设计第一时间转变成实物，如图 8-20 所示为增材制造技术生产实例。

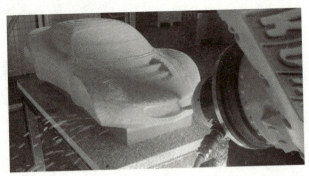

图 8-20 增材制造技术生产实例

4. 面向个性化定制的柔性生产过程

随着时代的发展和市场环境的变化，大部分制造企业处于一个更加多变的市场环境中，供需的矛盾主要体现在客户对产品质量、价格、交付周期、外观和功能等多方面的个性化需求。制造企业竞争环境的变化，使得企业的制造模式也要相应做出转变，从以往刚性的、满足大规模制造的制造模式向柔性的、多品种小批量的生产模式进行转变。

在产品的生产制造阶段，由于客户需求的变化，生产线上生产的产品型号可能每隔一段时间就会进行调整；同时，由于产能需求不恒定，生产节拍也可能需要每隔一段时间就进行调整。因此，企业必须要具备柔性制造的能力，以便快速地适应供需变化，通过批量定制来实现盈利。

制造企业在产品设计完成后，必须通过虚拟仿真来验证设计和制造的可行性，结合工厂三维设计及物流仿真工具，系统地规划整条生产线上工业机器人的工作路径和工作节拍，驱动智能工业机器人进行柔性加工，避免现实中的重复工作。图 8-21 为运用机器人进行柔性制造示意图。

同时，为了保持竞争力，如今的制造商需要以比以往任何时候都快的速度进行迭代和创新，这就要求 CAM 系统应具备云计算、丰富的工艺库、海量工艺方案和完善的标准资源等技术能力。

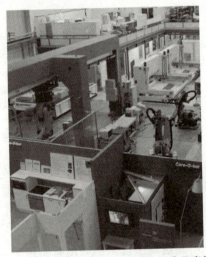

图 8-21 运用机器人进行柔性制造示意图

5. 沉浸式产品销售体验

在产品的销售阶段，客户需要更丰富的体验，如从客户首次使用开始，甚至延伸到销售点以外，如参与产品个性化设计。体验的一个重要途径就是提供沉浸式环境，让客户身临其境地与产品进行交互体验，促进产品的销售。

虚拟现实（VR）和增强现实（AR）技术是衔接虚拟产品与真实产品实物之间的桥梁。利用增强现实技术可以将产品细节展示出来，以供客户进行立体直观的参考；另外，在虚拟现实环境下，还能够进行逼真的产品虚拟使用和维修培训，以及为用户提供沉浸式产品交互体验，帮助用户提前感受企业智能产品的独特魅力。图 8-22 为用户进行沉浸式产品体验示意图。

6. 产品即服务，激发产品附加商业价值

在产品的运行阶段，企业还应提供互联服务，充分了解产品的运行情况和用户的使用情况，以扩展产品价值，形成差异化竞争优势和创新商业模式，摆脱产品的固定价值。

有赖于物联网、云计算技术的发展，通过在产品上安装传感器，收集产品运行数据，对产品进行性能、质量实时监控，工程技术人员可更加充分地了解当前产品的运行状况，从而对预防性维护等服务进行分层，将其作为额外的服务提供给客户，过渡到真正的产品即服务。图8-23为产品的预防性维护服务示意图。

另外，基于大数据分析和智能优化对搜集到的海量数据进行处理、分析，也可以明确以往产品研发过程中出现的问题，继而在下一代产品研发中改进设计，使产品能够不断地动态优化，以改善用户的体验，持续改进产品质量和功能。

图8-22 用户进行沉浸式产品体验示意图

图8-23 产品的预防性维护服务示意图

总体而言，制造企业需要创建一个可用于整个生命周期的数字模型：在设计、工程、制造与营销团队之间搭建起一座沟通的桥梁，促进优化整个产品研发工作流程，加速推动智能制造的发展进程。

7. 产品创新平台支撑智能制造的发展

面对智能制造的大趋势，企业必须构建自己的产品创新平台，该平台分为设计、制造和使用三大区域，如图8-24所示。在设计环节，产品创新平台能够高效、敏捷、快速地完成产品设计；在制造环节，产品创新平台不需要换软件、换平台、换设备即可快速将设计产品转换成实物；在使用环节，产品创新平台能够为客户提供产品应用的能力，产品的信息、物联网技术都可以集成其中。只有建立这样完整的全生命周期价值的解决方案，产品创新平台才能支撑企业走向智能制造。

图8-24 产品创新平台

在产品创新平台上，设计不再局限于传统的设计，应该能够为用户提供多样的选择，能够进行衍生式设计，具备更高的设计品质和设计质量；制造也不再局限于传统的制造，能够适应 3D 打印、工业增材制造的需要；使用阶段能够提供互联服务，将所有产品通过物联网、虚拟现实等技术，实现产品的互联互通和优质体验。

8.3 智能制造的关键技术

智能制造融合了信息技术、先进制造技术、自动化技术和人工智能技术。智能制造包括：开发智能产品；应用智能装备；自底向上建立智能产线，构建智能车间，打造智能工厂；践行智能研发；形成智能物流和供应链体系；开展智能管理；推进智能服务；最终实现智能决策。智能制造十大关键技术如图 8-25 所示。

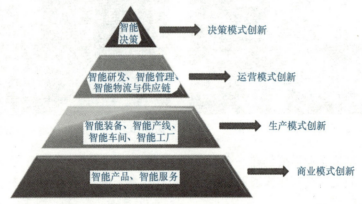

图 8-25 智能制造十大关键技术

（1）智能产品（smart product） 智能产品通常包括机械、电气和嵌入式软件，具有记忆、感知、计算和传输功能。典型的智能产品包括智能手机、智能可穿戴设备、无人机、智能汽车、智能家电和智能售货机等，包括很多智能硬件产品，如图 8-26 所示。智能装备也

图 8-26 智能产品示意图

是一种智能产品。企业应该思考如何在产品上加入智能化的单元，提升产品的附加值。

（2）智能服务（smart service） 基于传感器和物联网，可以感知产品的状态，从而进行预防性维修维护，及时帮助客户更换备品、备件，甚至可以通过了解产品运行的状态，帮助客户找到商业机遇；还可以采集产品运营的大数据，辅助企业进行市场营销的决策。此外，企业通过开发面向客户服务的 App，也是一种智能服务的手段，可以针对企业购买的产品提供有针对性的服务，从而锁定用户，开展服务营销。图 8-27 为基于 AI 技术的智能服务示意图。

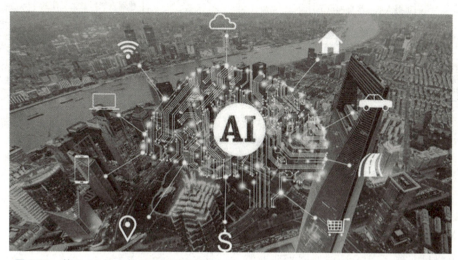

图 8-27 基于 AI 技术的智能服务示意图

（3）智能装备（smart equipment） 制造装备经历了机械装备到数控装备，目前正在逐步发展为智能装备。智能装备具有检测功能，可以实现在机检测，从而补偿加工误差，提高加工精度，还可以对热变形进行补偿。以往一些精密装备对环境的要求很高，现在由于有了闭环的检测与补偿，对环境的要求也可降低。图 8-28 所示为应用于激光加工技术的智能装备。

图 8-28 应用于激光加工技术的智能装备

（4）智能产线（smart production line） 很多行业高度依赖自动化生产线，如钢铁、化工、制药、食品饮料、烟草、芯片制造、电子组装、汽车整车和零部件制造等，实现自动化的加工、装配和检测，一些机械标准件的生产也应用了自动化生产线，如轴承。但是，装备制造企业目前还是以离散制造为主。很多企业的技术改造重点就是建立自动化生产线、装配线和检测线。美国波音公司的飞机总装厂已建立了 U 形的脉动式总装线。自动化生产线可以分为刚性自动化生产线和柔性自动化生产线，柔性自动化生产线中一般建立了缓冲。为了提高生产率，工业机器人、吊挂系统在自动化生产线上的应用已越来越广泛。图 8-29 为长春职业技术学院设计的一条伺服电动机部件智能制造生产线工作流程示意图。

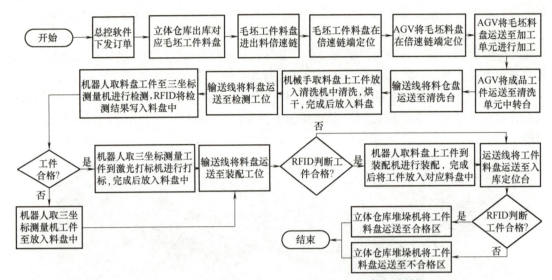

图 8-29　长春职业技术学院设计的一条伺服电动机部件智能制造生产线工作流程示意图

（5）智能车间（smart workshop）　一个车间通常有多条生产线，这些生产线要么生产相似零件或产品，要么有上下游的装配关系。要实现车间的智能化，需要对生产状况、设备状态、能源消耗、生产质量和物料消耗等信息进行实时采集和分析，进行高效排产和合理排班，显著提高设备利用率（OEE）。图 8-30 为典型智能车间示意图。因此，无论什么制造行业，制造执行系统（MES）都成为企业的必然选择。

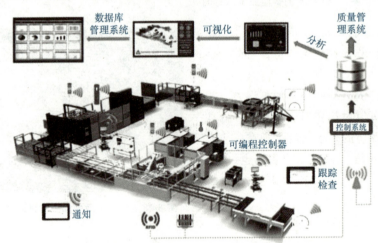

图 8-30　典型智能车间示意图

（6）智能工厂（smart factory）　一个工厂通常由多个车间组成，大型企业有多个工厂。作为智能工厂，不仅生产过程应实现自动化、透明化、可视化和精益化，而且产品检测、质量检验和分析、生产物流也应当与生产过程实现闭环集成。一个工厂的多个车间之间要实现信息共享、准时配送、协同作业。一些离散制造企业也建立了类似流程制造企业那样的生产指挥中心，对整个工厂进行指挥和调度，及时发现和解决突发问题，这也是智能工厂的重要标志。智能工厂必须依赖无缝集成的信息系统支撑，主要包括产品全生命周期管理（PLM）

系统、企业资源管理系统（ERP）、客户关系管理（CRM）系统、供应链管理（SCM）系统和制造执行系统（MES）五大核心系统，如图 8-31 所示。大型企业的智能工厂需要应用 ERP 系统制订多个车间的生产计划，并由 MES 系统根据各个车间的生产计划进行详细排产，MES 排产的粒度是天、小时甚至分钟。

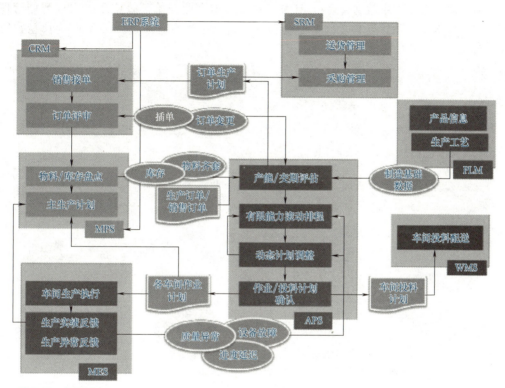

图 8-31 智能工厂

（7）智能研发（Smart R&D） 离散制造企业在产品研发方面，已经应用了 CAD/CAM/CAE/CAPP/EDA 等工具软件和 PDM/PLM 系统，但是 e-works 在为制造企业提供咨询服务的过程中发现，很多企业应用这些软件的水平并不高。企业要开发智能产品，需要机、电、软多学科的协同配合；要缩短产品研发周期，需要深入应用仿真技术，建立虚拟数字化样机，实现多学科仿真，通过仿真减少实物试验；需要贯彻标准化、系列化、模块化的思想，以支持大批量客户定制或产品个性化定制；需要将仿真技术与试验管理结合起来，以提高

图 8-32 基于协同技术的智能研发示意图

仿真结果的置信度。流程制造企业已开始应用 PLM 系统实现工艺管理和配方管理，实验室信息管理系统（LIMS）的应用也比较广泛。图 8-32 为基于协同技术的智能研发示意图。

（8）智能管理（smart management） 制造企业核心的运营管理系统还包括人力资产管理系统（HCMS）、客户关系管理系统（CRMS）、企业资产管理系统（EAMS）、能源管理系统（EMS）、供应商关系管理系统（SRMS）、企业门户（EP）和业务流程管理系统（BPMS）等，国内企业也把办公自动化（OA）作为一个核心信息系统。为了统一管理企业的核心主数据，近年来主数据管理（MDM）也在大型企业开始部署应用。实现智能管理和智能决策，最重要的条件是基础数据准确和主要信息系统无缝集成。图8-33为典型智能管理示意图。

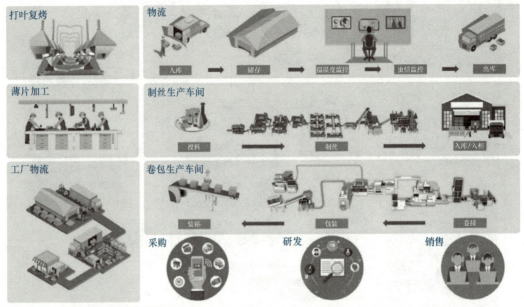

图 8-33　典型智能管理示意图

（9）智能物流与供应链（smart logistics and SCM） 制造企业内部的采购、生产、销售流程都伴随着物料的流动，因此，越来越多的制造企业在重视生产自动化的同时，也越来越重视物流自动化，自动化立体仓库、无人引导小车（AGV）、智能吊挂系统得到广泛应用；而在制造企业和物流企业的物流中心，智能分拣系统、堆垛机器人、自动辊道系统的应用日趋普及。仓储管理系统（Warehouse Management System，WMS）和运输管理系统（Transport Management System，TMS）也受到制造企业和物流企业的普遍关注。图8-34为智能物流与供应链示意图。

（10）智能决策（smart decision making） 企业在运营过程中，产生了大量的数据。各个业务部门和业务系统产生核心业务数据，如合同、回款、费用、库存、现金、产品、客户、投资、设备、产量和交货期等数据，这些数据一般是结构化的数据，可以进行多维度的分析和预测，这就是业务智能（Business Intelligence，BI）技术的范畴，也称为管理驾驶舱或决策支持系统。图8-35为重庆大学开发的一个钢厂生产运营智能决策系统示意图。同时，应用这些数据可提炼出企业的KPI，并与预设的目标进行对比，同时，对KPI进行层层分解，以对干部和员工进行考核，这就是企业绩效管理（Enterprise Performance Management，EPM）的范畴。从技术角度来看，内存计算是BI的重要支撑。

在智能制造的关键技术中，智能产品与智能服务可以给企业带来商业模式的创新；智能装备、智能产线、智能车间到智能工厂，可以帮助企业实现生产模式的创新；智能研发、智

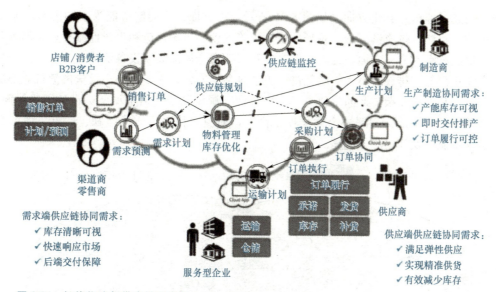

图 8-34 智能物流与供应链示意图

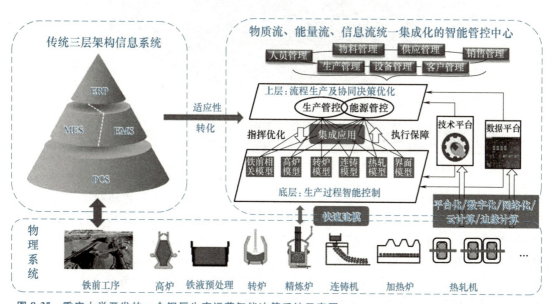

图 8-35 重庆大学开发的一个钢厂生产运营智能决策系统示意图

能管理、智能物流与供应链则可以帮助企业实现运营模式的创新；而智能决策则可以帮助企业实现科学决策。智能制造的十大关键技术之间息息相关，制造企业应当渐进式地、理性地推进这十大关键技术的应用。

8.4 智能制造的应用

8.4.1 智能制造的应用概述

不同行业依托智能制造，获取解决通用型问题能力的同时，基于行业特点、面向行业特性痛点问题延伸出差异化方向，如图 8-36 所示。一方面，智能制造能为不同类型的制造行业提供质量检测、供应链管理、现场监控、决策辅助、市场响应和生产性服务业拓展等共性问题的解决方案。另一方面，也能够解决流程行业安全风险大、设备价值高、流程管控要求高、产品价值低、排放污染大、能耗高、工艺复杂等问题；为多品种小批量离散行业解决工艺复杂、产品结构复杂、产品价值高、工序分散、调度复杂、运维不便、设计困难等问题；为少品种大批量离散行业解决个性化需求高、产品更新快、同质化问题、后市场增值服务多、运维不便、设计困难等问题。

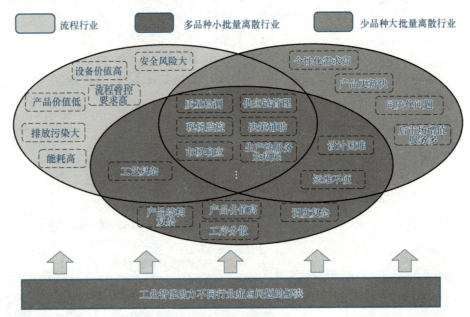

图 8-36　垂直行业的智能制造共性与特性应用场景

以应用深度作为纵轴、产品全生命周期作为横轴构建垂直行业的智能制造应用分析体系，如图 8-37 所示，可以看出智能制造应用复杂、多元，但总体呈现分析深化、服务延伸两大发展路径。一是分析深化：流程行业与大数据分析结合，从设备侧切入，实现更有效的安环管理、设备维护等；多品种小批量离散行业与仿真模拟结合，从设计和工艺侧切入，实现复杂产品高效设计和工艺深度优化；少品种大批量离散行业与产品创新结合，从质量侧切入，实现更完善的质量检测、追溯全方位体系。二是服务延伸：流程行业与市场分析结合，从定制化切入，实现个性化水平改善、客户服务能力提升；多品种小批量离散行业与数据分析结合，从产品运维切入，实现故障预测、远程运维等应用服务；少品种大批量离散行业与新技术结合，从增值服务切入，实现生产服务、非生产服务的全面覆盖。

8.4.2　智能制造的典型应用

智能制造在工业系统各层级各环节已形成了相对广泛的应用，其细分应用场景可达到数十种。参考美国国家标准与技术研究院（NIST）对智能制造的划分标准，在所建框架内将智能制造的应用场景按产品、生产、商业三个维度进行划分，如图 8-38 所示。

智能制造主要通过四大技术解决上述问题。一是诸如库存管理、生产成本管理等问题，由于其流程或原理清晰明确且计算复杂度较低，因此可以将此类任务的执行过程固化并通过

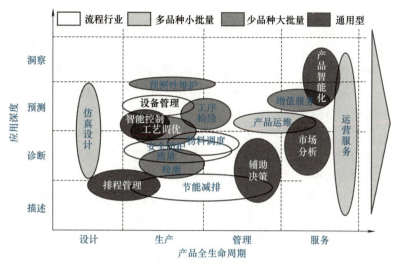

图 8-37　垂直行业的智能制造应用分析体系

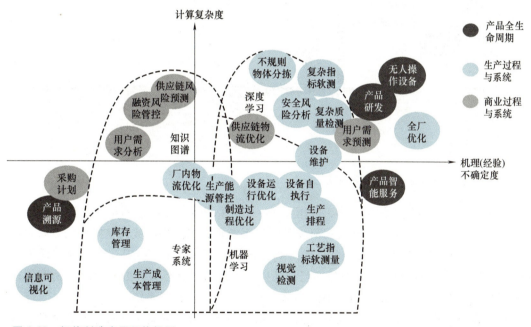

图 8-38　智能制造应用总体视图

专家系统解决。二是设备运行优化、制造工艺优化、质量检测等问题，往往机理相对复杂，但并不需要大量的数据和复杂的计算，因此通常是机器学习作用的领域。三是需求分析、风险预测等环节需要依靠大量数据的推理作为决策支持，因此其计算复杂度相较于前两种体系更高，但是其问题原理或不同对象间的关系相对清晰，因此可利用知识图谱技术来解决问题。四是前沿机器学习作为近年来人工智能发展的核心技术体系，其主要目的就是解决问题原理不明、无法使用经验判断理解、计算极为复杂的问题，如无人操作、不规则物体分类、故障预测等。而对于产品智能研发、无人操作设备等更为复杂的问题，通常需要多种方法组合进行求解。

1. 专家系统

专家系统是一种模拟人类专家解决领域问题的计算机程序系统，具有大量的专门知识与经验的程序系统，它应用人工智能技术和计算机技术，根据某领域一个或多个专家提供的知识和经验，进行推理和判断，主要用来解决特定场景内原理清晰、专家经验丰富、计算相对简单的工业问题。目前已实现较为成熟的工业应用，尤其在钢铁行业中应用最为普遍，主要应用在车间调度管理、故障诊断、生产过程控制与参数优化等环节。

在调度与生产管理场景中，美国卡内基梅隆大学曾研发专门用于车间调度的 ISIS 专家系统，该系统采用约束指导的搜索方法产生调度指令，动态情况则由重调度组件进行处理。当冲突发生时，通过有选择地放松某些约束来重新调度那些受影响的订单。美国数字设备公司研制的 IMACS 专家系统可用于制造环境的容量计划、清单管理及其他与制造过程有关的管理工作。华西能源通过焊接专家库系统建立了清洁、高效的智能制造数字化车间，可优化焊接质量、提高加工效率，如图 8-39 所示。

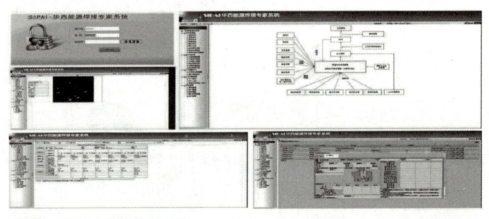

图 8-39　华西能源焊接专家库系统

在故障诊断与参数优化场景中，美国 Corus 公司采用专家系统诊断结晶器液面自动控制系统是否出现故障，而瑞典钢铁公司研发的专家系统可给出高炉参数调整操作的专家建议。

在异常预测与过程控制场景中，芬兰 Rautaruukki 钢铁公司的 GO/STOP 专家系统具有 600 多条规则，对炉热和异常炉况等实行全面监控；澳大利亚必和必拓（BHP）公司则基于热平衡模型和专家知识研发了用于炉热平衡控制的高炉工长指导系统。

经过多年的积累与研究，专家系统已经获得了迭代升级，具备了并行与分布处理、多专家系统协同工作的能力。此外，得益于人工智能的发展，专家系统具备了自学习功能，部分系统还引入了新的推理机制，具备了自纠错和自完善能力。更有一些应用前沿技术的专家系统，拥有先进的智能人机接口，能够更好地协助操作人员完成工作。

2. 机器学习

机器学习是人工智能的核心技术之一，专门研究计算机怎样模拟或实现人类的学习行为。传统机器学习方法以统计学为基础，从一些观测（训练）样本出发，发现不能通过原理分析获得的规律，实现对未来数据行为或趋势的准确预测。其是当前智能制造应用最为广泛的技术类型，应用场景包括产品质量检测、设备精准控制与预测性维护、生产工艺优化等。

在设备自执行场景中，机器学习方法对人类行为及语音的复杂分析，能够增强协作机器人的学习、感知能力，提升生产效率。西班牙P4Q公司应用Sawyer机器人组装电路板，传统的笼式机器人存在着成本高昂和员工安全难保障等问题，而应用了机器学习的机器人采用自动化解决方案能够确保一致性和可预测性，并使生产量提高25%。

在设备/系统预测性维护场景中，机器学习方法拟合设备运行复杂非线性关系，能够提升预测准确率，降低成本与故障率，是智能制造应用最为广泛的场景之一。德国KONUX公司结合智能传感器及机器学习算法，利用传感器以外的数据源（如传感数据、天气数据和维护日志等）构建设备运行模型，使机器维护成本平均降低30%，实际故障率降低70%，其还能不断自我学习进化，并为优化维护计划和延长资产生命周期提供建议，如图8-40所示。帕绍大学使用机器学习技术来准确预测机床的磨损状态，通过传感器和功耗数据预测锤子何时停止正常工作，从而确定更换关键组件的最佳时间，避免了原始零件加工中的意外停机。能源供应商Hansewerk AG基于机器学习，利用来自电缆的硬件信息、实时性能测量（负载行为等）、天气数据检测及预测电网中断和停电，主动识别电网缺陷的可能性增加了2~3倍。纽约创业公司Datadog推出基于AI的控制和管理平台，其机器学习模块能提前几天、几周甚至几个月预测网络系统的问题和漏洞。

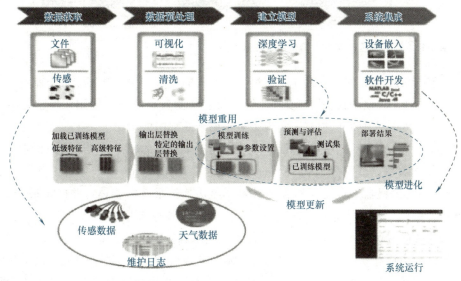

图8-40 KONUX设备预测性维护系统

3. 深度学习

深度学习是一种以人工神经网络为架构，建立深层结构模型对数据进行表征学习的算法。通过对以图像、视频类为主的数据的深度分析挖掘，解决工业领域的"疑难杂症"，逐步成为当前应用探索热点。目前深度学习在工业领域应用广泛，如用于复杂产品质量检测、设备复杂控制、生产安全等环节。

在复杂产品质量（缺陷）检测场景中，利用基于深度学习的解决方案代替人工特征提取，能够在环境频繁变化的条件下检测出更微小、更复杂的产品缺陷，提升检测效率，这也成为解决此问题的主要方法。美国机器视觉公司康耐视（COGNEX）开发了基于深度学习进行工业图像分析的软件，利用较小的样本图像集合就能够在数分钟内完成深度学习模型训练，能以 ms 为单位识别缺陷，支持高速应用并提高吞吐量，解决传统方法无法解决的复杂缺陷检测、定位等问题，检测效率提升 30% 以上，如图 8-41 所示。富士康、奥迪等制造企业利用深度学习，已实现电路板复杂缺陷检测、汽车钣金零件微小裂纹检测、手机盖板玻璃检测和酒精质量检测等高质量检测。

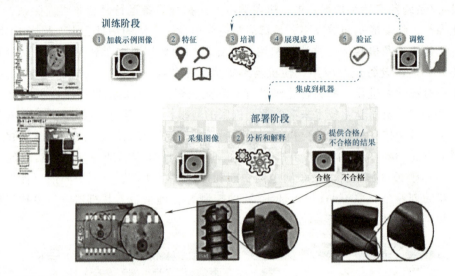

图 8-41 康耐视基于深度学习质量检测软件

此外，基于深度学习的技术协作有望解决更复杂的问题。美国智能制造企业将深度学习与 3D 显微镜结合，将缺陷检测降低到 nm 级；荷兰初创公司 Scyfer 使用深度学习与半监督学习结合的方法对钢表面进行检测，实现了对罕见未知缺陷的检测。

在不规则物体分拣场景中，通过深度学习构建复杂对象的特征模型，实现自主学习，能够大幅提高分拣效率。慕尼黑公司 Robominds 开发了 Robobrain-Vision 系统，基于深度学习与 3D 视觉相机帮助机器人自动识别各种材料、形状甚至重叠的物体，并确定最佳抓取点，而不需要任何编程。同时具有直观的用户界面，用户可通过大型操作面板或直接在 Web 浏览器中轻松完成配置，如图 8-42 所示。爱普生、埃尔森、梅卡曼德等纷纷推出基于 3D 视觉与深度学习的复杂堆叠物体、不规则物品的识别和分拣机器人。发那科利用深度强化学习使机器人具备自主及协同学习技能，能够将零部件从一堆杂物中挑选出来，并可以达到 90% 的准确率，极大地提升了工程师的编程效率。

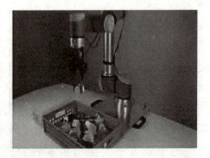

图 8-42 Robobrain-Vision 自动拣选系统

在设备/制造工艺优化场景中，采用深度学习方法对设备运行、工艺参数等数据进行综合分析并找出最优参数，能够大幅提升运行效率与制造品质。西门子利用深度学习使用天气和部件振动数据来不断微调风机，使转子叶片等设备能根据天气调整到最佳位置，以提高效率、增加发电量。攀钢、东华水泥等企业借助阿里云工业大脑的深度学习技术识别生产制造过程中的关键因子，找出最优参数组合，提升生产率，降低能耗，如图8-43所示。

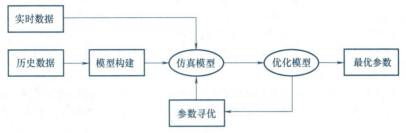

图8-43 阿里云工业大脑工艺参数优化流程

4. 知识图谱

知识图谱基于全新的知识组织方式以实现更全面、可靠的管理与决策。在知识图谱中，每个节点表示现实世界中存在的"实体"，每条边为实体与实体之间的"关系"。知识图谱是关系的最有效的表示方式，能够将多种工业知识整理为图表，明确各影响因素之间的相互关系，实现更便捷的检索和更全面、可靠的管理与决策，包括供应链风险管理和融资风险管控等应用场景。

在供应链风险管理场景中，华为通过汇集学术论文、在线百科、开源知识库、气象信息、媒体信息、产品知识、物流知识、采购知识、制造知识、交通信息和贸易信息等信息资源，构建华为供应链知识图谱（图8-44），通过企业语义网（关系网）实现供应链风险管理与零部件选型。

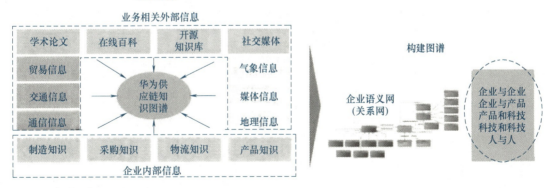

图8-44 华为供应链知识图谱

在融资风险管控场景中，依靠知识图谱将多个对象进行关联分析，能够实现对金融风险的预测及管控。西门子基于知识图谱打破信息孤岛，建立自营、合作伙伴、竞争对手等对象之间的高维关系网络，实现了融资过程不可预见事件的风险识别。

参 考 文 献

[1] 文德林. PCBN/PCD 刀具的应用及发展趋势 [J]. 金属加工（冷加工），2019（3）：53-55.

[2] STEPHENSON D A, AGAPIOU J S. Metal Cutting Theory and Practice [M]. New York：CRC Press, 2018.

[3] TRENT E M，WRIGHT P K. Metal Cutting [M]. 4th ed. London：Butterworth-Heinemann, 2000.

[4] 胡国强. 金属切削刀具刃磨与管理 [M]. 北京：机械工业出版社，2012.

[5] 浦艳敏，李晓红，闫兵. 金属切削刀具选用与刃磨 [M]. 北京：化学工业出版社，2012.

[6] 曹凤国. 超声加工技术 [M]. 北京：化学工业出版社，2006.

[7] 田英健，邹平，陈硕，等. 轴向超声振动辅助钻削机理与试验研究 [J]. 东北大学学报（自然科学版），2019，40（5）：705-709.

[8] 徐英帅. 难加工材料超声振动辅助车削加工机理及试验研究 [D]. 沈阳：东北大学，2016.

[9] 毛亮，邹平，王伟，等. 超声振动钻削的断续切削特性分析 [J]. 电加工与模具，2018（5）：53-56；60.

[10] 陈硕，邹平，毛亮. 超声振动钻削切屑形成机理及实验研究 [J]. 中国工程机械学报，2018，16（2）：125-129；135.

[11] 陈家壁，彭润玲. 激光原理及应用 [M]. 3 版. 北京：电子工业出版社，2013.

[12] 曹凤国. 激光加工 [M]. 北京：化学工业出版社，2015.

[13] 刘其斌，周芳，徐鹏. 激光材料加工及其应用 [M]. 北京：冶金工业出版社，2018.

[14] 俞宽新. 激光原理与激光技术 [M]. 北京：北京工业大学出版社，1998.

[15] 韩荣第，于启勋. 难加工材料切削加工 [M]. 北京：机械工业出版社，1996.

[16] 韩荣第. 现代机械加工新技术 [M]. 北京：电子工业出版社，2003.

[17] 左敦稳. 现代加工技术 [M]. 北京：北京航空航天大学出版社，2009.

[18] 库夏克. 智能制造系统 [M]. 杨静宇，陆际联，译. 北京：清华大学出版社，1993.

[19] 李杰，倪军，王安正，等. 从大数据到智能制造 [M]. 上海：上海交通大学出版社，2016.

[20] 万荣，张泽工，高谦，等. 互联网+智能制造 [M]. 北京：科学出版社，2016.

[21] 彭瑜，王健，刘亚威. 智慧工厂：中国制造业探索实践 [M]. 北京：机械工业出版社，2016.